초간단 밥솥 이유식

안나(이지영) 저

예문아카이브

PROLOGUE

"이 글과 레시피, 책으로도 출간되나요?"

사실 블로그에 이유식 레시피 연재를 시작하면서 책을 염두에 두지 않은 것은 아니었어요. 하지만 제가 생각한 것은 어디까지나 나의 딸 '두부(딸의 태명)만을 위한 책'이었을 뿐 요리에 관한 전문 지식이나 경력은 물론 살림에 대한 경험조차 보잘 것 없는 평범한 초보 엄마가 자기 블로그에 모아놓은 '야매'이유식 레시피가 이렇게 정식으로 출판이 되리라는 생각은 전혀 할 수 없었답니다. 그런데 지금 생각해보니 저의 이 '야매스러움'이 처음 육아를 하느라 모든 것을 바닥에서부터 시작해야 하는 초보 엄마들에게 많은 공감과 도움이 되었나봅니다. 블로그에 글을 올리면서 계속 '책으로 출간하면 좋을 것 같다'는 의견들을 듣긴 했지만, 그저 육아 퇴근 후 새벽시간에 달리는 고맙다는 댓글만으로도 보람차고 고마울 뿐이었어요.

이 책은 저처럼 살림도 처음, 육아도 처음, 서툰 솜씨로 이유식까지 만들어야 하는 '경험 제로의 초보엄마'들을 위한 것이에요. 요리가 익숙한 분들, 살림을 어느 정도 하다가 이유식을 하시는 분들이 보기엔 조금 쉽다고(?) 느껴질 수도 있으실 것 같아요. 하지만 살림에 관한 지식이나 경험도 없이 아이를 키우며 이유식을 시작할 때의 그 난감한 상황들을 겪어본 분들이라면 저의 이런저런 실수와 착오들을 거쳐 나온 정보들이 그야말로 '깨알 같은' 도움이 될 수 있지 않을까 생각했어요.

그래서 책을 준비하면서 그때그때 부딪쳤던 당황스러움이나 자잘한 고민들과 에피소드들을 최대한 많이 담으려고 했어요. 대화하듯이 상세하게 글로 설명하려다 보니 다소 길게 느껴지실 수도 있어요. 하지만 같은 고민과 실수에 대해 고민하는 엄마들에게는 이 또한 도움이 될 것이라 생각합니다. 병원에 가도 뾰족한 답이 나오지 않던 일들을 겪으며, 스스로 찾아낸 나름의 해결 방법을 설명하였고, 블로그를 운영하면서 이웃분들이 궁금해 했던 내용들을 최대한 담아 보려고 노력했습니다.

한창 손이 많이 가던 15개월 무렵부터 책을 쓰기 시작했던 탓에 가족들의 도움이 없었다면 이 책을 완성하지 못했을 거예요. 멀리 계심에도 만사 제치고 두부를 봐주신 양가 부모님, 늘 엉망이었던 나의 상태를 무던하게 받아준 두부 아빠, 힘들고 위축되었을 때 위로해준 친구들, 정말 큰 도움을 주었던 진영언니, 필요할 때 믿고 맡길 수 있게 사랑으로 돌봐주시는 어린이집 원장님과 선생님, 그리고 서툴고 느렸던 탓에 일정이 많이 늦어졌음에도 이해해주시고 멋진 책으로 다듬어 주신 출판사에도 감사의 뜻을 전하고 싶습니다.

끝으로 이 책이 세상에 나오는 데 가장 중요한 역할을 한 저의 딸 두부(혜민)에게 이 말을 꼭 전하고 싶어요.
"두부야, 네가 엄마가 만든 이유식을 그렇게 맛있게 잘 먹어주지 않았더라면 아마 블로그 연재도, 이 책도 없었을 거야."
"모두 모두 고맙습니다!"

2019년 봄, 서른의 시작

이유식의 기본 이유식을 시작하기 전 꼭 알아두어야 할 내용들을 담았습니다. 이유식에 필요한 도구, 식재료별 궁합, 제철 식재료, 이유식 보관 및 해동 등 이유식과 관련된 내용을 자세하게 설명했어요.

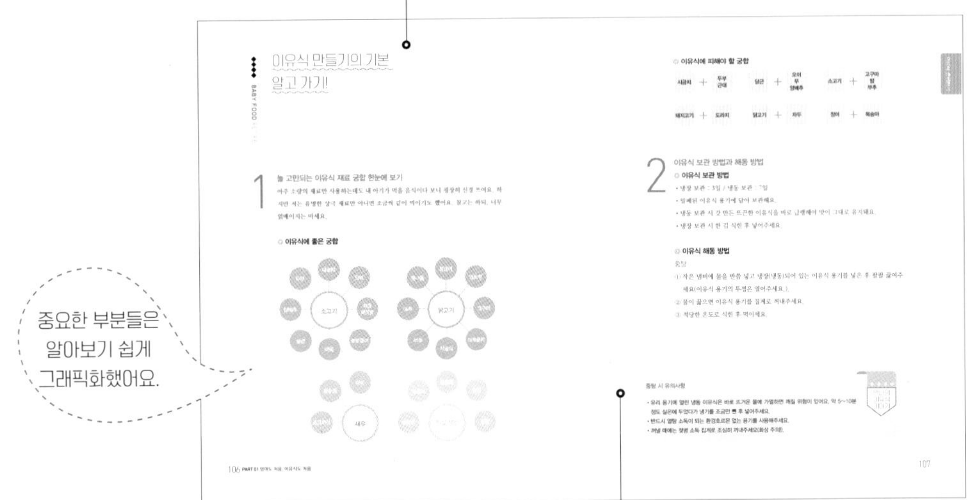

중요한 부분들은 알아보기 쉽게 그래픽화했어요.

안나의 이유식 이야기 이유식을 진행하면서 엄마들에게 꼭 알려주고 싶었던 내용들을 담았습니다.

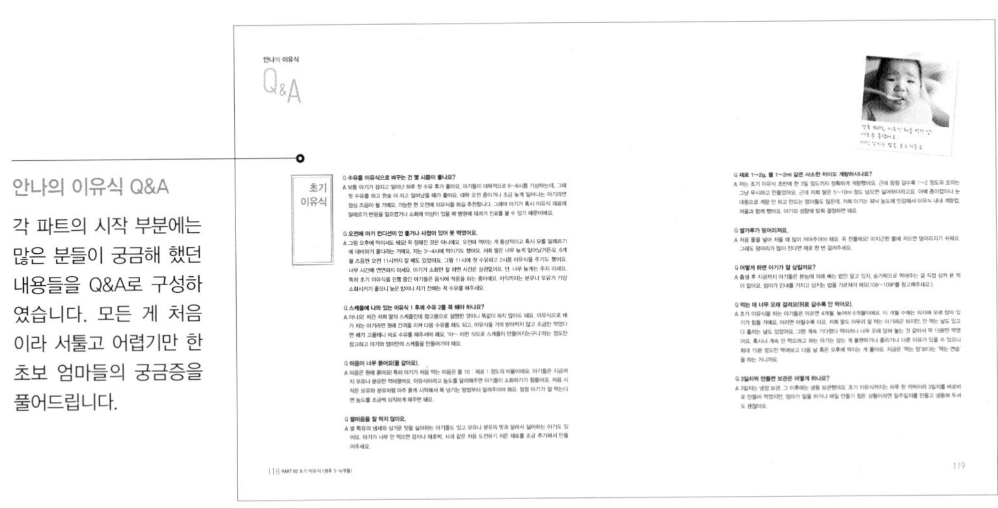

안나의 이유식 Q&A

각 파트의 시작 부분에는 많은 분들이 궁금해 했던 내용들을 Q&A로 구성하였습니다. 모든 게 처음이라 서툴고 어렵기만 한 초보 엄마들의 궁금증을 풀어드립니다.

이유식 재료 이유식에 사용되는 주요 식재료들을 소개합니다. 각 재료들이 가지고 있는 영양소와 특징을 알아보고 다양하게 활용해보세요.

재료 보관 방법 이유식 재료를 신선하게 오래 보관할 수 있는 방법을 알려드려요.

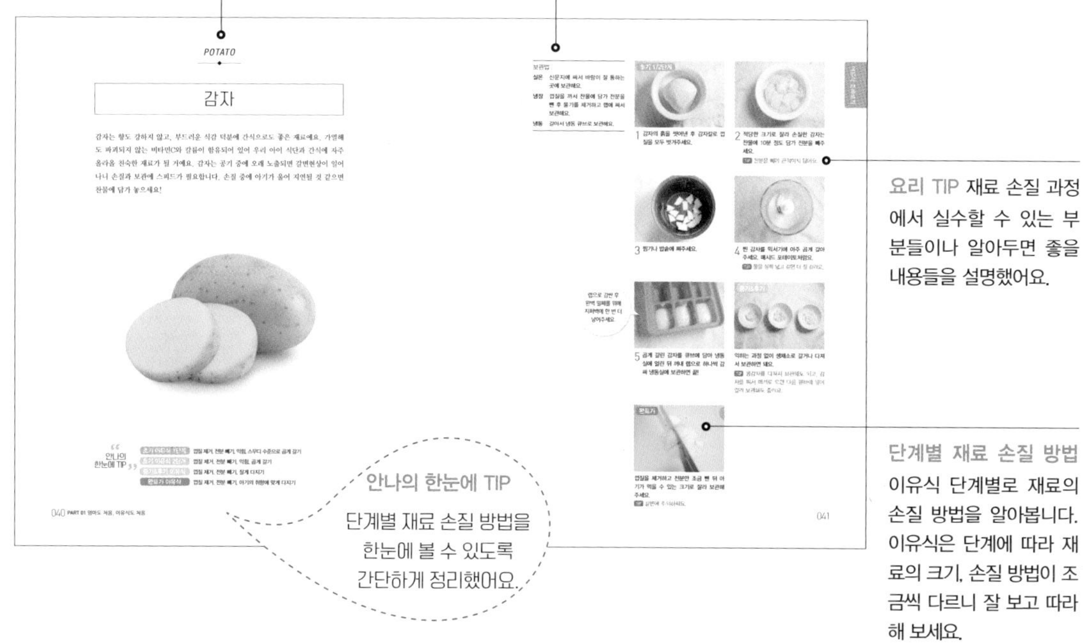

요리 TIP 재료 손질 과정에서 실수할 수 있는 부분들이나 알아두면 좋을 내용들을 설명했어요.

안나의 한눈에 TIP 단계별 재료 손질 방법을 한눈에 볼 수 있도록 간단하게 정리했어요.

단계별 재료 손질 방법 이유식 단계별로 재료의 손질 방법을 알아봅니다. 이유식은 단계에 따라 재료의 크기, 손질 방법이 조금씩 다르니 잘 보고 따라 해 보세요.

이유식 레시피 각 시기별 이유식과 간식 만드는 방법을 소개합니다. 책 내용을 기본으로 하되, 아이가 잘 먹는 식재료들을 다양하게 활용하여 만들어보세요.

재료와 분량 이유식 재료의 종류와 한 번에 만드는 양을 일일이 표시해 두었습니다. 참고용으로만 활용하고 엄마가 자유롭게 조절해서 만들어도 됩니다.

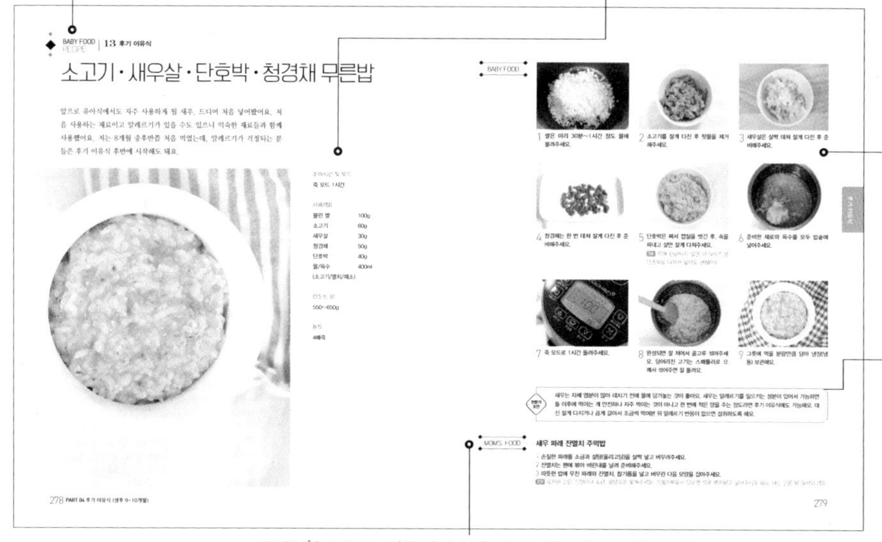

레시피 이유식 만드는 과정을 사진과 함께 자세히 설명했어요. 좀 더 쉽고 편하게 이유식을 만들 수 있는 방법을 담았습니다.

전문가 조언 이유식 만드는 과정에서 주의할 점이나 신선한 식재료 고르는 방법을 설명했어요. 현직 영양사의 조언을 통해 놓칠 수 있는 부분들을 체크하세요.

MOM'S FOOD 이유식에 사용하고 남은 재료를 활용하여 엄마, 아빠도 맛있게 먹을 수 있는 레시피를 담았습니다. 엄마가 잘 챙겨 먹어야 육아도 잘 할 수 있답니다.

CONTENTS

PART 02
초기 이유식(생후 5~6개월)

PART 03
중기 이유식(생후 7~8개월)

CONTENTS

PART 06
안나의 이유식 플러스

intro

왜 "밥솥 이유식"인가

이 책은 이유식의 3대 조리도구로 불리는 '냄비, 밥솥, 마스터기' 중 밥솥을 사용하여 맛있는 이유식을 완성합니다. 각각의 조리도구는 나름의 장단점이 있지만, 초보 엄마, 초보 살림꾼 엄마들에게는 세상 편한 밥솥 이유식을 추천합니다.

1 엄마의 수고와 시간을 확실하게 줄여줘요.

냄비 이유식을 할 경우 냄비에 이유식 재료를 넣고 뜨거운 가스불 앞에 서서 재료가 눌어붙지 않도록 쉴 새 없이 저어주어야만 하죠. 젓는 시간이 길어지게 되면 별 것 아닌 것 같아도 다리도 아프고, 팔도 아프고 은근 힘들어요. 손등이나 발등에 뜨거운 이유식이 튀기도 하고요. 하지만 밥솥 이유식은 재료만 준비해서 몽땅 때려넣고 버튼 하나만 누르면 알아서 맛있는 이유식이 완성되니 팔다리가 아플 필요도, 뜨거운 불 앞에서 땀을 흘릴 필요도 없어서 참 편해요.

2 찰지고 맛있는 이유식을 완성할 수 있어요.

재료를 잘게 다지지 않아도, 아이스큐브 상태로 재료를 넣어도 죽 모드, 만능찜 모드를 사용하여 완성하기 때문에 재료가 아주 푹~ 잘 익는 답니다. 냄비나 마스터기를 사용할 때보다 훨씬 찰진 이유식이 완성되어 아이는 냠냠 맛있게 잘 먹어줄 거예요.

3 이유식의 양이 늘어나도 걱정이 없어요.

중기, 후기, 완료기로 갈수록 아이가 먹는 양이 늘어나 자연스럽게 한 번에 만들어야 하는 이유식의 양도 늘어나게 되는데요. 밥솥 이유식에서는 양이 많아져도 걱정이 없어요.

4 이유식이 완성되는 동안 아이와 놀 수 있어요.

아기들의 인내심은 그리 길지 않답니다. 엄마가 맛있는 이유식을 만들고 있든 뭘하든 중요하지 않죠. 무조건 기어와 엄마의 바짓가랑이를 붙잡고 늘어지거나 세상 떠나가라 울기 일쑤죠. 밥솥 이유식은 미리 만들어둔 재료 큐브만 있다면 이유식이 완성되는 30분~1시간 동안 아이와 재미있게 놀아줄 수 있어요.

5 한 번에 두세 가지 이유식을 만들 수도 있어요.

밥솥 이유식의 꿀템으로 불리는 '밥솥 칸막이'를 사용하면 한 번에 두세 가지 이유식을 완성할 수 있어요. 10인용 밥솥과 '밥솥 칸막이'를 사용하면 돼요. 함께 만들면 좋을 메뉴는 177P와 244P를 참고하세요. 단, 향이 강한 재료(예 표고버섯)를 사용할 경우 다른 메뉴에까지 향이 배거나 맛이 섞일 수 있으니 주의가 필요해요.

intro

아이 몸에 꼭 필요한 영양소와 식재료

아이가 성장하는 데 꼭 필요한 5대 영양소를 알아보고 어떤 음식에 어떤 영양소가 들어있는지 미리 알아봐요. 아래 표를 참고하여 균형 잡힌 영양소를 섭취할 수 있도록 해주세요.

영양소		역할	영양소가 풍부한 식재료
3대 영양소	탄수화물	우리가 몸과 뇌에 에너지를 공급하는 주 에너지원이에요. 몸에 활력을 불어넣어 주고 근육을 만드는 데 도움을 주며, 뇌와 뼈 발달에도 좋아 성장기 아이들에게는 매우 중요한 영양소예요.	쌀, 보리와 같은 곡류, 옥수수, 감자, 고구마, 밀가루, 국수 등
	단백질	우리 몸에서 피와 살을 만들어줘요. 부족하게 먹으면 잘 자라지 못하기 때문에 꼭 챙겨주어야 하는 영양소예요.	• **동물성 단백질**: 소고기, 닭고기, 돼지고기, 우유, 달걀, 치즈 • **식물성 단백질**: 콩, 두부, 두유
	지방	몸에서 힘을 내고 체온을 유지시켜주는 역할을 해요. 우리 뇌의 65%를 구성하고 있기 때문에 성장기 아이에게는 정말 중요한 영양소예요.	• **포화지방**(적당히 먹어야 해요): 소고기, 돼지고기를 비롯한 육류, 유제품 • **불포화지방**: 연어, 등푸른 생선(고등어, 참치, 꽁치, 청어), 아몬드, 호두를 비롯한 견과류
미량 영양소	비타민	**비타민A**: 성장과정에 중요한 역할을 하는 영양소로 시력 유지, 호흡기, 소화기 점막 유지에 도움을 줘요. 지방에 녹아 우리 몸에 흡수되는 지용성 비타민이에요.	당근, 시금치, 양상추, 호박, 우유, 버터, 치즈 등
		비타민C: 항산화 효과, 면역력 증가, 콜라겐 생성 효과가 있으며, 물에 녹아 우리 몸에 흡수되는 수용성 비타민이에요.	시금치, 브로콜리, 단감, 오렌지, 귤, 키위, 감자, 토마토, 파프리카 등
		비타민D: 칼슘과 인의 흡수를 촉진하는 영양소로 햇볕을 쬐면 생성되나 쉽지 않으므로 음식을 통해 흡수해야 해요. 지용성 비타민이므로 지방이나 기름과 함께 섭취해야 체내 흡수율이 높아져요.	달걀노른자, 생선, 간, 우유, 치즈, 표고버섯 등
		비타민E: 세포 손상을 줄이고 면역력 개선에 도움을 주는 영양소예요. 부족하면 시력 저하, 근력 저하가 나타날 수 있어요.	옥수수, 아몬드, 고구마, 상추 등
	무기질	**칼슘**: 뼈와 치아를 형성하는 주성분으로 99%가 뼈와 치아를 형성하고 나머지 1%가 혈액, 체액, 근육 등에 존재해요. 칼슘의 흡수를 도와주는 비타민D와 함께 섭취하는 것이 좋아요.	우유, 유제품, 해조류, 뼈째 먹는 생선, 녹색 채소 등
		아연: 핵산, 단백질 대사와 관련된 영양소로, 부족하면 성장 장애, 안구나 피부의 건조, 식욕부진 등이 나타날 수 있어요.	굴, 참깨, 시금치, 버섯, 호박씨, 조개, 꽃게 등
		마그네슘: 칼슘의 흡수를 도와주고 뼈를 튼튼하게 만드는 데 큰 역할을 하며, 신경을 안정시키는 데 도움을 줘요.	견과류(아몬드, 캐슈넛 등), 완두콩, 병아리콩, 바나나, 현미, 다시마, 두부 등
		철: 혈액 내에 산소를 운반하는 역할을 담당하는 헤모글로빈을 만드는 데 필수적인 영양소로, 부족하면 쉽게 피로해지고, 빈혈 증상이 나타날 수 있어요.	소고기, 돼지고기, 생선, 달걀노른자, 진한 녹색 채소, 굴, 김, 미역 등

intro

시기별 이유식 재료

이유식에서 가장 중요한 것은 무엇일까요? 바로 이유식의 재료예요. 아이의 올바른 성장과 건강을 위해서는 시기에 맞는 이유식 재료를 골라야 해요. 다음 표는 시기별(월령별)로 아이에게 먹일 수 있는 재료들입니다. 잘 참고하여 활용하세요. 또한, 아이마다 특정 음식에 대한 알레르기 반응이 있을 수 있으니 새로운 재료를 사용할 때에는 반드시 먹여 본 재료에 하나씩만 섞어서 먹여보세요. 어느 식재료에서 알레르기 반응이 나타나는지 쉽게 확인할 수 있습니다.

재료	4~5개월	6개월	7~8개월	9~10개월	11~12개월	13개월~
곡류& 콩류& 견과류	쌀 찹쌀	수수 완두콩 강낭콩	현미 차조 보리 옥수수 잣	흑미 녹두 밀가루	팥	율무 면류
채소류	감자 고구마 단호박 무 브로콜리 애호박 오이 청경채 콜리플라워	시금치 비타민 알배추 양배추 당근 비트 밤	아욱 양송이버섯 새송이버섯 표고버섯 케일 아보카도 양파 대추 팽이버섯 느타리버섯	부추 아스파라거스 양파 콩나물	아스파라거스 피망 파프리카 고사리 깻잎	가지 토란 토마토 죽순
과일류	사과 배	바나나 수박 자두	귤 참외	멜론 홍시 포도	단감 파인애플	복숭아 오렌지 레몬 딸기 키위
육류/생선류 (해산물 포함)		닭고기(안심& 닭가슴살) 소고기	흰살생선	돼지고기(안심) 새우	돼지고기(등심) 전복 오징어	소고기 (양지)
그 외			두부 달걀 노른자 플레인 요구르트	참기름 들기름 식용유	된장 간장	달걀 흰자 우유 케첩 마요네즈 굴소스

※ 알레르기가 있는 아이라면 알레르기를 유발하는 '조개, 새우, 게, 딸기, 토마토, 귤, 레몬, 오렌지, 달걀 흰자 등'은 돌까지는 먹이지 않는 것이 좋아요.
※ 생우유는 장출혈로 인한 복통, 빈혈, 알레르기가 나타날 수 있어 12개월(돌) 이후부터 섭취하도록 합니다.
※ 꿀에는 보툴리눔이라는 세균이 들어 있어 장 발달이 덜 된 생후 12개월 미만의 아이에게는 위험할 수 있으므로 안전하게 두 돌이 지난 후에 섭취하도록 합니다.

intro

상황별 이유식 재료

아이를 키우다보면 다양한 상황이 생길 수 있어요. 이럴 때 당황하지 말고 다음에 소개하는 재료를 사용해 이유식에 활용해 보세요.

감기에 걸렸어요.

- 온습도에 예민하고, 면역력이 약한 아기들은 감기에 걸리기 쉬워요. 특히, 일교차가 큰 환절기에 감기에 걸리기 쉬우니 주의가 필요해요.
- 단백질, 비타민C, 카로틴이 풍부한 식품을 자주 먹여주는 것이 좋아요.
- 도움이 되는 식재료 : 브로콜리, 양배추, 단호박, 무, 콩나물, 시금치, 부추, 두부, 감자, 고구마, 닭고기, 대추, 딸기, 사과, 배, 귤 등

설사를 해요.

- 설사는 보통 바이러스성 장염이나 평소에 먹지 않았던 새로운 음식을 접했을 때 일시적으로 나타기도 해요. 탈수증상이 나타날 수 있으므로 물을 자주 먹여주세요.
- 섬유질이 적은 재료로 이유식을 만들어주세요.
- 도움이 되는 식재료 : 쌀, 찹쌀, 애호박, 밤, 당근, 완두콩, 소고기, 익힌 사과, 감, 자갑지 않은 음식 등

변비가 있어요.

- 모유나 분유만 먹던 아이가 이유식을 시작하는 초기와 중기, 후기로 넘어갈 때 변비가 생기기 쉬워요. 음식물의 양과 다양한 재료를 아직 아이의 장이 소화를 못 시키기 때문이에요.
- 섬유질이 풍부한 음식과 물, 유산균이 풍부한 발효식품을 많이 섭취할 수 있도록 해주세요.
- 도움이 되는 식재료 : 시금치, 브로콜리, 양배추, 청경채, 미역, 파래, 잘 익은 바나나, 자두, 살구, 배, 복숭아, 건포도, 감자, 고구마, 콩, 플레인 요구르트 등

빈혈이 생겼어요.

- 생후 6개월이 지나면 엄마로부터 물려받은 철분이 거의 없어져 철분 섭취에 신경 써야 해요. 특히 모유 수유를 하는 아기는 분유보다 모유에 들어 있는 철분 함량이 더 적기 때문에 이유식을 통한 철분 섭취에 신경을 써야 해요. 하지만 이유식을 잘 먹지 않는다면 철결핍성 빈혈이 발생할 수 있어요.
- 빈혈은 철결핍 때문에 생기는 것이므로 철분 함량이 높은 식재료를 섭취할 수 있도록 해주세요.
- 도움이 되는 식재료 : 소고기, 다시마, 바지락, 전복, 두부, 브로콜리, 완두콩, 콜리플라워, 시금치, 케일, 비트 등

intro

한눈에 보는 이유식 정보

초기부터 완료기까지 시기별 이유식의 특징을 표로 정리했어요. 참고자료로 활용하고 내 아이에 맞춰 시작 시기와 이유식 형태를 조금씩 조절해주세요.

구분	초기	중기	후기	완료기
시작 시기	5~6개월	7~8개월	9~10개월	11개월 이후~
1일 횟수	1~2회	2회	3회	3회
한 끼 이유식 분량	30~80ml	60~120ml	100~150ml	120~180ml
먹는 시간	오전 중	오전, 오후 한 끼씩	엄마, 아빠의 식사 시간에 함께	엄마, 아빠의 식사 시간에 함께
1일 수유량	800~1000ml	700~800ml	600~700ml	400~600ml
1일 간식 횟수	-	1회	2회	2회
이유식 형태	**미음** : 건더기 없이 떠먹는 요구르트 정도의 묽기(주르륵 흘러내리는 정도)	**죽** : 살짝 갈린 걸쭉한 형태의 죽, 진죽 형태로 시작하여 후반에는 된죽 형태	**무른밥** : 밥알이 그대로 보이는 형태의 되직한 무른밥	**진밥** : 어른이 먹는 일반 밥보다는 물이 많은 진밥 형태
이유식 재료 크기	• **쌀** : 곱게 갈아서 사용 • **채소** : 덩어리진 채소는 갈아서 체에 거름, 잎채소는 잎 부분만 삶아서 체에 거름 • **육류** : 삶아서 곱게 절구나 믹서기에 곱게 갈아 체에 거름	• **쌀** : 살짝만 갈아서 밥알이 보이는 형태 • **채소** : 삶거나 쪄서 1~3mm 정도 크기로 손질한 형태 • **육류** : 3mm 정도 크기로 잘라 절구에 다진 형태	• **쌀** : 밥알이 선명하게 보이는 형태 • **채소** : 3~6mm 정도 크기로 손질한 형태 • **육류** : 3~5mm 정도로 손질한 형태	• **쌀** : 밥알이 선명한 진밥 형태 • **채소** : 1cm 정도 크기로 손질한 형태 • **육류** : 5mm 정도로 손질한 형태
	• 이유식에 사용되는 소고기는 핏물을 빼는 과정이 꼭 필요해요. 핏물을 제거하지 않으면 누린내가 날 수 있어요. • 잎채소는 연한 잎 부분만 사용해 데쳐 사용해주세요. • 껍질이 있는 채소는 껍질을 벗겨 사용해주세요. • 입자의 크기는 시기에 따라 다르게 손질하여 사용합니다.			

intro

이유식을 먹일 때 꼭 기억하세요.
(미리 시작하는 식습관 교육)

밥 먹는 자리를 고정해주세요.

밥 먹는 자리를 알려주어야 해요. 초기엔 범보 의자에 앉혀서 먹이면 되고, 조금 더 크면 부스터나 아기 식탁에 앉혀 먹이면 돼요. 의자에 앉아서 밥을 먹어야 한다는 사실을 아이에게 인지시켜 주세요. 엄마, 아빠와 함께 먹을 때도 마찬가지예요. 엄마, 아빠의 일관성 있는 태도가 필요해요.

휴대폰 동영상을 보여주지 마세요.

아이들은 원하는 것을 얻기 위해 울거나 떼를 써요. 엄마는 우는 아이를 달래기 위해 아이가 좋아하는 동영상을 틀어주곤 하는데요. 밥 먹을 때 동영상을 틀어주면 밥 먹는 데 집중할 수가 없어요. 아이가 음식을 씹고 맛 보면서 밥 먹는 즐거움을 느껴야 하는데, 영상에 집중하게 되면 무의식중에 밥을 먹게 된답니다. 많이 울거나 떼를 쓸 경우에는 간단한 장난감이나 사운드북을 잠깐 활용해서 아이의 주의를 돌려주세요. 밥 먹는 시간에는 먹는 것 자체에만 집중할 수 있도록 해주세요.

쫓아다니면서 먹이지 마세요.

아이는 커 갈수록 주변의 사물에 관심이 많아져요. 모든 것이 다 궁금하고 신기하죠. 그래서 여기저기 돌아다니면서 만지고 놀고 싶어 해요. 걷기 시작하면 그런 성향은 더 짙어지죠. 밥을 안 먹는 게 안타까워 아이 뒤를 졸졸 쫓아다니면서 한 숟가락이라도 더 먹이려고 하는 부모님들이 있어요. 하지만 이건 절대 하지 마세요. 아이는 은연중에 "내가 가만히 앉아서 먹지 않아도 엄마가 알아서 먹여주네?"라고 생각을 해 점점 더 심해진답니다. 습관이 제대로 들어야 나중에 어린이집이나 유치원에 가서도 얌전히 앉아 밥을 먹게 됩니다.

밥을 안 먹으면 바로 치우고 다음 식사 시간까지 간식을 주지 마세요.

밥을 안 먹는 것이 안타까워 간식이라도 챙겨서 먹이려고 하는 엄마들이 많은데요. 이러면 배가 고프지 않아 그 다음 식사 시간에 또 밥을 안 먹게 됩니다. 내가 밥을 먹지 않아도 엄마가 간식을 준다는 사실을 인지하게 되면 점점 더 밥을 안 먹으려고 할 거예요. 밥 안 먹고 간식만 먹는 악순환이 반복될 수 있으니 밥을 안 먹는다고 하면 바로 치우고 다음 식사 시간까지 간식은 주지 않는 것이 좋아요.

후기로 갈수록 혼자 먹을 수 있도록 도와주세요.

후기, 완료기가 되면 혼자 먹으려고 할 거예요. 아직 숟가락질이 익숙하지 않은 아이라 식탁 주변이 엉망진창이 되겠지만 엄마, 아빠의 행동을 모방하면서 크고 있다는 증거예요. 식사 중간중간 바로 닦거나 청소하지 마시고 아이가 마음껏 먹을 수 있도록 지켜봐주세요. 핑거푸드(주먹밥, 동그랑땡 등)를 만들어 한 손으로 집어 먹을 수 있도록 해주어도 좋아요. 혼자서 음식을 집어먹을 수 있다는 사실이 아이에게는 보람된 일이 될 수 있답니다. 힘들어도 지금부터 시작한다면 4~5살이 되었을 때 밥 떠먹이느라 시간 다 보내는 일을 줄일 수 있어요(경험담이니 믿으셔도 돼요).

intro

이유식 조리 도구 한눈에 살펴보기

우리 아이가 세상에 태어나서 처음 맛볼 밥솥 이유식을 시작하기 위해 필요한 조리 도구들을 소개합니다. 각 도구들의 선택 요령과 세척 및 관리 방법은 26페이지에서 자세하게 확인할 수 있습니다.

밥솥

만능찜 모드, 죽 모드 기능이 있는 것으로 준비해주세요.

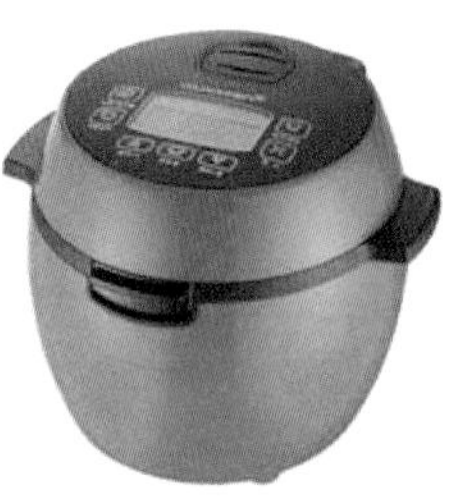

도마

채소, 육류, 생선 등으로 나누어서 사용해야 해요.

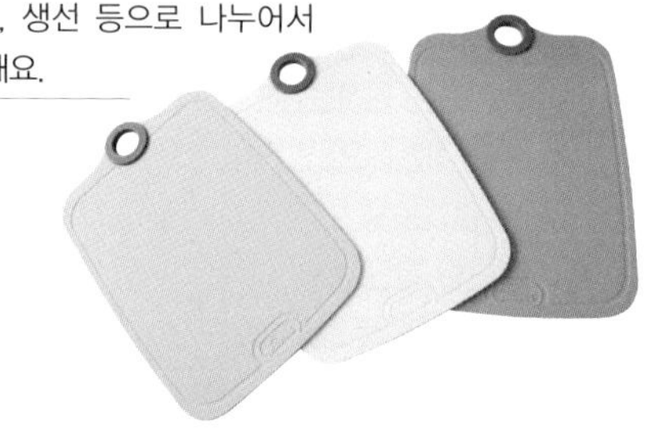

냄비

밥솥의 든든한 지원군이 될 조리도구로 밀크 팬이나 법랑 냄비를 준비해주세요.

국자, 주걱(스패튤러), 조리용 젓가락

실리콘으로 된 것을 사용하면 세척과 소독 및 보관이 편해요.

이유식 용기

냉동 보관이 가능하고 전자레인지 사용이 가능한 용기를 준비해주세요.

거름망

초기 이유식에 재료를 거를 때 사용하니 꼭 준비해 주세요.

매셔

고구마나 감자를 으깰 때 사용하면 편해요. 이유식에 자주 사용되니 하나씩 가지고 있으면 좋아요.

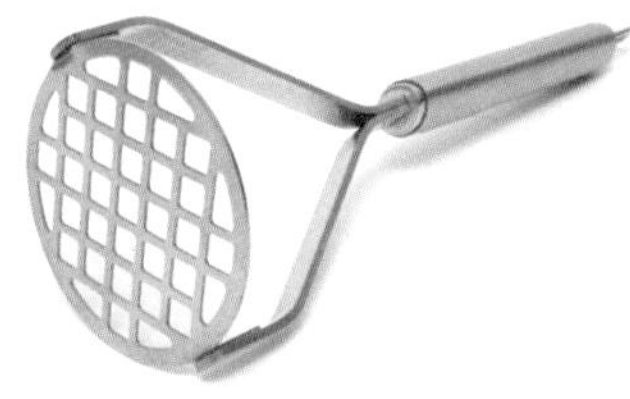

저울

정확한 계량을 위해 하나쯤 가지고 있으면 좋아요.

찜기(찜기용 채반)

이유식 재료를 익힐 때 사용해요. 집에 있는 것을 사용해도 좋아요.

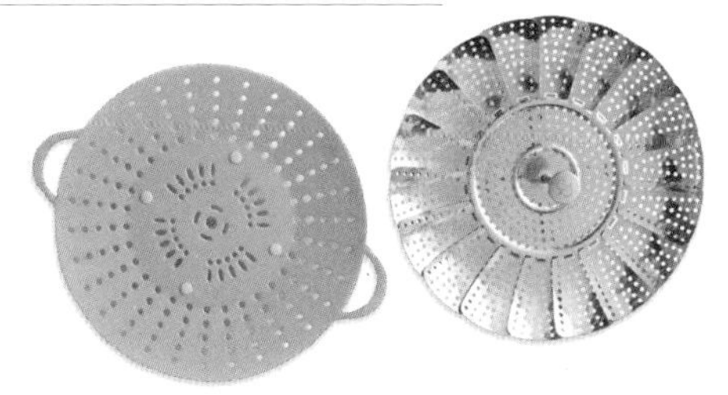

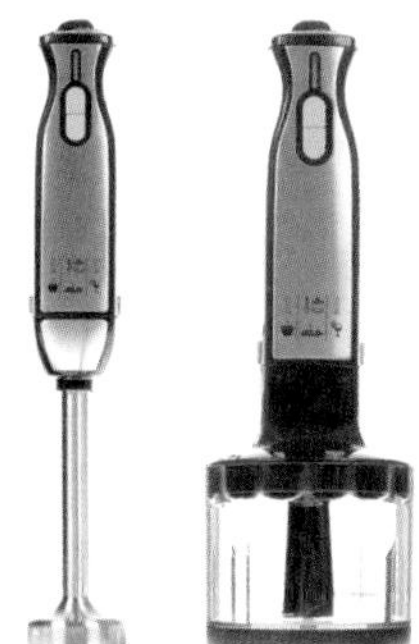

믹서기(다지기)

칼 사용이 익숙지 않은 엄마들이라면 꼭 준비해주세요.

아이스큐브

재료를 한꺼번에 손질한 후 냉동 보관하기 위해 꼭 필요한 도구예요.

열탕소독용 큰 솥

조리 도구의 소독을 위해 하나씩은 가지고 있는 것이 좋아요.

intro

재료별 계량 한눈에 살펴보기

이유식에 자주 사용되는 재료는 레시피에 나와 있는 대로 저울을 사용하여 계량하는 것이 제일 좋아요. 하지만 이것저것 할 일이 많은 엄마들은 어느 순간 저울보다는 엄마의 "감"대로 숟가락으로 뚝뚝 떠서 넣는 경우가 많아지게 돼요. 숟가락으로 계량할 때 도움이 되도록 자주 사용되는 식재료의 10g을 숟가락에 담아 보여 드릴게요. 이유식을 만들 때 참고로 활용하세요.

※ 재료 원물 기준으로 10g을 숟가락에 담았습니다. 데치거나 찌는 과정에 수분이 함유되어 중량에 차이가 있을 수 있습니다.
※ 일반적으로 사용되는 나무숟가락을 사용하였으며, 숟가락의 크기에 따라 조금 차이가 있을 수 있습니다.
※ 대부분의 식재료는 원물 그대로 사용하였으며, 일부 식재료는 데치거나 익혀서 촬영하였습니다.
※ 중 · 후기에 사용하는 입자의 크기로 통일하였습니다.

감자
고구마
관자(전복)
닭고기
당근
무
배
부추
브로콜리(콜리플라워)

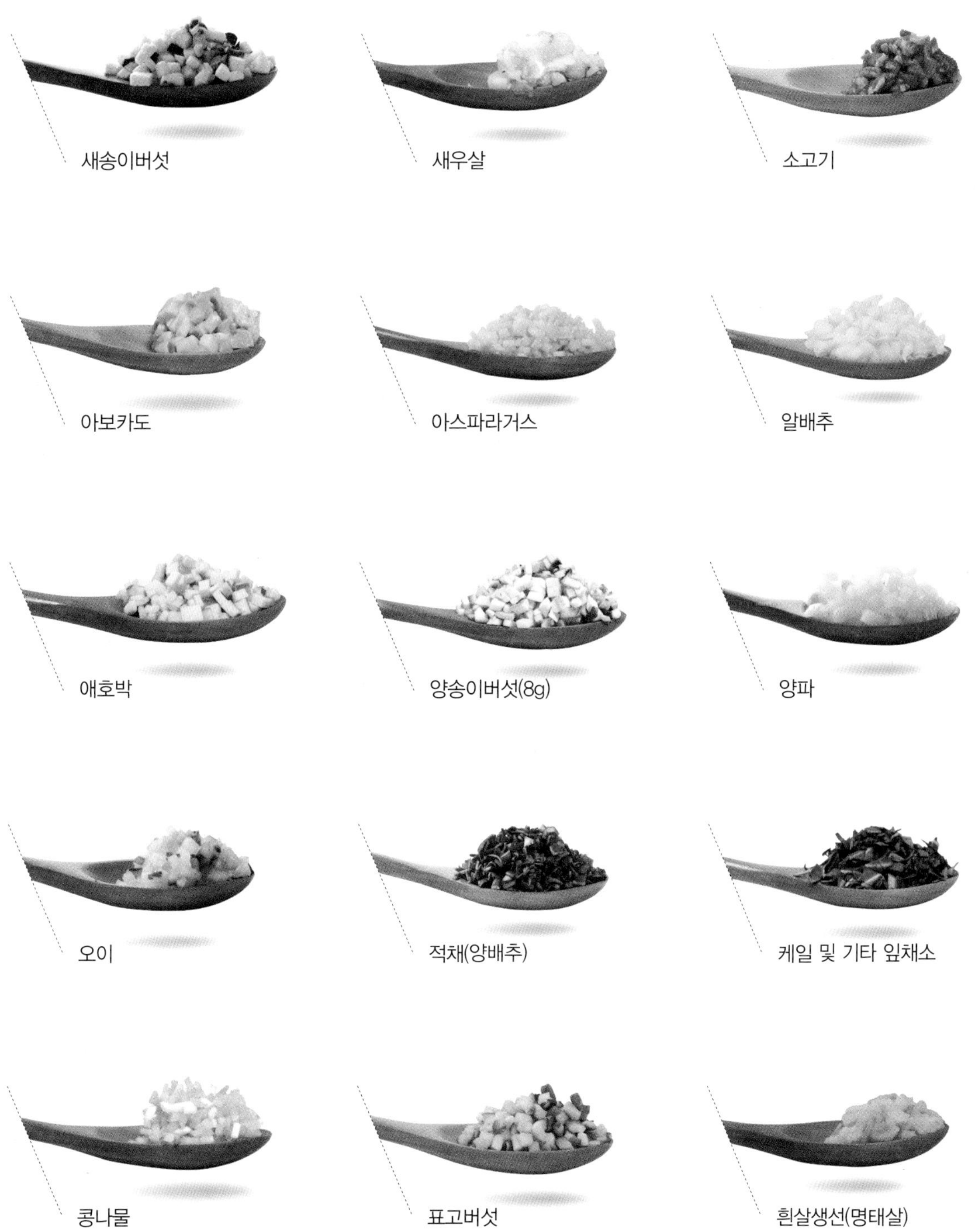
새송이버섯
새우살
소고기
아보카도
아스파라거스
알배추
애호박
양송이버섯(8g)
양파
오이
적채(양배추)
케일 및 기타 잎채소
콩나물
표고버섯
흰살생선(명태살)

BABY FOOD

RECIPE

엄마도 처음, 이유식도 처음

무엇을 상상하든 그 이상이었던 '육아'. 밤수와 통잠의 굴레에서 벗어나 어느 정도 살만하다 싶으니 뒤집기의 늪, 뒤집어진 채 돌아눕지 못해 끙끙거리는 아이를 다시 뒤집어주느라 바빴던 그 산을 넘고 나니 제2의 출산준비라 할 정도로 초보 엄마들에겐 부담이 되는 또다른 산이 버티고 있죠. 바로 이유식 시기입니다. 진짜 '산 넘어 산'이라는 말이 딱인 것 같아요. 하지만 시작이 어렵지, 막상 해보면 귀찮긴해도 그다지 어렵지 않답니다. 육아 5~6개월 차 엄마들은 세상 못할 게 없으니까요. 그럼 지금부터 차근차근 준비해 볼까요?

우리 아이 첫 이유식, 방향을 먼저 잡자!

1 밥솥 이유식을 선택한 이유

'덥고', '지겹고', '태워 먹을까 봐'. 이것이 제가 밥솥 이유식을 선택한 이유예요. 쌀을 불리는 방법과 끓이는 방법조차 모르는 주부 2년 차 초보에게는 '미음과 죽'이라는 간단한 이유식조차 어려웠어요. 냄비를 태워 먹었다는 이야기도 심심치 않게 들었고 마침 이유식을 시작하던 시기가 한여름이라 도저히 불 앞에 설 엄두가 나지 않았어요. 그래서 냄비, 마스터기, 밥솥 이유식 세 가지를 두고 한참을 고민하다가 재료만 준비해서 넣으면 알아서 뚝딱 만들어준다는 밥솥 이유식을 선택했는데, 정말 최고의 선택이었어요. 재료는 믹서기가 갈아주고 죽은 밥솥이 만들어주니 엄마는 재료만 씻어서 손질해주면 돼요. 결론인즉 밥솥 이유식의 가장 큰 장점은 아주 간편하다는 것입니다.

2 이유식 시작 시기

모유를 먹는 아기라면 보통 6개월(180일) 무렵부터, 분유를 먹는 아기는 4~6개월 사이에 이유식을 시작합니다. 영양소 부족이나 알레르기 체크 여부 등의 이유로 시작하지만 이쯤 되면 아기들도 이유식을 하고 싶다는 신호를 보내요. 엄마 아빠가 음식을 먹는 모습을 보고 침을 흘리거나 빤히 쳐다보거나 입맛을 다시는 등의 행동을 하면 '아! 우리 아기가 이제 분유나 모유 외에 다른 맘마가 먹고 싶어졌구나.'라고 생각하고 이유식을 시작하면 돼요. 아기가 이런 신호를 보내기 전에 엄마가 미리 이유식에 대한 방향이나 도구 등을 조금씩 미리 알아두고 준비하면 더 좋겠지요?

3 밥솥으로 만드는 이유식은 언제부터 하나요?

초기 이유식부터 밥솥을 사용해도 좋습니다. 사실 밥솥 이유식은 중기 이유식 이후에 빛을 발해요. 초기 이유식에 진행되는 '미음' 형태는 아주 묽은 죽이라 냄비로도 쉽게 만들 수 있거든요. 그래서 초기 이유식은 냄비로 하다가 중기부터 밥솥으로 바꾸는 엄마들도 많아요. 저는 재료도 쉽게 찔 수 있고, 짧은 취사 시간(15~20분 남짓)이지만 그 사이에 주방을 정돈하거나 다음 재료를 준비하고 정리를 할 수 있는 시간을 갖기 위해 초기부터 밥솥을 이용했어요. 미음도 불 앞에서 젓고 있으려니 만만치 않더라고요.

4 이유식에 정답은 없어요

◎ 이유식 농도

블로그에 아기 이유식 레시피를 연재하면서 가장 많이 받았던 질문 중 하나가 바로 '농도'였어요. 같은 레시피로 했는데 '너무 잘 먹는다'와 '잘 안 먹는다'로 나뉘었었죠. 저도 제 딸의 입맛에 맞추기 위해 무던히 노력했어요. 냄비로 하든, 밥솥으로 하든 내 아이가 좋아하는 농도는 엄마가 직접 찾아야 해요. 농도를 찾다가 실패한 날은 눈물을 머금고 이유식을 버리기도 하고, 아이를 달래가며 '이번 한 번만 먹어줘'라고 꾸역꾸역 먹이기도 했어요. 대충 계량해 만들어도 잘 먹는 아기들이 있는 반면 제 아이처럼 조금만 묽어도 안 먹는 아기들도 있어요(엄마의 게으름을 용납하지 않는 착한 딸이죠). 저는 조금 묽으면 쌀가루를 한 번 더 넣고, 되직하면 끓여서 식힌 물을 조금 넣어서 먹였어요. 이처럼 이유식은 아기의 반응을 살펴가며 조절하는 응용력이 필요합니다.

◎ 재료 선택하기

엄마들 사이에 가장 의견이 분분한 게 바로 재료의 '시작 시기'예요. '이 재료는 몇 개월 지나서 먹여야 된다더라, 우리 엄마는 그냥 먹였다더라, 우리도 다 먹고 컸다더라.'고 말이죠. 이유식을 시작하기 전에 꼭 기억해야 할 것이 있어요. 정답이 없다는 것입니다. 고로 남을 신경 쓰며 '저 아기는 아직 안 먹는데, 저 아기는 벌써 먹는데'라며 비교하고 조급해 할 필요가 없답니다. 저 아기가 벌써 먹기 시작했다면 내 아기도 한 번 먹여보고, 저 아기가 아직 안 먹는다면 '우리 아긴 벌써 먹어봤네?'라고 생각하면 되는 거예요. 의사선생님이나 요리연구가 등 해당 분야 전문가들도 모두 의견이 달라요. 그럴 때는 그냥 모두가 공통으로 말하는 재료들(예 돌 전에 생우유, 달걀 흰자, 6개월 전에 당근 등)만 조금 신경 쓰기로 해요.

이유식의 양

아기가 이유식을 잘 안 먹으면 그것만큼 속상한 일은 없을 거예요. 아침에 안 먹어서 애를 태웠는데 점심에는 잘 받아먹으면 지옥에서 천당을 간 기분이 들기도 합니다. 어른들처럼 아기들도 입맛이 없어서 엄마가 힘들게 만든 이유식을 잘 먹지 않을 때도 있어요. 또 다른 아기와 비교해 우리 아기가 너무 적게 먹으면 그것도 걱정이 될거예요. 하지만 속 태운다고 달라지는 건 없더라고요. 우리 아기가 조금 더 먹어줄 때까지, 우리 아기의 콩알만 한 위가 조금 더 커질 때까지 조금만 기다려주세요. 엄마 여러분, 아기와 엄마의 콜라보로 탄생하는 이유식이 정답이라는 것을 꼭 기억해주세요.

5 밥솥 이유식, 간단한 공식만 기억해요

밥솥 이유식이 극찬 받는 가장 큰 이유는 '재료 넣고 취사'라는 아주 간단한 순서 때문이죠. 초기/중기/후기 파트에서 더 자세한 공식을 다루겠지만, 어떻게 진행되는지 간단하게 공식으로 설명할게요. 이 공식에 엄마가 넣고 싶은 채소, 고기, 생선만 대입하면 된답니다.

초기 이유식 1단계

쌀가루 + 물 + 아주 곱게 간 채소 → 재가열 13분 → 체에 거르기

초기 이유식 2단계

쌀가루 + 물 + 곱게 간 채소 + 곱게 간 육류 → 재가열 13분 → 체에 거르기

중기 이유식

쌀가루 + 물(육수) + 잘게 다진 채소 + 잘게 다진 육류/육류 → 만능찜 40~50분 or 죽 모드 1시간

후기 이유식

쌀가루 or 불린 쌀 + 물(육수) + 다진 채소 + 다진 육류/수산물 → 만능찜 40~50분 or 죽 모드 1시간

완료기 이유식

① 기존 죽(무른밥, 영양밥 형태)

후기 이유식과 동일하게 만들되 농도나 재료의 크기 정도만 변경합니다.

② 국/밥/주먹밥/볶음밥/덮밥 등

돌이 가까워지면서 죽을 거부하는 아기가 있어요. 그럴 땐 앞으로 먹일 유아식을 연습하는 셈치고 진밥을 지어 국과 함께 주거나 주먹밥, 볶음밥, 덮밥 등으로 만들어주세요. 제 경우 아침은 부드러운 죽 형태로, 점심/저녁은 여러 조리법을 활용한 방법으로 먹였어요.

6 배죽 공식을 기억하세요

이유식 레시피를 보면 농도 혹은 배죽이라는 말이 자주 나올 거예요. 이유식에서는 꼭 따라 나오는 단어랍니다. 그렇다면 배죽이 뭘까요? 이유식을 처음 시작하는 엄마들은 무슨 말인지 잘 모를 수도 있을 거예요. 배죽의 의미를 간단하게 알아보고 어떻게 계산하면 되는지 설명해드릴게요. 육수 양을 계산할 때 활용하세요.

배죽

쌀의 양에 따른 물의 양을 의미합니다. 쌀가루 10g에 물 100ml를 넣었다면 10배죽의 이유식이 되는 거랍니다. 물 혹은 육수의 양을 계산하는 방법은 다음과 같습니다.

필요한 물의 양(ml) = 쌀(쌀가루, 불린쌀)(g) × 원하는 배죽

처음 초기 이유식은 20배죽으로 시작해 10배죽, 6배죽, 4배죽으로 묽기를 조절해 주면 돼요. 묽은 이유식을 더 좋아하는 아기도 있고, 된 이유식을 좋아하는 아기도 있으니 아기의 성향에 따라 배죽은 적절히 조절해 주셔야 해요. 여러 번 시행착오를 거치다 보면 아기가 좋아하는 배죽을 찾을 수 있을 거예요. 단, 필요한 물의 양은 이유식에 사용되는 식재료에 따라 조절이 필요할 때도 있어요. 배, 오이와 같이 수분이 많은 재료를 사용할 경우에는 조리 과정 중 재료 자체에서 수분이 빠져 나오므로 물을 조금 적게 넣어주어야 해요.

이유식도 아이템전, 필요한 도구들

1 필수 아이템, 밥솥의 선택

굳이 이유식 전용 밥솥을 새로 마련할 필요는 없습니다. 집에 있는 일반 밥솥으로도 얼마든지 이유식을 만들 수 있어요(단, 만능찜이나 죽 기능이 있는 밥솥이어야 해요). 저는 이유식 밥솥으로 널리 알려진 3인용 미니 밥솥을 구매해서 사용했는데, 사용하던 밥솥엔 어른 밥이 담겨 있을 때도 있고 초기, 중기에는 미니 밥솥도 크게 느껴질 정도로 양이 얼마 안 되기 때문에 아기 이유식용 밥솥을 따로 사용했어요. 돌 지나 쌀밥을 함께 먹는 지금은 이유식용 밥솥으로 달걀찜을 하거나 채소찜 등을 할 때 종종 사용하고 있어요. 얼마 전 밥솥 점검을 받을 때 여러 기능을 한꺼번에 쓰면 밥솥의 수명에 영향을 줄 수 있다고 해서 저는 될 수 있으면 어른들이 먹을 '밥'을 하는 밥솥 따로, '이유식(죽, 만능찜)'을 만드는 저렴한 작은 밥솥을 따로 구입해서 사용하는 것을 권장하고 있어요. 물론, 함께 사용해도 큰 상관은 없어요. 육아템이라는 게 그렇잖아요. 사면 좋지만 굳이 안 사도 되는 것! 어떤 밥솥이든 만능찜과 죽 기능만 있으면 가능해요.

2 지원군이 될 냄비

밥솥 이유식이라고 해서 냄비가 필요하지 않은 것은 아니에요. 채소를 데치거나 육수를 낼 때 등 쓰임새가 많고 냄비는 손잡이까지 뜨거워지지 않고, 잘 씻기며, 녹슬지 않는 것으로 선택하면 돼요. 개인적으로 저렴한 스테인리스 냄비는 설거지가 잘 되지 않고, 코팅이 벗겨져 자국이 남아 너무 불편했어요. 유아식까지 계속 쓰는 만큼, 깔끔한 밀크 팬이나 법랑 냄비를 선택해주세요. 밀크 팬이 하나 있으면 유아식에서 국 끓일 때 아주 유용해요.

3 취사도구의 선택 요령 및 관리법

이유식 용기

선택법

냉동 보관과 전자레인지 사용이 가능해야 해요.

중 · 후기 이유식으로 갈수록 하루에 먹는 횟수가 많아지므로 만들어놓고 냉동 보관하는 경우가 많아요. 냉동 보관이 가능하고 전자레인지에 돌려도 괜찮은 용기인지 꼭 확인하고 구입하세요.

열탕 소독이 가능한 용기를 선택하는 것이 좋아요.

육아에 치여 바로 설거지를 못 했을 때 눌어붙어 있는 음식물이나 생선, 고기의 냄새가 설거지만으로는 깨끗하게 닦이지 않을 때가 많아요. 그래서 뜨거운 물로 소독해야 하는 일이 자주 생긴답니다. 유리용기는 열탕 소독을 종종 해주는 것이 위생적이기도 해요.

꼭 눈금이 있어야 할까요?

국민 이유식 용기 몇 종을 두고 엄마들이 고민하는 '눈금'. 눈금 있는 용기, 없는 용기를 모두 써보았지만 저는 눈금은 별로 필요하지 않았어요. 이유식을 담을 때는 저울에 놓고 담는 게 더 편하고, 아기가 얼마를 먹었는지 눈금으로 볼 일은 많지 않더라고요. 눈금이 있으면 좋기야 하겠지만, 눈금 때문에 장점을 포기하고 다른 제품을 선택할 정도는 아니에요! 정 안 되면 눈금 스티커를 따로 구매해 붙여도 되니까요.

꼭 유리용기를 사용해야 하나요?

유리용기 외에 PP용기도 많이 써요. 전자레인지, 냉동, 열탕 모두 가능하고 가볍기까지 해서 외출할 때나 덜어서 먹일 때 유용하게 잘 썼어요. 간식통으로도 좋구요. 하지만 장기적으로 사용하거나 냄새, 위생을 생각한다면 유리용기가 가장 좋아요.

개수 및 용량

필요한 용기의 개수

초기 이유식 : 3~4개, 중기 이유식 : 6~7개, 후기 이유식 : 9~10개

3일씩 보관한다는 전제로 필요한 최소한의 개수예요. 개인적으로는 여기에 여분으로 4~5개 정도 더 가지고 있는 게 편하더라고요. 실제로 저희 집에는 이유식 용기가 25개 정도 있는데, 직구로 구입한 가격대 있는 유리용기 15개, 저렴한 PP용기 10개 정도예요. PP용기가 더 많았는데, 사용하다보니 내구성이 떨어져 많이 버리게 됐어요. 용기는 이유식만 담는 게 아니라, 육수를 잠깐 보관하기도 하고 간식이나 과일을 보관하기도 해요. 아기가 이유식을 남길 것 같으면 덜어놓고 조금 후에 먹일 때도 사용하고요. 용기는 한꺼번에 많이 구입하기 보다는 초기 이유식 때 써보고 좋으면 중기 이유식에 같은 종류로 더 구매하거나, 다른 종류의 용기로 추가 구입해도 좋아요.

이유식 용기의 용량

저희 집에는 용량이 120ml 이하인 작은 용기가 40%, 120ml 이상인 큰 용기가 60% 정도 있어요. 용량이 작은 용기는 얼마 사용하지 못한다고 해서 구입 시에 많이 고민했지만, 지금도 잘 쓰고 있어요. 큰 용기만 있었으면 오히려 불편했을지도 몰라요. 초기 3~4개 정도는 작은 용기로 구입해 보세요. 유아식 외에 국 보관용으로도 잘 쓰인답니다.

세척 및 관리법

아기용 세척세제로 깨끗하게 닦고 육류의 기름기, 생선 비린내가 남아 있을 때에는 베이킹소다를 세제와 살짝 섞어 쓰면 뽀득뽀득 잘 닦여요. 세척 후에는 소독기에 살균해주거나 1주에 한 번 정도 열탕 소독을 해주면 아주 좋아요. 소독기가 없다면 매일, 혹은 이틀에 한 번 열탕 소독을 해주세요. 물기가 없도록 잘 말리고 먼지가 묻지 않도록 뚜껑을 덮어 수납장 안에 보관해주세요.

국자, 주걱(스패튤러), 조리용 젓가락

선택법

조리용 젓가락은 데친 재료를 건지거나 재료를 섞을 때 주로 사용해요. 집게를 사용해도 되지만 저는 실리콘으로 된 긴 젓가락이 사용하기 편했어요. 세척이나 관리도 쉬웠고요. 국자와 주걱에 비해 사용 빈도는 적지만 없으면 아쉬운 조리도구이니 하나씩 준비해두는 것도 좋아요.

국자와 주걱, 조리용 젓가락은 가급적 열탕 소독이 되고 환경호르몬이 없는 실리콘 재질을 선택해주세요. 실리콘은 음식 잔여물이 남았을 때 팔팔 끓는 물에 소독해서 세척할 수 있고, 뜨거운 요리를 하더라도 환경호르몬에 안전해요.

세척 및 관리법

사용 후에는 아기세제로 깨끗이 씻어 말려 보관하고, 1~2주에 한 번 열탕 소독을 해주세요. 음식 잔여물이 굳어서 떨어지지 않을 때는 뜨거운 물에 불려 씻거나 열탕 소독을 통해 깨끗하게 관리해주세요.

믹서기(다지기)

선택법

첫 아기를 키우는 엄마들 중 살림이 능숙한 경우도 있겠지만 초보 주부들이 훨씬 많을 거예요. 그런 엄마들에게 재료를 다지는 일은 꽤 많은 시간이 필요합니다. 이때 믹서기 혹은 다지기 하나만 있으면 재료 손질시간이 많이 줄어들 거예요. 아주 곱게 다질 때는 믹서기가 좋고, 조금 입자 있는 음식은 다지기가 좋아요. 저는 다지기와 믹서기 겸용의 핸드블렌더를 사용 중이에요. 전기를 연결하지 않고 손잡이를 당겨서 다지는 제품도 있는데 유아식에서 특히 잘 쓰고 있어요.

세척 및 관리법

사용 후 깨끗이 씻어 말려 보관해주세요. 특히 육류를 다진 후에는 기름기가 남아있을 수 있으니, 칼날 안쪽과 믹서 구석구석까지 잘 씻어주어야 해요. 잔여물이 부패하면 냄새가 날 수 있어요.

두부 엄마의 아쉬움

개인적으로 믹서기 칼날의 위생관리가 가장 어려웠어요. 고기를 한 번 갈고 나면 안쪽까지 잔여물이 다 들어가는데, 처음엔 잘 모르고 겉만 씻었다가 나중에 안쪽을 보고 깜짝 놀란 적이 있어요. 게다가 플라스틱이다보니 기름기가 생각보다 잘 닦이지 않더라고요. 칼날은 열탕 소독이 되지만 부속품들이 열탕 소독이 되지 않는 경우도 있어요. 다시 구입한다면 가급적 다 열탕 소독이 되는 믹서기를 사고 싶어요. 제가 열탕 소독을 강조하는 이유는 뒤에서 다시 설명하지만 우리 아기들은 여러 오염에 취약하기 때문이에요. 위생이 최고인 것 아시죠?(참고로 두부는 제 딸의 태명이랍니다.^^)

◎ 도마

선택법

식재료를 올려놓고 자르는 용도인 도마는 어른들도 식재료별로 구분해서 쓰는 만큼 교차오염이 되기 쉬워요. 아기 밥을 만드는 용도라면 당연히 구분해줘야겠지요? 초기 이유식에는 채소, 고기, 기타 식재료로 구분해서 사용해요. 이유식에선 보통 다져놓은 생선을 많이 사용하기 때문에 생선 도마를 사용할 일이 많지 않은데, 유아식에 들어가면 생선을 손질할 일이 자주 있으니 한 종류를 더 추가해서 생선 도마도 따로 사용하는 게 좋아요. 도마도 열탕 소독(뜨거운 물 소독)이 가능한 종류를 추천해요. 그리고 가급적 칼집이 나지 않는 도마가 위생적으로 좋더라고요.

세척 및 관리법

아기 전용 세제로 깨끗하게 씻은 뒤 잘 말려서 보관해요. 열탕 소독을 하면 좋지만 부피가 크니 대신 뜨거운 물로 헹궈주세요.

저울

선택법

필요 없다는 엄마들도 있지만 계량 저울은 이유식뿐만 아니라 요리할 때 유용하게 쓸 수 있으니 하나쯤 가지고 있으면 좋아요. 초보 엄마들에겐 '눈대중'이라는 게 어렵잖아요. 오랜 경험을 가지신 친정엄마의 '조금, 적당히'라는 말이 가장 어려운 우리들에게는 감을 잡기 전까지는 친절하고 정확한 계량 저울이 필요해요. 저울로 몇 번 해보고 나면 그제야 감이 와요. 그때부터 눈대중이 가능하더라고요. 저울은 0Set(영점 세팅)이 있고 오차가 심하지 않은 검증된 제품을 사용하세요.

세척 및 관리법

이물질이 묻으면 바로바로 닦아 보관하고 물기가 들어가지 않도록 조심하세요.

찜기(찜기용 채반)

선택법

집에 찜통 혹은 찜기 채반은 하나씩 다 있죠? 그냥 집에 있는 것을 사용하면 돼요. 근데 녹이 슬었거나 너무 오래되어 이물질이 붙어 있다면 이유식 도구 준비할 때 하나 더 구입해 두세요. 아기 이유식 재료를 익히는 데도 사용하지만, 나중에 유아식에도 오래오래 사용해요. 실리콘으로 된 제품이 관리하기 좋지만 냄비 크기에 따라 조절할 땐 스테인레스로 된 채반이 더 편해요.

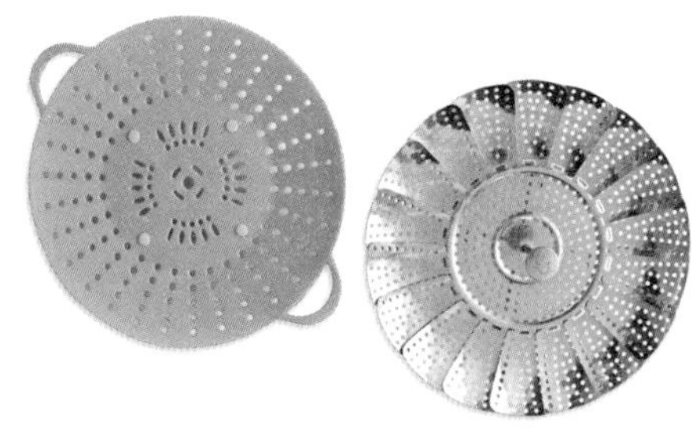

세척 및 관리법

아기세제로 깨끗하게 씻은 뒤 잘 말려서 보관해요. 한 번씩 열탕 소독을 하면 좋지만 부피가 있으니 뜨거운 물을 부어 소독하듯 헹궈주세요.

◎ 거름망

선택법

초기 이유식 때는 작은 입자도 삼키기 힘들어하는 아기를 위해 꼭 한 번 걸러주는 과정이 필요해요. 그때 필요한 도구가 바로 거름망이에요. 평소에 거름망 사용이 많지 않아 깨끗하다면 그대로 써도 무방하지만, 거름망을 다른 용도로 자주 쓴다면 아기용으로 따로 구입하는 게 좋아요. 한 번 구입해두면 두고두고 유용하게 잘 쓴답니다.

세척 및 관리법

구멍 사이사이 이물질이 끼지 않도록 잘 닦고 스테인레스 제품인 만큼 녹이 슬지 않도록 물기를 잘 말려서 보관해요.

◎ 열탕 소독용 큰 솥

선택법

식기 관리할 때 가장 좋은 방법이 열탕 소독이더라고요. 손수건이나 수저도 한 번 싹 삶으면 제대로 세척되지 않았던 부분들이 깨끗하게 닦이고 뜨거운 스팀으로 살균 소독까지 되니, 이만한 관리법이 없어요. 이유식을 만들어 먹이다 보면 각종 도구들이나 이유식 용기들이 설거지만으로는 깨끗해지지 않을 때가 있어요. 아직 면역력이 약한 아기를 위해서 열탕 소독을 하기 위한 큰 냄비(솥)도 마련해두면 좋아요.

안나의 이유식 이야기

열탕 소독, 꼭 해야 할까요?

네, 열탕 소독은 꼭 필요해요. 특히 소독기를 따로 쓰지 않는 분들은 반드시 필요합니다. 돌 전후 어린 영아들은 세균에 굉장히 취약해 작은 원인에도 장염 등에 노출되기 쉬워 늘 주의를 기울여야 해요. 처음 고기를 먹고, 처음 생선을 먹는 아이들에겐 위생에서 오는 식중독이나 장염이 굉장히 치명적이에요. 말도 못하는 아기들이 아프면 그 속상함은 이루 말할 수 없답니다. 아기가 가장 많은 시간을 보내는 집에서 엄마가 해줄 수 있는 최고의 살균 방법은 열탕 소독이에요. 이유식 용기에 말라붙은 이유식 잔여물이나 고기나 생선의 냄새 등을 열탕 소독으로 깨끗하게 해결할 수 있어요. 매번 냄비에 삶는 게 번거롭다면 끓는 물에 한 번씩 담가서 소독이라도 해주세요.

아이스 큐브

선택법

열탕 소독이 되는 것

아기 이유식 도구들에 관해 말하면서 가급적 열탕 소독이 되는 것을 고르라고 계속 강조하고 있죠? 사각으로 된 이유식 큐브는 모서리 쪽에 이물질이나 기름이 끼면 깨끗하게 제거하기가 쉽지 않아 끓는 물에 한 번 열탕 소독을 해야 깔끔하게 씻겨요. 또, 소고기나 생선, 닭고기를 얼릴 때에는 잔여 기름이 남아있어 깨끗이 씻기지 않으므로 그럴 때도 꼭 열탕 소독이 필요해요.

쏙쏙 잘 빠지는 말랑말랑한 것

플라스틱 같이 단단한 틀은 내용물을 꺼내기 힘들어요. 실리콘처럼 말랑말랑한 틀을 사면 쏙쏙 눌러 빼기 편하니 사용하기 좋아요.

입구가 넓은 것

같은 용량이라도 좁고 깊은 것보단 넓고 얕은 게 좋아요. 보통 재료를 잘게 갈거나 다져서 넣는데, 숟가락으로 떠서 넣는다고 해도 입구가 좁으면 한 번에 많이 담기도 힘들고 주변에 삐져 나와 지저분해져요. 사소한 것 같지만 은근 깨알팁이랍니다.

뚜껑의 밀폐가 잘 되는 것

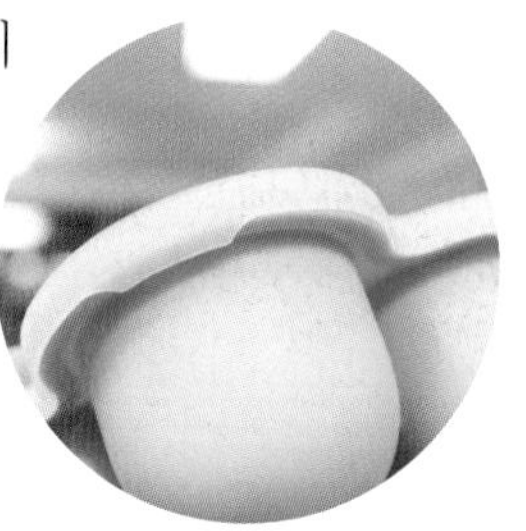

모든 이유식 큐브에 뚜껑은 있지만, 뚜껑이 딱 고정되는 제품이 있고 그렇지 않은 제품이 있어요. 밀폐된 상태로 냉동실에 들어가야 위생상 좋으므로 뚜껑이 고정되는 제품으로 구입하세요.

있으면 좋은 도구들

- 강판 : 감자전을 하거나 과일즙을 낼 때 좋아요. 요즘은 믹서기나 핸드블렌더를 많이 사용해서 없는 집이 사실 더 많아요.
- 절구 : 없으면 가끔 아쉬운 도구예요. 작은 것 하나라도 준비해두면 좋아요.
- 매셔 : 고구마나 감자를 으깰 때 좋아요.
- 실리콘 그릇 : 중간중간 재료를 보관해놓거나 아기 간식 등을 데워 먹이고 덜어먹이기 편해요. 실리콘은 대부분 열탕 소독도 되니 깔끔하게 관리할 수 있고, 아이들이 만지거나 떨어뜨려도 안전해 두세 개 정도 있으면 요긴해요.

이유식에 필요한 도구들

- 이유식 숟가락 : 의식적으로 꽉 물려고 하는 아기를 위해 실리콘 재질의 숟가락을 사용하고, 깊이가 깊지 않고 작은 아기 입에 들어가는 크기를 골라주세요.
- 턱받이 : 삼키는 것이 익숙하지 않아 음식을 흘리는 아기들을 위해 턱받이를 준비해주세요. 실리콘이나 부드러운 재질의 플라스틱 턱받이가 좋아요.
- 컵(스파우트 컵, 빨대컵) : 이유식을 시작하면 물을 함께 먹어야 하므로 컵을 준비해 물 마시기 연습을 시켜주세요. 손잡이가 있는 컵을 골라 직접 잡고 마실 수 있도록 준비해 주세요.

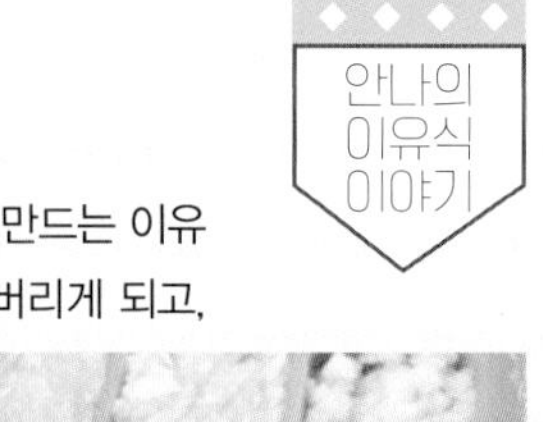

'국민 이유식 준비물'에 꼭 들어가 있는 '아이스 큐브', 알알이 쏙쏙!

큐브는 반드시 준비해야 하는 준비물이에요.
이게 있어야 편하고 즐겁게 이유식 준비를 할 수 있거든요. 시금치 한 단을 사도 한 번 만드는 이유식에 들어가는 양은 많지 않아요. 나머지는 엄마, 아빠가 먹거나 먹지 않으면 시들어 버리게 되고, 며칠 뒤에 시금치 이유식을 하면 또 시금치를 사야 해요. 이유식 재료를 좀 더 경제적이고 효율적으로 사용하려면 아이스 큐브를 꼭 준비하세요.

재료는 한 번에 손질 후 나누어 보관해요.
큐브는 이유식하는 엄마들뿐 아니라 살림하는 주부들도 많이 쓰고 있답니다. 식재료 값은 점점 오르고 식구도 적은 요즘은 한 번에 쓰는 재료 양도 그리 많지 않아요. 사서 한 번에 손질하여 보관해두고 그때그때 사용하면 참 편하겠죠?

이유식 큐브 + 냉동 보관 = 아이스 큐브

이유식 재료를 한 번에 손질한 후 아기가 먹을 수 있는 크기로 한 번에 다져두고 큐브에 넣고 얼려주세요. 얼린 큐브를 이유식 할 때마다 밥솥이나 냄비에 넣어주면 끝이에요. 결국 편한 이유식을 하려면 큐브 확보가 관건이에요. 하루 날 잡아 재료를 손질한 후 큐브를 가득 만들어놓으면 당분간 이유식 걱정은 없어요.

이유식 큐브를 망설였던 이유

엄마가 재료 손질할 동안 쓸쓸히 청경채 쪼가리 들고 놀았던 두부예요~

저는 생재료를 좋아해요. 냉동에 대한 불신도 있었고 가급적 신선한 재료를 사용해 그때그때 만들어 썼어요. 그렇지만 두부는 순한 편인데도 엄마가 주방에 계속 서 있는 걸 원치 않았어요. 그렇다고 베테랑 주부처럼 손이 빨라 순식간에 채소를 손질하고 데치는 것도 아니었고요. 주방에 한 번 들어가면 엄마는 함흥차사, 나올 생각이 없으니 아기는 울고불고해서 이유식이 점점 힘들어지더라고요. 그래서 생재료에 대한 집착을 버렸어요.

2~3주에 한 번 이유식 재료 대량생산의 날, 각종 큐브와 육수를 왕창 준비해놓으면 2~3주가 든든해요. 냉동 보관도 충분히 좋은 방법이고, '요리 연구가들도 냉동 보관을 많이 활용하고 있으니 나도 해보자' 하고 시작한 게 이유식 큐브였고, 정말 잘한 선택이라고 생각해요.

물론 냉동하지 않은 신선한 재료가 훨씬 좋은 건 맞아요. 그렇지만 엄마가 힘들다면, 바로바로 재료 손질이 힘들어서 오히려 재료가 시들 수도 있으니 차라리 냉동 큐브를 만들어서 편하게 하세요. 초기까지는 버틸만 해도 중 · 후기에는 냉동 큐브 없이는 조금 힘들더라고요.

저는 냉동실 한 칸을 이유식 전용 칸으로 사용했어요. 각종 재료 큐브와 육수, 얼려놓은 이유식 등등 2~3주 정도 사용할 재료를 보관하려면 라벨링과 나름 체계를 갖춘 관리가 필수예요. 재료가 섞이지 않게 주의하고 선입선출로 사용해주세요.

BABY FOOD RECIPE

재료 준비만 하면 이유식 절반은 완료!

이유식의 시작은 '재료 준비'입니다. 칼질이 능숙해 다지기의 선수라면 세상 무서울 게 없는 이유식 재료 준비. 하지만 초보 주부도 겁낼 필요는 없답니다. 우리에겐 신문물 믹서기(다지기)가 있으니까요.

밥솥 이유식은 냉동실에 재료만 잘 구비해두면 반 이상은 끝났다고 생각하면 돼요. 재료만 넣고 버튼 하나만 누르면 맛있는 이유식을 완성할 수 있거든요. 지금부터 각 재료별로 손질하는 방법, 보관하는 방법을 하나씩 살펴보도록 할게요. 첫 과정이지만 가장 중요한 내용이니 꼼꼼하게 확인해주세요.

1 계절별 재료 선택하기

계절별	월별	계절별 제철 이유식 재료
봄	3월	• 채소 : 브로콜리, 봄동, 열무, 우엉, 마늘쫑, 냉이, 머위순, 버섯, 쪽파, 더덕, 부추 • 과일 : 딸기, 토마토, 한라봉 • 해산물 : 쭈꾸미, 도미, 꼬막, 모시조개, 물미역, 조기, 바지락, 톳, 피조개, 꽃게, 굴, 병어
	4월	• 채소 : 고사리, 머위, 상추, 부추, 양상추, 양파, 완두콩, 양배추 • 과일 : 참외, 토마토 • 해산물 : 도미, 꽃게, 참조기, 전복
	5월	• 채소 : 고구마순, 부추, 미나리, 상추, 아욱, 양파, 완두, 죽순, 파, 오이, 애호박 • 과일 : 매실, 자두, 앵두, 참외, 수박 • 해산물 : 멸치, 오징어, 새우, 꽁치, 전복

계절별	월별	계절별 제철 이유식 재료
여름	6월	• 채소 : 감자, 근대, 오이, 애호박, 깻잎, 아욱, 옥수수, 콩 • 과일 : 살구, 참외, 토마토, 자두, 복숭아, 수박, 포도 • 해산물 : 갑오징어, 오징어, 광어, 갈치, 전갱이
	7월	• 채소 : 부추, 감자, 아욱, 가지, 깻잎, 근대, 오이, 피망, 양상추, 옥수수, 콩 • 과일 : 멜론, 복숭아, 수박, 자두, 참외, 포도 • 해산물 : 농어, 장어, 갑오징어, 오징어, 갈치
	8월	• 채소 : 가지, 감자, 아욱, 강낭콩, 근대, 애호박, 깻잎, 도라지, 양파, 콩, 브로콜리 • 과일 : 멜론, 복숭아, 포도, 수박 • 해산물 : 갈치, 오징어, 전복
가을	9월	• 채소 : 느타리버섯, 아욱, 도라지, 순무, 당근, 늙은 호박, 부추, 시금치 • 과일 : 토마토, 호두, 무화과, 대추, 포도 • 해산물 : 갈치, 꽃게, 새우, 오징어, 조기, 전어, 장어, 광어, 굴, 연어
	10월	• 채소 : 순무, 양송이버섯, 팥, 도라지, 늙은 호박, 도토리, 쪽파, 부추, 고구마 • 과일 : 모과, 밤, 사과, 오미자, 유자, 은행, 잣, 대추 • 해산물 : 꽃게, 갈치, 삼치, 가자미, 굴, 고등어, 꽁치, 낙지, 대하, 대합, 병어, 홍합, 연어, 장어, 광어
	11월	• 채소 : 늙은 호박, 당근, 무, 배추, 시금치, 연근, 우엉, 쪽파 • 과일 : 감, 귤, 모과, 배, 사과, 오미자, 유자, 키위 • 해산물 : 갈치, 고등어, 삼치, 대구, 명태, 새우, 대합, 문어, 병어, 연어, 오징어, 옥돔, 참치, 굴, 광어
겨울	12월	• 채소 : 콜리플라워, 늙은 호박, 무, 배추, 브로콜리, 연근, 시금치 • 과일 : 딸기, 귤, 대추, 바나나 • 해산물 : 대하, 병어, 동태, 낙지, 김, 생미역, 갈치, 참치, 고등어, 대구, 가자미
	1월	• 채소 : 고구마, 늙은 호박, 당근, 무, 두부, 콩비지, 연근, 브로콜리, 우엉, 시금치 • 과일 : 딸기, 한라봉, 귤 • 해산물 : 고등어, 명태, 동태, 가자미, 삼치, 새우, 낙지, 대구, 김, 물미역, 홍합, 굴, 병어
	2월	• 채소 : 미나리, 쑥, 봄동, 시금치, 양파, 우엉, 브로콜리 • 과일 : 딸기, 한라봉 • 해산물 : 명태, 고등어, 광어, 삼치, 낙지, 새우, 대구, 김, 물미역, 홍합, 굴, 전복, 파래, 병어

RICE FLOUR

쌀가루

이유식을 처음 시작할 때 가장 좋은 재료는 바로 '쌀'이에요. 소화도 잘 되고, 밥을 먹는 연습을 하는 단계인 이유식에 쌀가루는 꼭 필요해요. 요즘은 유기농 전문매장이나 마트에 가면 아기용 쌀가루를 쉽게 찾아볼 수 있어요. 사서 먹여도 되고 만들어서 먹여도 되는데 만드는 방법을 익혀두면 쌀가루가 똑 떨어져도 당황하지 않게 돼요. 만들어 먹이면 중기, 후기에 내 아기가 선호하는 입자에 맞출 수 있어서 좋더라고요.

재료

쌀 200g, 쟁반, 키친타월, 거름망, 믹서기(분쇄기)

1 초기 이유식에 사용되는 쌀가루는 이유식을 처음 접하는 아기들이 먹어야 할 미음을 만들 때 사용해야 하므로 입자가 아주 고와야 해요. 가정용 분쇄기로는 파는 것처럼 고운 가루를 내기 힘들어 저는 초기 이유식 쌀가루는 사다가 먹였어요. 점차 미음에 적응하면 집에서 만들어 주셔도 괜찮아요.

2 쌀가루를 만들 쌀은 깨끗하게 여러 번 씻은 뒤, 1시간 정도 물에 불려주세요. 불린 쌀은 소쿠리나 거름망에 놓고 물기를 빼주세요.

3 물기를 뺀 쌀은 널찍한 쟁반에 잘 펴서 하루 정도 아주 바짝 말려주세요.

TIP 초기 이유식 쌀가루는 아주 곱게 갈아야 하므로 바짝 말려야 해요.

4 바짝 말린 쌀을 분쇄기에 넣고 아주 곱게 갈아주세요.

5 덜 갈린 쌀가루가 있을 수 있으니 체에 한 번 걸러서 사용해요.

TIP 가정용 분쇄기가 곱게 갈리지 않는 경우, 체에 걸러낼 것도 없을 정도로 입자가 거칠 수 있어요. 믹서기 성능이 좋지 않다면, 처음엔 사서 먹이는 걸 추천해요.

1 초기 이유식 쌀가루 만들기와 동일하게 바짝 말린 쌀을 분쇄기나 믹서기에 넣고 쌀이 1/3등분이 될 정도로 갈아주세요.

TIP 조금씩 끊어 갈면서 입자를 확인해주세요.

2 먼저 입자를 쪼갠 후 건조하는 방법도 있어요. 물기만 뺀 쌀을 분쇄한 후 바짝 말려주세요. 물기를 머금고 있는 쌀이 더 잘 갈려 시간도 절약되고 더 편해요.

TIP 저는 이 방법을 더 추천해요. 시간도 훨씬 절약할 수 있어요.

중기 이유식과 같은 방법으로 만들되, 입자만 조금 크게 갈아주세요. 두 번 정도 믹서를 끊어서 갈면 돼요. 초반엔 1/2 크기로 쪼개서 먹이다가 점차 쪼개지 않은 쌀알을 먹이는 연습을 해요.

후기 이유식 중·후반쯤 되면 갈지 않은 쌀을 먹여보세요. 아이의 성향에 따라 작은 입자를 좋아하기도 하지만 대부분 완료기 이유식 때는 온전한 형태의 쌀을 먹게 돼요.

밀폐용기에 담거나 한 번 사용할 만큼 비닐봉지에 소분해서 냉동 보관해주세요. 저는 한 달 안에 모두 소진했어요.

POTATO

감자

감자는 향도 강하지 않고, 부드러운 식감 덕분에 간식으로도 좋은 재료예요. 가열해도 파괴되지 않는 비타민C와 칼륨이 함유되어 있어 우리 아이 식단과 간식에 자주 올라올 친숙한 재료가 될 거예요. 감자는 공기 중에 오래 노출되면 갈변현상이 일어나니 손질과 보관에 스피드가 필요합니다. 손질 중에 아기가 울어 지연될 것 같으면 찬물에 담가 놓으세요!

"안나의 한눈에 TIP"

- **초기 이유식 1단계** 껍질 제거, 전분 빼기, 익힘, 스무디 수준으로 곱게 갈기
- **초기 이유식 2단계** 껍질 제거, 전분 빼기, 익힘, 곱게 갈기
- **중기&후기 이유식** 껍질 제거, 전분 빼기, 잘게 다지기
- **완료기 이유식** 껍질 제거, 전분 빼기, 아기의 취향에 맞게 다지기

보관법

실온 신문지에 싸서 바람이 잘 통하는 곳에 보관해요.

냉장 껍질을 까서 찬물에 담가 전분을 뺀 후 물기를 제거하고 랩에 싸서 보관해요.

냉동 갈아서 냉동 큐브로 보관해요.

1 감자의 흙을 씻어낸 후 감자칼로 껍질을 모두 벗겨주세요.

2 적당한 크기로 잘라 손질한 감자는 찬물에 10분 정도 담가 전분을 빼주세요.

TIP 전분을 빼야 끈적이지 않아요.

3 찜기나 밥솥에 쪄주세요.

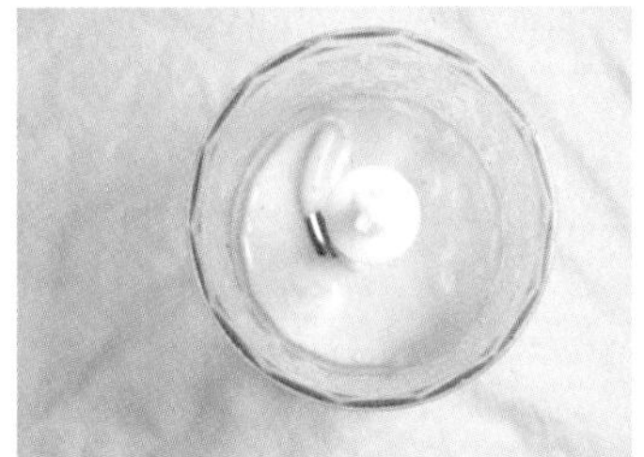

4 찐 감자를 믹서기에 아주 곱게 갈아주세요. 매시드 포테이토처럼요.

TIP 물을 살짝 넣고 갈면 더 잘 갈려요.

랩으로 감싼 후 완벽 밀폐를 위해 지퍼백에 한 번 더 넣어주세요.

5 곱게 갈린 감자를 큐브에 담아 냉동실에 얼린 뒤 꺼내 랩으로 하나씩 감싸 냉동실에 보관하면 끝!

익히는 과정 없이 생채소로 갈거나 다져서 보관하면 돼요.

TIP 생감자를 다져서 보관해도 되고, 감자를 쪄서 매셔로 으깬 다음 큐브에 넣어 얼려 보관해도 좋아요.

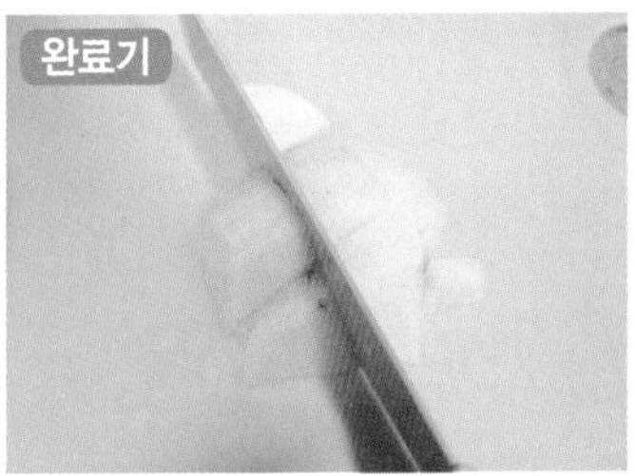

껍질을 제거하고 전분만 조금 뺀 뒤 아기가 먹을 수 있는 크기로 잘라 보관해주세요.

TIP 갈변에 주의하세요.

SWEET POTATO

고구마

고구마는 아주 달달해서 이유식에 넣어도 좋고 퓨레를 만들어도 좋고 그냥 쪄서 먹여도 아주 좋아요. 비타민C가 많고 식이섬유가 풍부해서 변비에도 좋답니다. 말려서 고구마 말랭이로 만들어주면 하나씩 들고 먹는 아주 좋은 간식이 될 거예요. 단, 소고기와는 궁합이 좋지 않다고 하니 피하는 게 좋아요.

안나의 한눈에 TIP

초기 이유식 1/2단계	찜, 아주 곱게 갈기
중기&후기 이유식	찜, 으깨기
완료기 이유식	찜, 먹기 좋은 크기로 썰기

보관법

실온 고구마는 뿌리식물이라 촉촉해요. 신문지나 종이 포일을 깔고 하루 정도 잘 펴서 말려주세요. 그래야 곰팡이 테러를 당하지 않아요. 그 후에는 신문지에 싸서 바람이 잘 통하는 곳에 보관해주세요.

냉장 실온에서 하루 정도 말린 고구마는 신문지나 종이 포일에 싸서 보관해요.

냉동 찐 고구마를 으깨서 냉동 보관하세요.

1 고구마를 깨끗이 씻어 찜기나 밥솥에 쪄 주세요.

TIP 어른 밥솥에 만능찜 기능을 이용하거나 찐 고구마 기능을 이용하면 편해요.

2 잘 찐 고구마를 한 김 식힌 후 껍질을 벗겨주세요.

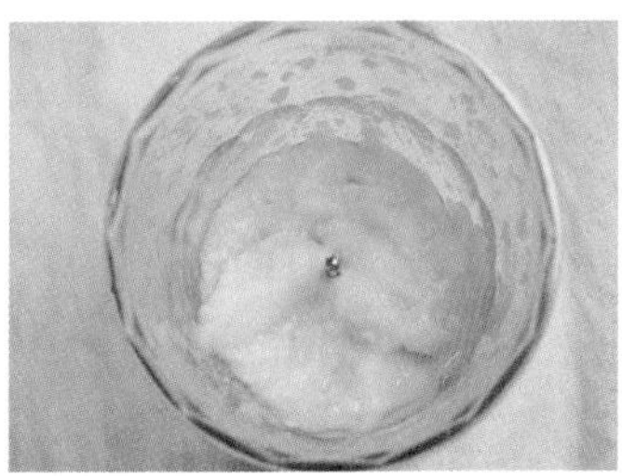

3 물을 살짝 넣고 블렌더에 아주 곱게 갈아주세요.

4 곱게 간 고구마를 큐브에 담아 얼린 후 랩으로 하나씩 감싸 냉동실에 보관해요.

고구마를 매셔로 곱게 으깨서 큐브에 얼려 보관해요.

아기가 먹을 수 있는 크기로 자른 후 큐브에 얼려 보관해요.

TIP 완료기에는 고구마를 죽에 넣기보다는 간식으로 주는 경우가 더 많아서 그때그때 쪄서 주는 게 더 좋아요.

PUMPKIN

단호박

달달하고 노란 색감 덕분에 아기들이 좋아해요. 만약 아기가 싫어하는 재료가 있으면 단호박과 1+1로 섞어서 만들어 주면 달달해서 맛있게 잘 먹는답니다. 단호박은 비타민이 아주 풍부해 감기 예방에 좋고, 식이섬유가 풍부해 장 건강에도 아주 좋아요. 다만, 손질하기가 좀 까다로워 초보 주부들은 난생 처음 구입한 단호박과 씨름을 하기도 한답니다. 제가 손질하기 쉬운 방법을 알려드리니 너무 걱정마세요!

"안나의 한눈에 TIP"

- **초기 이유식 1/2단계** 익힘, 씨 제거, 과육 발라내기, 스무디 수준으로 곱게 갈기
- **중기&후기 이유식** 익힘, 씨 제거, 과육 발라내기, 곱게 으깨기
- **완료기 이유식** 익힘, 씨 제거, 과육 발라내기, 먹기 좋은 크기로 썰기

보관법

실온 서늘한 그늘에서 통째로 보관해요.

냉장 자른 단호박은 랩으로 싸거나 밀폐 용기에 넣어 보관해요.

냉동 다져서 냉동 큐브로 보관해요.

1 단호박을 깨끗이 씻은 후 전자레인지에 4~5분 정도 익혀서 자르면 칼이 이 잘 들어가요. 그냥 자르면 단단해서 손을 다칠 수 있으니 익혀서 자르는 것을 추천합니다.

2 조각낸 단호박은 씨를 파낸 후 찜기에 넣고 쪄주세요.

TIP 소량일 경우 밥솥에 쪄도 좋아요(만능찜 혹은 재가열 2번).

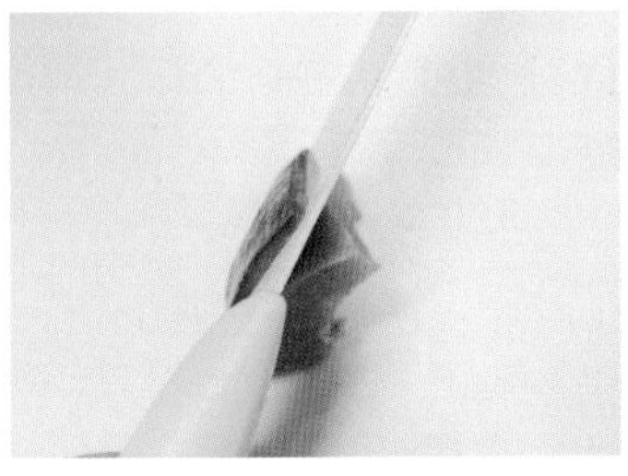

3 잘 찐 단호박을 한 김 식힌 후 껍질과 과육을 분리해주세요.

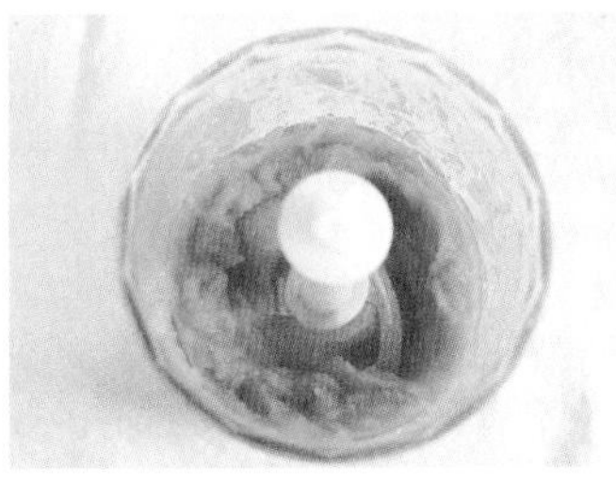

4 과육만 아주 곱게 갈아주세요.

5 곱게 간 단호박을 큐브에 담아 얼린 후 랩으로 하나씩 감싸 냉동실에 보관하면 끝.

TIP 랩으로 감싼 후 완벽 밀폐를 위해 지퍼백에 한 번 더 넣어주세요.

찐 단호박을 아기가 먹을 수 있는 크기로 갈거나 매셔로 으깨서 큐브에 넣어 냉동 보관하세요.

찐 단호박은 부드러워서 한 입 크기로 큼직하게 잘라 보관해도 괜찮아요.

TIP 단호박 손질이 겁나거나 엄두가 안 나서 이유식에 잘 사용하지 않나요? 그럼 그냥 유기농 식품가게에서 손질되어 있는 단호박을 구입하시면 편해요. 단호박은 아기에게 정말 좋은 재료이니 꼭 챙겨주세요.

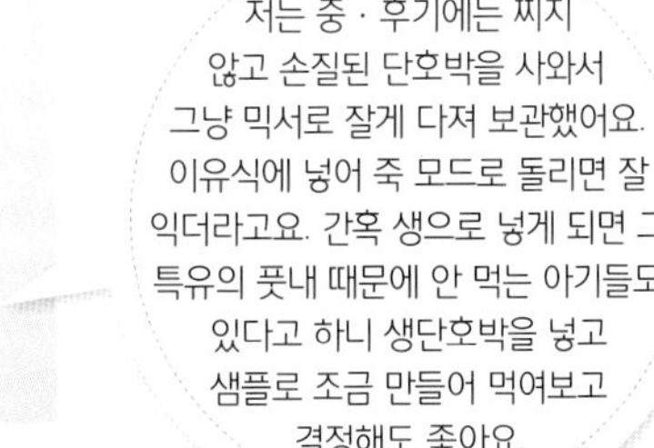

CARROT

당근

면역력을 키우는 데 도움이 되어 암 예방효과도 있다는 대표적인 녹황색 채소인 당근! 풍부한 베타카로틴, 알파카로틴이 체내에서 비타민A로 흡수되어 눈 건강에도 아주 좋다고 알려져 있어요. 칼슘과 식이섬유도 함께 들어 있어 성장기 아이들에게도 아주 좋은 채소예요. 비타민A는 지용성이기 때문에 기름에 볶아먹으면 영양이 더 풍부해진답니다. 단, 질산염이 함유되어 있어 생후 6개월 이후에 먹이는 게 좋아요.

"안나의 한눈에 TIP"

초기 이유식 2단계	껍질 제거, 익힘, 아주 곱게 갈기
중기&후기 이유식	껍질 제거, 곱게 갈기 혹은 다지기
완료기 이유식	껍질 제거, 다지기 혹은 썰기

보관법

실온 습기에 약하므로 신문지에 싸서 서늘한 곳에 보관해요.

냉장 물기를 없애고 신문지에 싸서 보관하면 오래가요.

냉동 생으로 갈아서 얼려 보관해요.

1 거친 표면에 농약과 흙이 묻어 있으니 수세미로 잘 씻은 후 껍질을 한 겹 벗겨주세요.

TIP 베타카로틴이 껍질 바로 아래층에 있으므로 감자칼로 아주 얇게 한 겹만 벗겨주세요.

2 찜기에 20분 정도 부드럽게 쪄주세요. 찌는 양에 따라 시간은 달라질 수 있으니 젓가락으로 찔러서 확인해주세요.

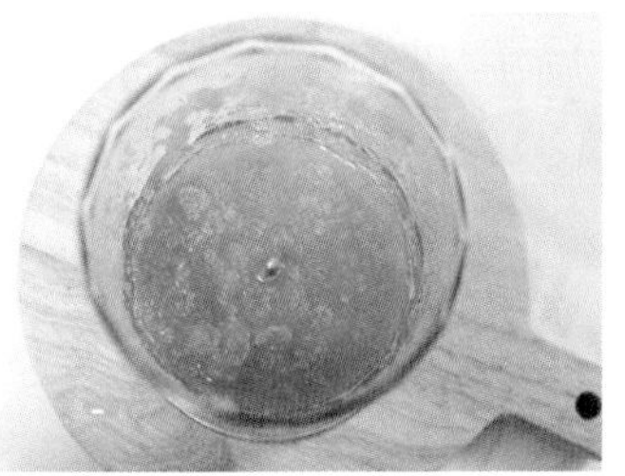

3 아기가 먹을 수 있는 입자로 곱게 갈아주세요. 물을 살짝 넣고 갈면 더 곱게 갈려요.

4 곱게 간 당근을 큐브에 담아 얼린 후 랩으로 하나씩 감싸 냉동실에 보관하면 끝.

잘게 다진 생당근을 큐브에 넣고 얼린 후 랩으로 하나씩 감싸 냉동실에 보관해주세요.

TIP 죽 모드로 오래 익히기 때문에 찌지 않고 생당근을 다져서 넣어도 잘 익어요.

중 · 후기와 같은 방법으로 아기가 먹을 수 있는 입자로 자른 후 보관해주세요.

JUJUBE

대추

처음에 열린 열매는 단단하고 푸른색을 띠지만 우리에게 익숙한 대추는 빨갛고 쭈글쭈글한 형태죠. 빨갛게 익은 뒤에는 단맛이 강해져 건강차로 많이 끓여 먹어요. 삼계탕이나 백숙 등 여러 보양식에 많이 쓰이는 대추는 한방 재료로도 각광받고 있는데 면역력 강화에 많은 도움이 되기 때문이랍니다. 또한 대추는 따뜻한 성질을 가진 식재료라 몸을 따뜻하게 해주고 비타민과 식이섬유도 함유하고 있어 몸에 아주 좋은 재료예요. 손질하는 법을 익혀두면 이유식은 물론 아기가 목감기에 걸렸을 때 대추차를 끓여 먹이면 좋답니다.

“안나의 한눈에 TIP”

후기 이유식	깨끗이 세척 후 씨 빼고 익혀 과육 긁어내기
완료기 이유식 외	깨끗하게 세척 후 통째로 사용

보관법

실온 빠른 시일 내에 소진 시 실온 보관 가능해요(바짝 말랐을 때).

냉장 마른 상태로 밀봉해서 보관해요.

냉동 장기 보관 시 소분하여 밀폐 후 냉동 보관하는 게 가장 좋아요.

1 저는 말린 대추를 사용했어요. 보관하기도 편하고 맛도 더 좋더라고요.

2 베이킹소다를 풀어 꼼꼼하게 씻어주세요. 칫솔이나 솔로 주름진 곳까지 닦아주세요.

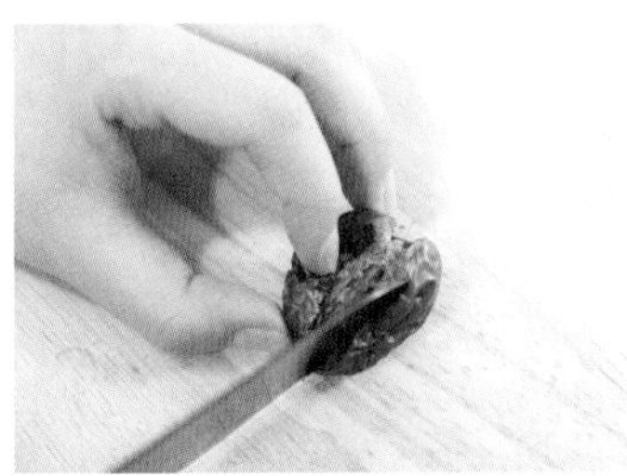

3 반으로 갈라 대추씨를 빼주세요.

4 씨를 뺀 대추를 끓는 물에 넣고 20분 정도 약불로 우려내듯 끓여주세요.

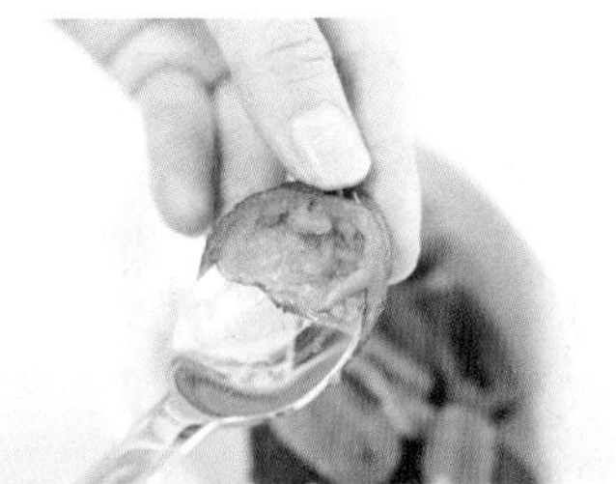

5 부드럽게 익은 대추를 한 김 식힌 뒤 작은 숟가락으로 과육만 긁어내주세요.

6 긁어낸 대추 과육을 큐브에 담아 얼린 후 랩으로 하나씩 감싸 냉동실에 보관하면 끝.

TIP 우려낸 물은 체에 한 번 걸러 건더기를 건져낸 뒤 대추차로 마시면 좋아요.

DAIKON

무

무로 만드는 요리들은 참 달큰하고 맛있는데 이유식에서는 가끔 쓴맛이 날 때도 있고, 취사하면서 수분이 많이 빠져나와 많이 묽어지기도 해서 농도 맞추기 힘든 재료이기도 해요. 하지만 효능만큼은 정말 최고예요. 우리가 먹는 무는 뿌리인데요, 뿌리에는 아밀라아제가 함유되어 있어 위장활동을 도와 소화를 원활하게 해준답니다. 아기가 소화를 잘 못 시킨다면 무를 끓여 국물만 먹여도 아주 좋아요. 그 외에도 칼륨과 비타민C, 칼슘 그리고 껍질까지 영양이 풍부한 아주 좋은 채소랍니다.

안나의 한눈에 TIP

초기 이유식 1/2단계	껍질 제거, 익힘, 곱게 갈기
중기&후기 이유식	껍질 제거, 갈기 혹은 곱게 다지기
완료기 이유식	껍질 제거, 다지거나 썰기

보관법

실온 신문지에 싸서 바람이 잘 통하는 곳에 보관해요.

냉장 큰 무는 반으로 잘라서 랩으로 싼 후 채소실에 보관해요.

냉동 데치거나 생으로 갈아서 보관해요.

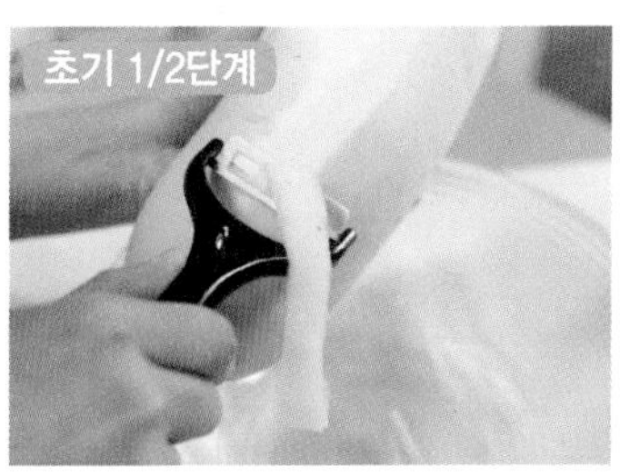

1 깨끗하게 씻어 껍질을 벗겨주세요.

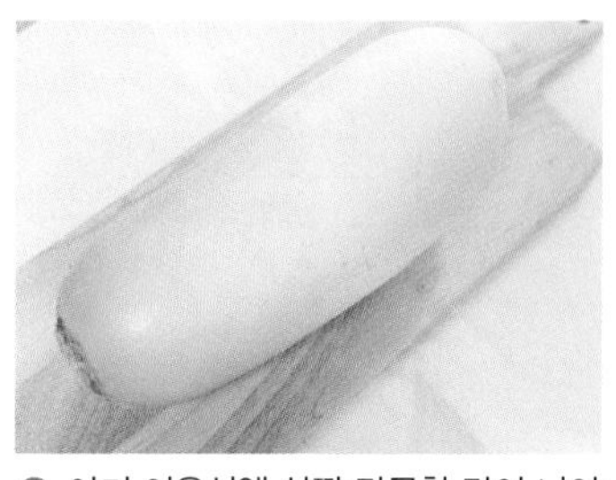

2 아기 이유식엔 살짝 달큰한 맛이 나야 좋으므로 중간 부분을 사용하세요.

3 빨리 익도록 작게 잘라 물과 함께 처음부터 삶아주세요.

TIP 삶은 물은 육수로 사용해도 좋아요.

4 한 김 식혀 믹서기에 물을 조금 넣고 갈아주세요. 수분이 많으니 물은 조금만 넣어줘도 돼요.

5 곱게 간 무를 큐브에 담아 얼려 랩으로 하나씩 감싸 냉동실에 보관하면 끝.

조리과정에서 푹 익히므로 생으로 다지거나 갈아서 사용하세요.

아기가 먹을 수 있으면 크게 썰어줘도 되고, 무나물 반찬으로 해줘도 좋아요.

PEAR

배

배는 90%가 수분으로 이루어져 있는 과일로, 감기에 걸렸을 때, 소화가 잘 안 될 때, 아기가 아플 때 먹이면 좋은 보양과일이에요. 목이 부었을 때 배를 강판에 갈아 살짝 시원하게(돌 이후에) 해주면 좋아요. 또, 많은 수분을 함유하고 있어 변을 부드럽게 해주어 변비 해소에도 효과적이랍니다. 배는 알레르기가 있나 없나 몇 번 이유식으로 줘 보고 그 이후엔 이유식에 넣기보다는 간식, 배숙, 배즙 등 다른 용도로 더 많이 주게 되는 과일이에요.

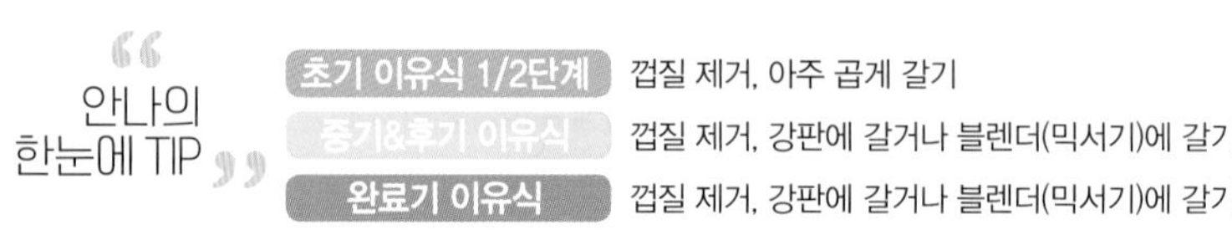

안나의 한눈에 TIP

초기 이유식 1/2단계	껍질 제거, 아주 곱게 갈기
중기&후기 이유식	껍질 제거, 강판에 갈거나 블렌더(믹서기)에 갈기
완료기 이유식	껍질 제거, 강판에 갈거나 블렌더(믹서기)에 갈기

보관법

냉장 신문지에 싸서 냉장보관해요.

1 껍질을 깨끗이 씻은 뒤 깎아주세요.

2 블렌더에 넣기 편하게 적당히 잘라서 곱게 갈아주세요.

TIP 물과 함께 갈면 더 곱게 갈려요.

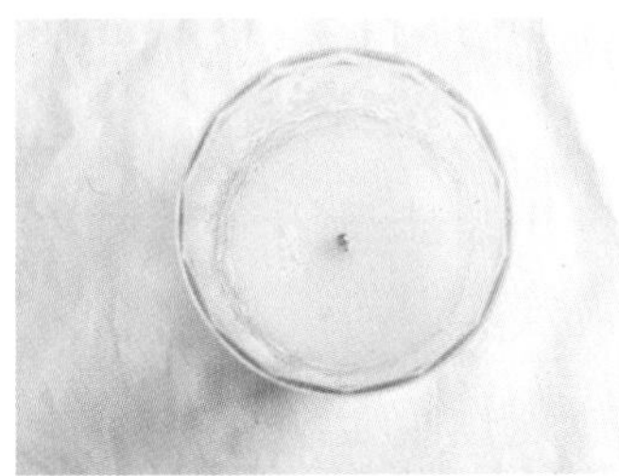

3 곱게 간 배를 큐브에 담아 얼려 랩으로 하나씩 감싸 냉동실에 보관하면 끝!

아기 성장에 맞게 입자를 조절하여 갈거나 다져주세요. 배는 물이 많아서 다지기가 쉽지 않아 블렌더(믹서기)를 이용하는 게 좋아요.

TIP 배는 갈거나 즙을 내서 얼려두면 나중에 고기 양념할 때나 각종 요리에 사용하기 좋아요.

어른들이 육회와 배를 같이 먹는 것처럼 소고기 이유식에 넣거나 불고기 반찬 할 때 배즙을 넣으면 아주 좋아요.

CHIVES

부추

스태미나에 좋다고 알려진 부추에는 피로회복에 좋은 비타민B1이 함유되어 있어 체력에도 도움이 된다고 해요. 특히, 여름에 더위를 많이 타서 힘들어하는 아이들에게 정기적으로 부추를 먹이면 체력회복에 도움이 된답니다. 꾸준히 먹으면 몸을 따뜻하게 해주니 더 좋고요. 이 외에도 베타카로틴, 비타민C, 칼슘 등 영양소가 많아 이유식 재료로 딱이랍니다.

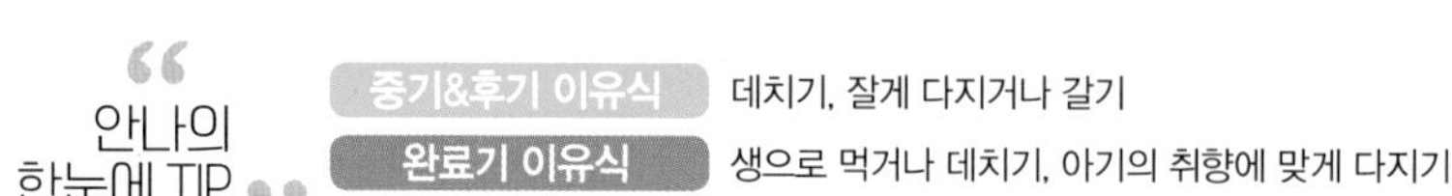

보관법

냉장 신문지로 싸서 보관해요(쉽게 상하니 빨리 먹어야 해요).

냉동 뜨거운 물만 살짝 부어 데쳐 보관해요.

중기

1 부드러운 잎 쪽의 1/3 지점 혹은 반 정도만 사용해주세요.

TIP 완료기에 전체 사용할 때는 아래쪽 1~2cm만 다듬고 사용해주세요.

2 베이킹소다를 푼 물에 3분 정도 담가 놓고, 흐르는 물에 여러 번 헹궈주세요. 데치거나 다지기 좋은 크기로 잘라주세요.

TIP 긴 부추를 잘라서 헹구면 한결 더 편해요.

3 끓는 물에 넣고 30초 정도만 데쳐주세요. 체에 거른 후 한 김 식혀두세요.

4 데친 부추를 믹서에 곱게 갈아주세요.

TIP 물을 살짝 넣고 갈면 더 잘 갈려요.

5 곱게 간 부추를 큐브에 담아 얼린 후 랩으로 하나씩 감싸 냉동실에 보관하면 끝.

후기

후기 이유식에는 데치는 시간만 더 짧게 하거나 부추에 끓는 물을 부어 살짝만 데친 후 다져 보관해도 좋아요. 단, 향에 민감한 아기라면 조금 더 데쳐주세요.

TIP 부추처럼 향이 있는 채소는 아기들의 취향에 맞게 엄마가 조리법을 조절해주어야 해요. 저희 딸은 부추를 생으로 줘도 잘 먹는 반면, 친구 아기는 돌이 지나서도 부추는 푹 데쳐줘야 먹더라고요.

완료기

이유식에 쓸 재료는 후기 이유식처럼 큐브로 보관하고 부추전이나 달걀찜 등에 쓸 부추는 뜨거운 물을 살짝 부어 한 번 쓸 분량만큼 랩에 싸서 보관하세요.

VITAMIN

비타민

이름 그대로 비타민이 아주 많은 비타민! 저도 이유식 하면서 처음 봤어요. 생소한 채소지만 다양한 식재료를 경험하게 해주고 싶은 엄마 마음에 많이 사용하는 이유식 채소예요. 비타민A의 함량이 가장 높지만 다른 비타민도 풍부하답니다. 수분도 가득 담고 있는 채소라 여러모로 건강에 좋으니 꼭 사용해 보세요.

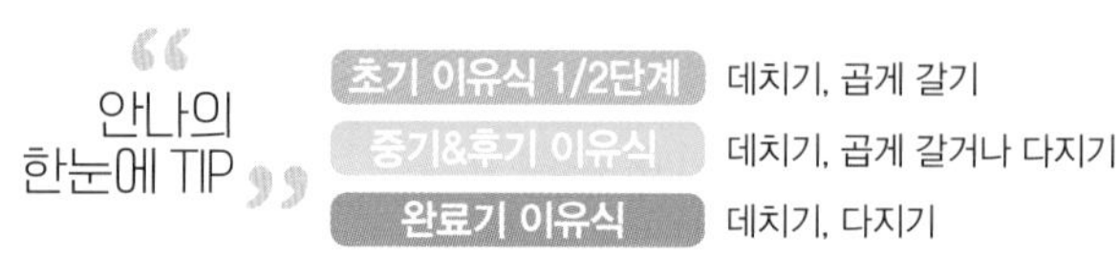

보관법

냉장 비닐이나 밀폐용기에 넣어서 보관해요.

냉동 데쳐서 갈아 보관해요.

1 흐르는 물에 흔들어서 씻어요. 비타민은 대부분 유기농 제품이 많지만 베이킹소다를 풀어서 씻어주면 안심이에요.

2 아래쪽 억센 줄기는 잘라내고 잎 부분만 준비해주세요.

3 끓는 물에 30초~1분 정도 데쳐주세요.

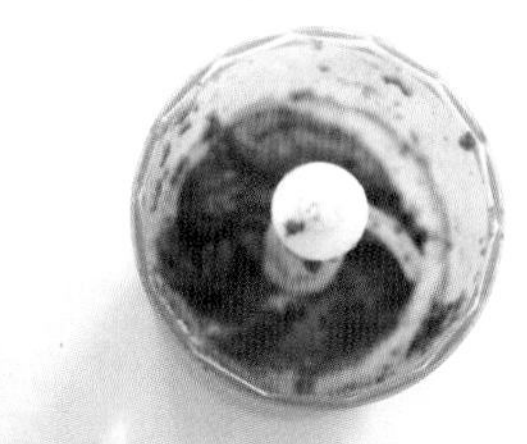

4 데친 비타민을 한 김 식혀 믹서기에 아주 곱게 갈아주세요.

TIP 물을 살짝 넣고 갈면 더 잘 갈려요.

5 곱게 간 비타민을 큐브에 담아 얼린 후 랩으로 하나씩 감싸 냉동실에 보관하면 끝.

밥솥에서의 가열시간이 늘어나니 끓는 물에 20초 정도만 데친 후 아기의 입맛에 맞게 갈거나 다져 큐브를 만들어 냉동 보관해주세요.

끓는 물에 20초 정도만 데쳐 잘게 썰어 사용하세요. 유아식을 병행하는 아기라면 잎째로 다른 반찬을 만들어줘도 좋아요.

BROCCOLI

브로콜리

세계 10대 슈퍼푸드로 알려진 브로콜리는 베타카로틴과 비타민C가 풍부해서 면역력을 높이는 데 도움이 되는 채소예요. 항산화물질도 듬뿍 들어 있어 영양도 만점, 색감도 만점이랍니다. 완료기나 유아식 시기에 부드럽게 데쳐 아기에게 주면 파마머리 같은 봉오리에 큰 관심을 가져요. 하지만 그 파마머리에는 농약이나 불순물이 남아 있을 수 있으니 잘 씻어서 먹여야 해요.

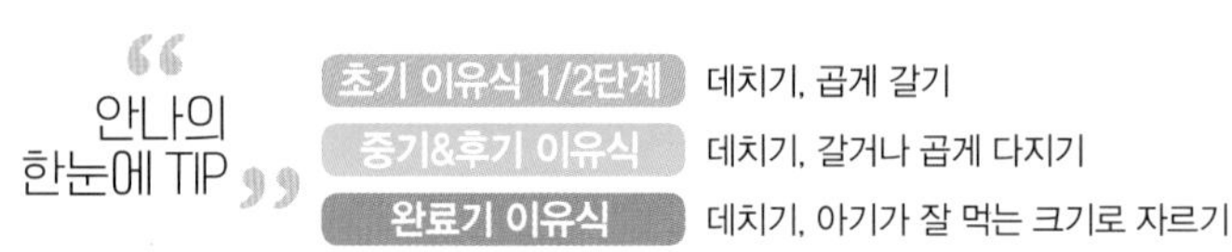

보관법

냉장 랩이나 키친타월로 싸서 보관해요.

냉동 데쳐서 얼린 후 보관해요.

1 줄기는 사용하지 않고 부드러운 송이(봉오리) 쪽만 사용해요. 초기 이유식엔 작은 봉오리 사이에 있는 굵은 줄기들은 잘라주세요.

TIP 중기에는 작은 봉오리의 잔 줄기는 먹였어요.

2 잘라낸 송이를 잘게 잘라 베이킹소다를 푼 물에 잘 헹궈주세요. 찬물에 한 번 더 헹궈주세요.

TIP 송이 쪽에 불순물과 농약이 많으니 꼼꼼하게 씻어주세요.

3 잘 씻은 브로콜리는 끓는 물에 넣어 1~2분 정도 데쳐주세요. 초기 이유식엔 가열해도 억셀 수 있어서 푹 익혀서 주는 것이 좋아요.

4 한 김 식힌 브로콜리를 물과 함께 아주 곱게 갈아주세요.

TIP 브로콜리는 입자가 잘아서 물을 넣고 갈아야 잘 갈려요.

5 곱게 간 브로콜리를 큐브에 담아 얼린 후 랩으로 하나씩 감싸 냉동실에 보관하면 끝.

죽 모드나 만능찜 모드에서 오래 익히므로 끓는 물에 넣어 30초 정도만 데친 뒤 아기가 먹을 수 있는 크기로 다져주세요.

끓는 물에 20초 정도 데쳐서 아기가 잘 먹는 크기나 넣을 요리에 맞게 잘라 냉동 보관해요.

TIP 브로콜리는 유아식을 할 때 살짝 데쳐 반찬으로 주면 영양에도 좋고 색이 예뻐 장식으로도 좋아요.

TIP 브로콜리와 청경채는 큐브에 얼려 놓으면 간혹 헷갈릴 수 있어요. 이때, 색깔로 구분하면 쉬워요.

AVOCADO

아보카도

숲속의 버터라고 불리는 아보카도는 부드러운 식감과 고소한 맛으로 최근 각광받고 있는 재료예요. 식이섬유가 풍부해 변비에 좋고, 비타민B2가 함유되어 있어 면역력을 강화시키는 데 좋아요. 필수 아미노산도 다양하게 들어 있어, 특히 성장기 우리 아기들에게 정말 좋은 식재료라고 할 수 있어요. 그뿐만 아니라 콜레스테롤 수치도 낮춰주고 리놀렌산을 다량 함유하고 있어 노화방지에도 도움이 되므로 엄마도 같이 먹으면 좋은 과일이랍니다.

안나의 한눈에 TIP

초기 이유식 2단계	껍질 제거, 씨 빼기, 곱게 갈거나 으깨기
중기&후기 이유식	껍질 제거, 씨 빼기, 으깨거나 다지기
완료기 이유식	껍질 제거, 씨 빼기, 다지거나 썰기

보관법

실온 덜 익은 아보카도는 서늘한 상온에서 껍질이 까맣게 될 때까지 숙성시켜주세요.

냉장 비닐봉지에 넣어 통으로 보관하거나 잘라서 보관할 땐 레몬즙을 살짝 뿌린 후 랩으로 싸서 보관해요(레몬은 갈변을 막아주는 역할을 해요.).

냉동 자르거나 갈아서 보관해요.

1 중간에 큰 씨앗이 있어요. 씨앗을 중심으로 살살 돌려서 칼집을 낸 후 손으로 비틀어 반을 쪼개주세요.

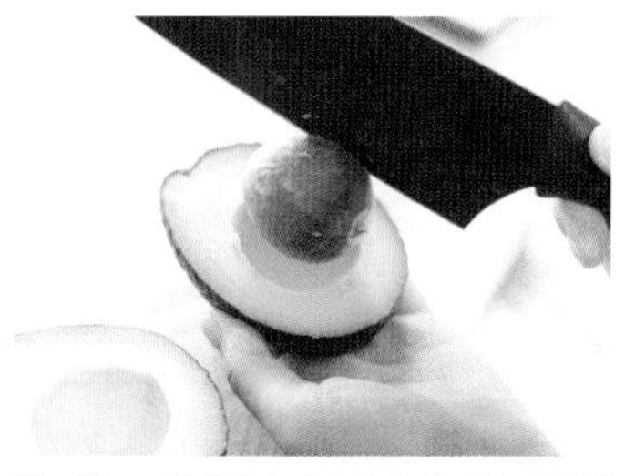

2 씨는 칼날로 살짝 찍어서 살살 돌리며 빼주세요.

TIP 손 조심하세요! 후숙이 잘 안된 아보카도 씨는 잘 빠지지 않으니 꼭 후숙시킨 후 사용해주세요.

아보카도는 절단면이 공기에 노출되면 갈변되기 쉬우므로 빨리 손질하는 게 좋고, 오래 걸릴 경우에는 레몬즙이나 식초 물을 살짝 뿌려주세요.

3 아보카도는 껍질을 깎아내는 것보다 숟가락으로 살을 파주는 게 더 편해요. 손으로 잡고 살살 긁어내 주세요.

4 손질한 아보카도를 매셔로 으깨거나 잘게 다져 큐브에 얼려 보관하세요.

조금씩 잘라 생으로 줘도 좋아요. 다만 살짝 느끼한 맛이 있어 많이 주면 아기가 거부할 수도 있어요. 으깨서 퓨레를 만들거나 기타 간식을 만들어보세요.

아보카도의 후숙

아보카도는 후숙이 잘 되야 손질하기도 쉽고 먹기도 좋아요. 사진 속 후숙 상태는 맨 왼쪽이 구입 직후, 두 번째가 반쯤 후숙, 세 번째는 많이 후숙된 상태예요. 개인적으로 2, 3번 사이가 제일 맛이 좋더라고요. 덜 익은 아보카도는 떫은 맛이 나고 배탈이 날 수도 있으니 꼭 후숙해서 드세요.

ASPARAGUS

아스파라거스

아스파라거스에 들어 있는 베타카로틴은 질병에 대한 저항력을 높여주기 때문에 각종 질병으로부터 몸을 보호해줘요. 또 아스파라긴산은 피로회복과 체력 향상에 좋아 영양제 같은 채소라고 할 수 있어요. 고급 레스토랑에서나 볼 수 있었던 아스파라거스는 국내 농가에서 재배하기 시작하면서 이제 우리 식탁에서도 쉽게 볼 수 있는 채소가 되었어요. 아기 이유식뿐만 아니라 어른들도 매끼 살짝 구워서 먹으면 정말 좋아요.

"안나의 한눈에 TIP"

중기&후기 이유식 뿌리 자르기, 데치기, 곱게 갈거나 다지기

완료기 이유식 뿌리 자르기, 데치기, 곱게 다지거나 자르기

보관법

냉장 뿌리 쪽을 2cm 정도 자른 후 긴 통이나 병에 물을 1/3 정도 담아 세워서 보관해요.

냉동 살짝 데쳐서 얼려 보관해요.

중기&후기

1 아기 이유식에는 얇은 볶음용 아스파라거스가 좋아요. 두꺼운 아스파라거스를 사용할 때에는 껍질을 한 번 벗겨주어야 질기지 않아요.

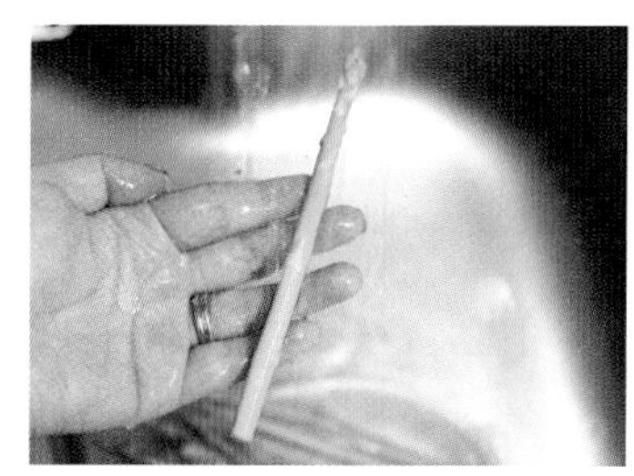

2 하나씩 꼼꼼하게 씻고 흐르는 물에 헹궈주세요.

긴 아스파라거스는 뿌리 쪽을 2cm 정도 잘라주는 것이 좋아요.

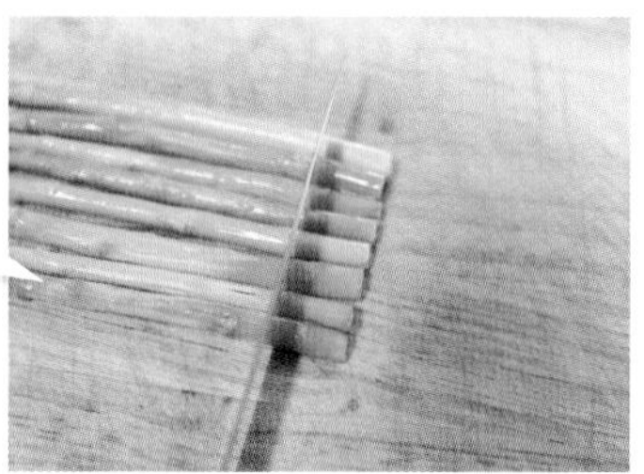

3 뿌리 쪽은 질길 수 있으니 1cm 정도 자르고 사용해요. 데치기 편하게 잘라주세요.

4 물이 끓으면 아스파라거스를 넣고 1~2분 정도 데쳐주세요.

TIP 어른들이 먹을 때는 더 살짝 데쳐요.

5 데친 아스파라거스를 한 김 식혀 믹서기에 곱게 갈거나 다져주세요.

TIP 데친 아스파라거스는 수분을 머금고 있어 물을 많이 넣지 않아도 곱게 갈려요.

6 곱게 다진 아스파라거스를 큐브에 담아 얼린 후 랩으로 하나씩 감싸 냉동실에 보관하면 끝.

완료기

아주 잘게 잘라주거나 0.5~1cm 정도의 크기로 잘라줘도 잘 먹어요. 데칠 때 소금을 넣으면 농약이 더 잘 빠져나오므로 소금을 먹는 아기라면 소금을 넣고 데쳐 주세요.

CURLED MALLOW

아욱

학창시절에 별 감흥 없이 급식으로 가끔 먹었던 이 아욱은 영양이 아주 골고루 들어 있는 채소예요. 특히 칼슘이 아주 많이 함유되어 있어 성장기 아기들에게 더할 나위 없이 좋은 채소랍니다. 또, 시금치보다도 단백질이 2배나 더 들어 있어요. 몸이 찬 사람, 열이 많은 사람 모두에게 좋고 재배하기도 쉬워 쉽게 구할 수 있어요. 이유식뿐 아니라 앞으로 된장국에도 많이 넣어줄 재료니 몇 번 손질해서 손에 익혀보아요.

안나의 한눈에 TIP

초기 이유식 2단계	데치기, 아주 곱게 갈기
중기&후기 이유식	데치기, 갈기 혹은 곱게 다지기
완료기 이유식	잘게 다지기 혹은 잘게 잘라서 된장국에 넣기

보관법

냉장 신문지에 싸거나 비닐에 넣어 냉장고 채소실에 보관해요.

냉동 익혀서 갈아 보관해요.

아욱은 빨래를 잘 해줘야 풋내가 안나요. 아기들은 풋내에 더 민감하답니다.

1 아욱은 줄기가 억세므로 잎만 따주세요.

TIP 아기 이유식에 사용할 아욱은 풋내를 확실히 제거해야 하므로 잎만 떼서 세척하면 더 편해요.

2 아욱을 소쿠리에 담고 굵은 소금으로 바락바락 문질러주세요.

TIP 소금에 문지른 아욱은 풋내도 물도 잘 빠져요.

3 숨이 죽을 때까지 치대서 푸른 채소물을 서너 번 빼 주고 계속 찬물에 헹궈 치대주세요.

4 열심히 치댄 아욱에 상처가 나서 색이 진해지면 완성이에요. 물기를 쭉 빼주세요.

5 초기 이유식은 끓는 물에 3분 정도 데쳐주세요. 열심히 헹궜는데도 풋내가 난다면 좀 더 데쳐주세요.

6 데친 아욱을 찬물에 한 번 헹궈 믹서기에 아주 곱게 갈아 큐브로 얼려서 사용하면 편해요.

손질한 아욱을 1분 정도만 데쳐주세요. 그리고 알맞은 크기로 다지거나 갈아서 큐브로 얼려 보관해주세요.

TIP 만능찜이나 죽 모드로 푹 익혀주세요.

된장국에 넣을 땐 손질한 아욱을 바로 된장육수에 넣어 쓸 수 있도록 잘게 다져서 얼려 보관해주세요.

NAPA CABBAGE

알배추

알배추는 달달한 맛 덕분에 아기들이 참 좋아하는 재료예요. 우리나라에서 흔히 볼 수 있는 대표적인 잎채소로 비타민C가 많아 면역력을 높여주고 감기 예방과 피로회복에 좋다고 해요. 게다가 배추의 줄기에는 식이섬유가 많아 변비 해소에도 도움을 준답니다. 배추는 생으로 먹어도 맛있지만, 가열할수록 단맛이 나서 최고의 이유식 재료라고 할 수 있어요. 맛이 순해서 아기가 어릴 때 주방에 기어 오면 배추 한 잎씩 쥐어주곤 했어요. 뜯어도 보고, 맛도 보고 아주 좋아하더라고요. 그만큼 친근한 재료예요.

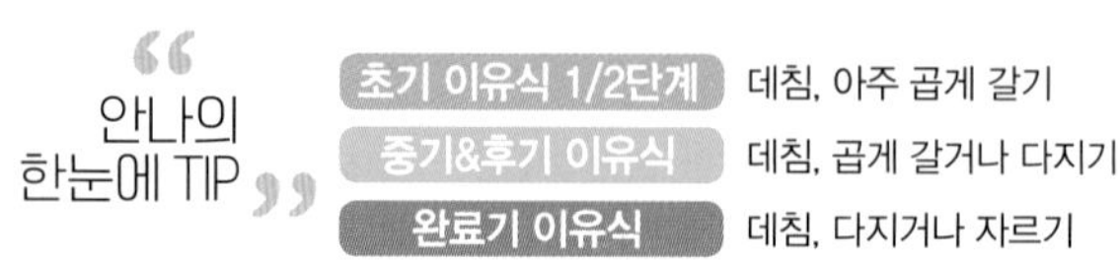

보관법

냉장 신문지로 싸서 보관하면 오래 보관할 수 있어요. 자른 배추는 랩으로 싸서 보관해야 해요.

냉동 살짝 데쳐서 냉동하세요.

1 배추의 가장 겉에 있는 잎은 떼어버리고 나머지 잎을 한 잎씩 뜯어 흐르는 물에 깨끗하게 씻어주세요.

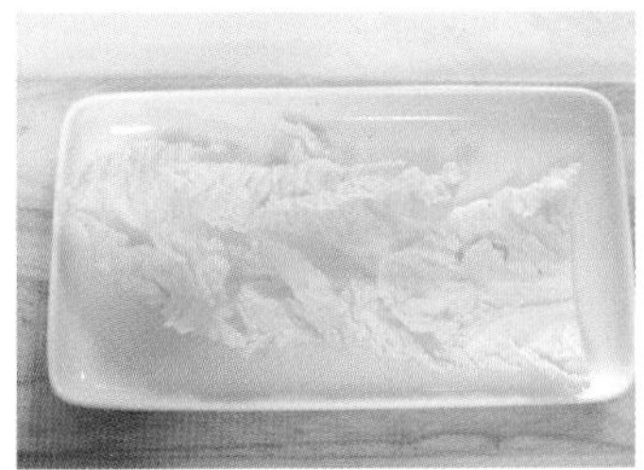

2 초기 이유식에는 반만 잘라 잎 부분만 쓸 거예요. 줄기에는 섬유질이 많아 곱게 갈기가 힘들어요. 갈아도 체망에 다 걸리더라고요.

3 자른 배춧잎을 끓는 물에 1~2분 정도 데친 후 찬물에 헹궈 물을 꼭 짜주세요.

4 믹서에 아주 곱게 갈아 큐브에 담아 얼려 랩으로 하나씩 감싸 냉동실에 보관하면 끝.

TIP 물을 살짝 넣고 갈면 더 잘 갈려요.

중기에 접어들면 달달한 줄기까지 함께 사용해요. 아기가 잘 씹지 못한다면 푹 익혀서 사용해주세요.

어느 정도의 식감이 있게 줘도 잘 먹어요. 데쳐서 잘게 자른 후 나물이나 배추 된장국을 끓여줘도 좋아요.

YOUNG SQUASH

애호박

애호박은 특유의 향이 강하지 않고 달달한 맛까지 나 아기들이 정말 좋아하는 재료예요. 계절별로 가격 차이는 있지만, 사계절 내내 쉽게 구입할 수 있고 식감도 부드러워 유아식까지 꾸준히 사용된답니다. 다만 씨를 발라내는 게 중노동이라 '이 씨를 꼭 발라내야 하느냐'라는 질문을 자주 받는데 애호박의 씨가 소화가 힘들단 말에 저는 초기 이유식까지는 씨를 발라줬어요. 이유식 단계별로 조금씩 손질법이 달라지니 뒤에가면 굳이 발라내지 않아도 돼요(단, 소화능력이 약한 아기라면 소화를 잘 시킬 때까지 씨를 제거해주세요). 애호박은 자주 사용하는 재료이니 큐브로 많이 만들어두면 유용해요.

"안나의 한눈에 TIP"

초기 이유식 1단계	껍질 제거, 씨 제거, 익힘, 애호박 스무디 수준으로 곱게 갈기
초기 이유식 2단계	껍질 제거, 익힘, 곱게 갈기
중기&후기 이유식	껍질 제거, 잘게 다지기
완료기 이유식	껍질 제거, 아기의 취향에 맞게 다지기

보관법

실온 신문지에 싸서 습기가 없는 곳에 보관해요.

냉장 채소실에 보관하고, 잘라놓은 것은 단면이 마르지 않도록 비닐에 넣어 보관해요.

냉동 갈아서 냉동 큐브로 보관해요.

1 애호박을 깨끗이 씻어 준비해주세요.

TIP 텃밭에서 기른 애호박을 얻었어요. 울퉁불퉁 못난이지만 정말 맛있답니다.

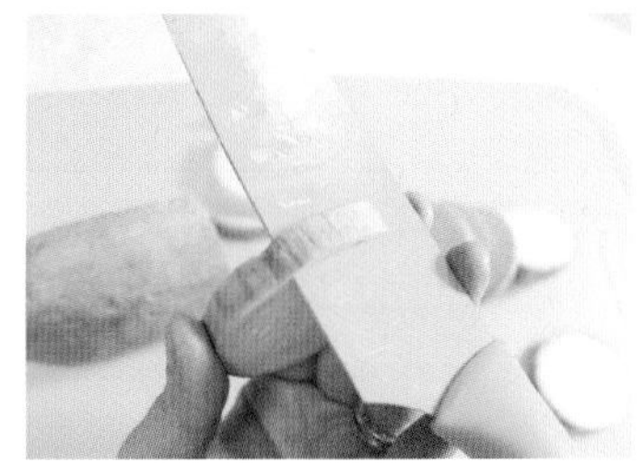

2 깨끗이 씻은 애호박을 작게 자른 뒤 껍질을 돌려깎기 해주세요.

3 가장 난코스, 씨를 발라줘야 해요. 이 작업은 초기 이유식 1단계에서만 해줬어요.

TIP 씨는 젓가락의 끝부분이나 긴 이쑤시개를 사용하여 발라주세요.

4 손질한 애호박을 찜기나 밥솥에 쪄주세요(밥솥 기준 재가열 13분).

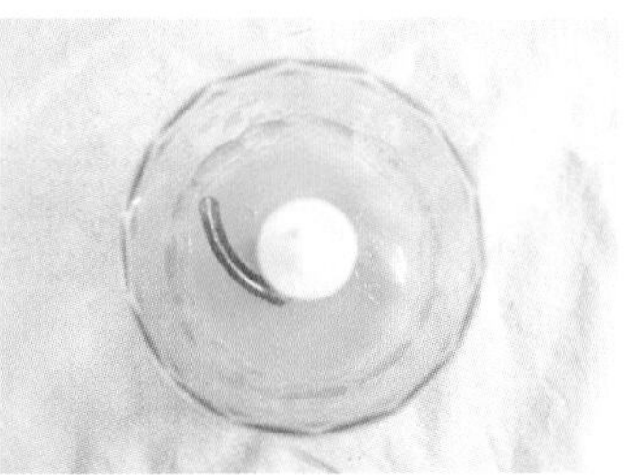

5 익은 애호박을 믹서기에 아주 곱게 갈아주세요.

TIP 물을 살짝 넣고 갈면 더 잘 갈려요.

6 곱게 간 애호박을 큐브에 담아 얼린 후 랩으로 감싸 냉동실에 보관하면 끝!

TIP 랩으로 감싼 후 완벽 밀폐를 위해 지퍼백에 한 번 더 넣어주세요.

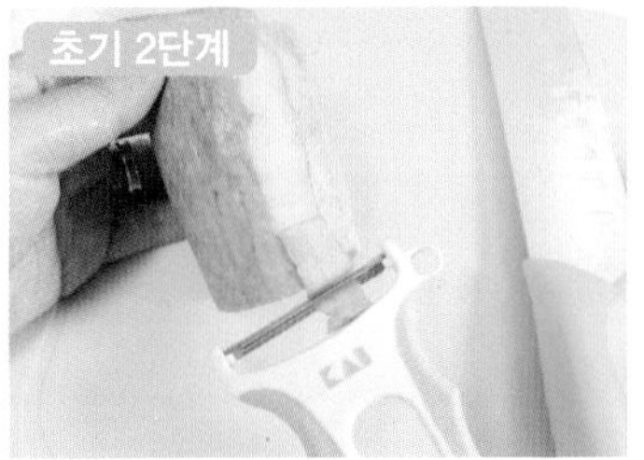

씨 발라내기가 힘들어질 때 쯤, 씨 먹이기에 도전해보세요. 껍질만 벗겨 초기 1단계 방법과 동일하게 준비해주세요. 채칼을 사용하면 껍질 벗기기가 더 쉬워요.

TIP 아기가 소화를 잘 못하면 계속 씨를 제거해주세요!

껍질만 제거하고 생채소로 갈거나 다져서 보관하면 돼요.

TIP 애호박은 부드러워 생채소로 넣어도 만능찜이나 죽 모드에서 충분히 잘 익어요.

CABBAGE

양배추

속쓰림에 특효약이라는 양배추는 남녀노소 누구에게나 좋은 재료예요. 비타민U가 아기의 위장을 튼튼하게 해주고 칼륨, 칼슘, 비타민C도 함유되어 있어요. 익히면 달달한 맛이 나서 인기있는 재료예요. 저는 아기가 속이 안 좋을 때 양배추 이유식을 만들어 주었답니다. 고기 음식에 넣어주면 소화가 잘 된다고 하니 여러 모로 유용한 재료예요.

"안나의 한눈에 TIP"

초기 이유식 1/2단계	익힘, 스무디 수준으로 곱게 갈기
중기&후기 이유식	익힘, 곱게 갈기(혹은 다지기)
완료기 이유식	익힘, 잘게 다지기

보관법

냉장
- 통으로 보관할 때 : 심지부터 상하므로 심을 잘라낸 후 휴지나 키친타월을 물에 적셔 감싸서 보관해요. 금방 먹을 거라면 굳이 하지 않아도 돼요!
- 잘라서 보관할 때 : 랩으로 싸서 보관해요.

냉동 찌고 다져서 냉동 큐브로 보관해요.

초기 1/2단계

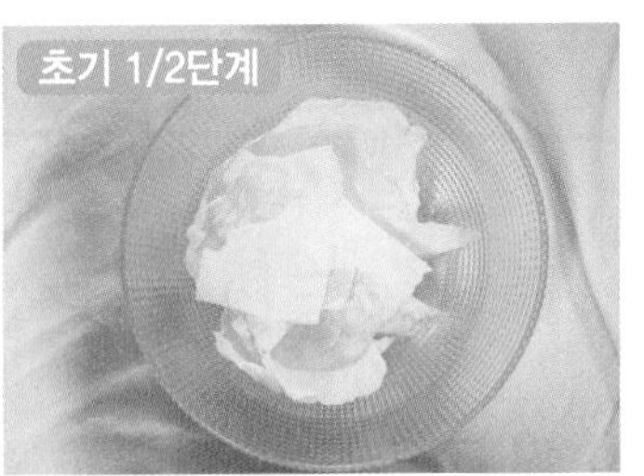

1 양배추는 농약 때문에 가장자리 겉잎은 버리고 사용해요. 아기가 먹을 거라 부드러운 잎 부분만 잘라 5분 정도 물에 담가 잔류 농약을 제거해요.

TIP 10분 이상 담가놓으면 비타민C가 빠져나간다고 하니 너무 오래 담가두지 마세요.

2 세척한 양배추 잎을 부드럽게 푹 쪄주세요.

TIP 소량일 경우 밥솥에 쪄도 좋아요(만능찜 혹은 재가열 2번).

3 찐 양배추를 한 김 식힌 후 믹서에 넣고 아주 곱게 갈아주세요.

TIP 잎채소들은 물을 살짝 넣어 갈아주면 더 잘 갈려요.

4 곱게 간 양배추를 큐브에 담아 얼린 후 랩으로 하나씩 감싸 냉동실에 보관하면 끝.

TIP 랩으로 감싼 후 완벽 밀폐를 위해 지퍼백에 한 번 더 넣어주세요.

중기&후기

찐 양배추를 살짝 입자 있게 갈거나 다져서 큐브에 얼려주세요.

완료기

아기가 씹을 수 있을 정도의 크기로 다지거나 썰어서 얼려주세요.

TIP 양배추는 유황을 함유하고 있어서 찔 때나 처음 손질할 때 구린내가 나요! 그래서 생 것으로 갈아서 보관하지 않았어요. 충분히 푹 쪄주세요.

BUTTON MUSHROOM

양송이버섯

식이섬유와 비타민B2가 풍부한 양송이버섯은 새송이버섯과 더불어 사용하기 편한 버섯이에요. 양송이버섯에는 소화효소가 들어 있어 아기의 소화도 돕는답니다. 식감이 새송이버섯보다 부드럽고, 향도 강하지 않아 이유식이나 가끔 스프를 끓여줄 때 넣으면 좋아요. 단, 쉽게 상하는 재료이니 바로바로 먹이거나 손질해서 냉동해두는 것이 좋아요.

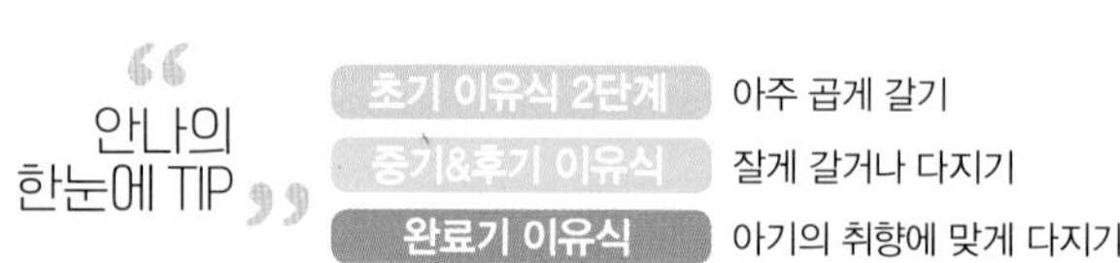

보관법

냉장 습기가 있으면 더 빨리 상하므로 키친타월로 물기를 최대한 제거하고 신문지에 싸거나 밀폐용기에 넣어 보관하고 최대한 빨리 사용해요.

냉동 익히지 않고 바로 잘라 냉동해서 보관해요.

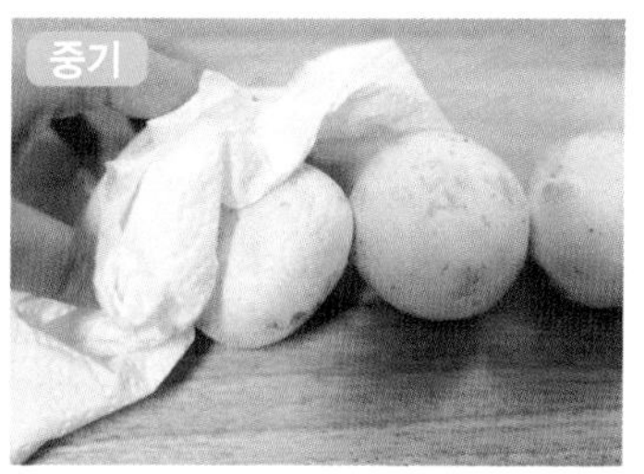

1 버섯은 물을 흡수할수록 물러지기 때문에 물에 살짝만 헹궈 키친타월로 닦아주세요.

TIP 어른이 먹는 건 그냥 닦아만 주는데 불안한 마음에 혹시나 해서 살짝 헹궜어요.

2 기둥은 떼고 갓만 사용해요.

TIP 갓의 겉껍질을 살짝 벗겨서 사용해도 좋아요.

3 적당한 크기로 잘라 믹서기에 넣고 아기가 먹을 수 있는 크기로 곱게 갈거나 다져주세요.

TIP 버섯에는 수분이 없어 그냥 갈면 잘 안 갈리니 물을 아주 살짝만 넣어도 좋아요.

손질해서 아기가 먹을 수 있는 크기로 잘게 다져주세요.

입자를 조금 크게 해도 식감이 부드러운 편이라 단단한 걸 잘 못 먹는 아기도 도전해 볼 수 있어요. 아기의 식성에 맞게 잘라서 사용해주세요.

ONION

양파

양파는 쉽게 구할 수 있는 식재료이기도 하고, 거의 대부분의 음식에 활용될 정도로 익숙한 재료죠. 우리 아기들 이유식, 유아식에도 많이 사용하게 될 거예요. 양파는 생으로 먹을 땐 매운맛이 나지만 익히면 단맛과 특유의 감칠맛이 나요. 단백질, 탄수화물, 비타민C, 칼슘, 인, 철 등의 영양소가 다양하게 함유되어 있어 남녀노소 모두에게 좋은 재료예요.

보관법

실온 습기에 약하므로 신문지에 싸서 서늘한 곳에 보관해요.

냉장 물기를 제거한 후 신문지에 싸서 보관해야 오래가요.

냉동 생으로 갈아서 얼려 보관해요.

1 양파는 껍질을 벗겨 물에 한 번 씻어주세요.

TIP 저는 첫 번째 껍질까지 깨끗하게 벗겼어요.

2 찬물에 10분 정도 담가 매운맛을 빼주세요. 양파향을 싫어하는 아기는 살짝 데쳐서 사용해도 좋아요.

TIP 저희 딸은 데쳐서 사용해줘야 먹었어요.

3 아기가 먹을 수 있는 입자로 곱게 갈거나 다져주세요.

4 곱게 간 양파를 큐브에 담아 얼린 후 랩으로 하나씩 감싸 냉동실에 보관하면 끝.

아기가 잘 먹는다면 매운 맛을 굳이 빼지 않아도 돼요. 아기가 먹을 수 있는 크기로 잘라 사용해주세요.

좀 더 입자를 크게 해서 볶음 요리에 이용해도 좋아요.

CUCUMBER

오이

수분이 많은 오이는 특유의 냄새 때문에 먹지 않는 사람들이 의외로 많아요. 하지만 95% 이상이 수분과 칼륨으로 이루어져 있어 이뇨작용에 참 좋은 채소랍니다. 비타민C도 많고요. 애호박에 이어 다시 한번 씨 바르는 작업을 해야 해요. 껍질을 벗기고 씨를 빼내니 남는 게 별로 없어서 저는 나중에 오이스틱으로 줬어요. 오이와 당근스틱은 아이주도 이유식 때나 간식으로도 좋아 종종 주고 있답니다.

안나의 한눈에 TIP

초기 이유식 1/2단계 껍질 제거, 씨 제거, 익힘, 스무디 수준으로 곱게 갈기

보관법

냉장 물기를 제거한 후 키친타월이나 신문지로 하나씩 싸서 보관해요.

냉동 갈아서 냉동 큐브로 보관해요.

1 오이 껍질을 소금물에 담가서 씻어요. 조금 귀찮은 과정이지만 농약을 없애기 위해서예요. 뽀득뽀득 흐르는 물에 잘 헹궈주세요.

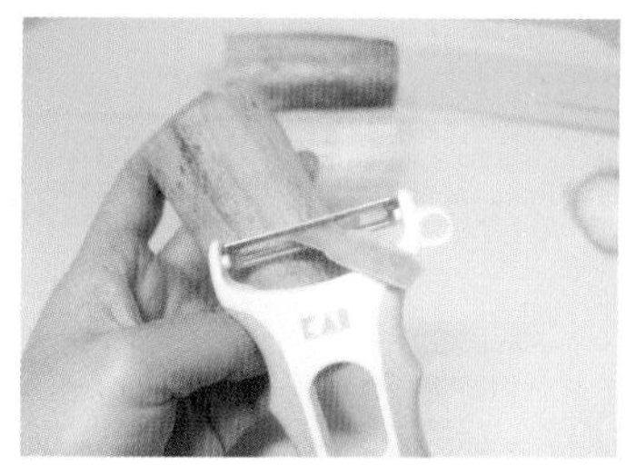

2 오이 껍질을 감자칼로 깔끔하게 벗겨주세요.

TIP 긴 오이를 3등분 정도로 잘라서 감자칼로 껍질을 벗겨주면 쉬워요.

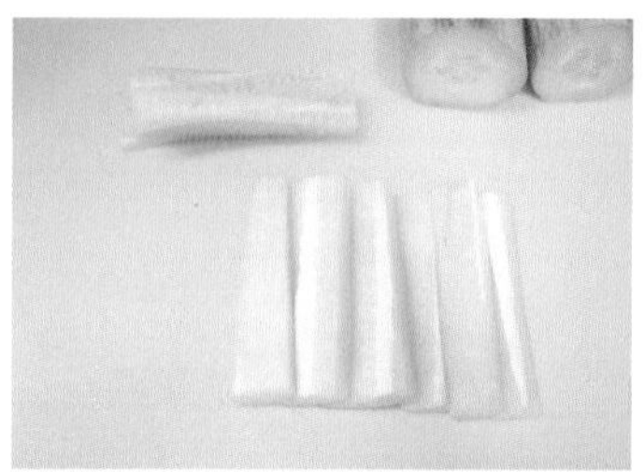

3 씨까지 발라내면 남는 게 얼마 없겠지만 그래도 발라주세요.

TIP 아직 어린 우리 아기들은 작은 씨도 소화를 못할 수 있어요.

4 믹서기에 넣고 물을 조금 넣은 후 갈아주세요. 그냥 갈면 잘 안 갈려요.

TIP 농도에 민감한 아기라면, 이때 넣었던 물만큼 밥솥에 들어갈 물을 빼주시면 돼요.

5 곱게 간 오이를 큐브에 넣고 얼려주세요. 얼린 큐브는 랩으로 하나씩 감싸 냉동실에 보관해주세요.

TIP 랩으로 감싼 후 완벽 밀폐를 위해 지퍼백에 한 번 더 넣어주세요.

오이는 특유의 향도 강하고, '죽'에 소고기나 닭고기와 같이 넣는다는게 좀 생소하죠? 그래서 초기 이유식 때 테스트하듯 맛만 보여줬어요.

KING OYSTER MUSHROOM

새송이버섯

새송이버섯은 식이섬유가 정말 많이 들어 있어 장 건강에 도움이 되고 변비를 해소해 줘요. 칼륨도 많아 나트륨 배출도 도와주는 새송이버섯은 맛도 무난하고 식감도 좋아 아기 이유식에 사용하기 가장 무난한 버섯이에요. 나중에 버섯 반찬으로 해주어도 참 좋아하고요. 사계절 내내 구하기도 쉽고, 손질하기도 편해서 항상 준비되어 있는 재료 중 하나였어요.

안나의 한눈에 TIP

중기&후기 이유식 잘게 다지거나 갈기

완료기 이유식 다지거나 길게 썰기

보관법

냉장 신문지에 싸거나 비닐, 밀폐용기에 넣어 보관해요.

냉동 익히지 않고 그대로 냉동 보관해요.

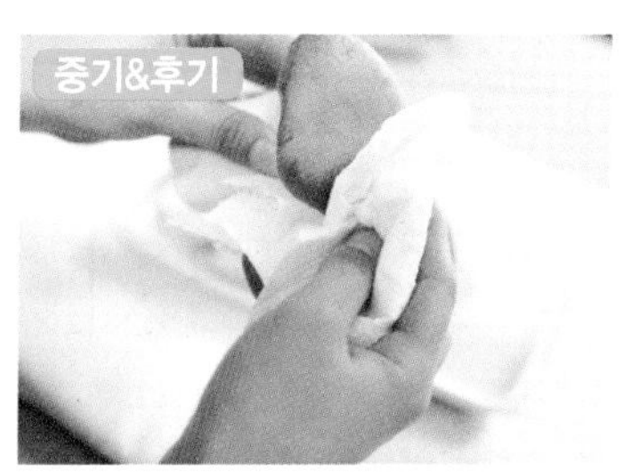

1 버섯은 농약을 사용하지 않아요. 물에 많이 씻으면 맛이 떨어지므로 살짝만 헹궈 키친타월로 닦아주세요.

2 아기 이유식에는 갓 부분을 많이 사용하는데 저는 뿌리(자루) 쪽만 자르고 모두 사용했어요.

TIP 처음에는 갓만 넣어주고 점차 늘려줘도 좋아요.

3 적당한 크기로 잘라 믹서기에 넣고 아기가 먹을 수 있는 크기로 곱게 갈거나 다져주세요.

TIP 버섯에는 수분이 없어 그냥 갈면 잘 안갈릴 수도 있어요. 물을 아주 살짝만 넣어줘도 좋아요.

4 곱게 간 새송이 버섯을 큐브에 담아 얼린 후 랩으로 하나씩 감싸 냉동실에 보관하면 끝.

좀 더 듬성듬성한 크기로 잘라서 보관해도 좋고, 반찬 해줄 때 그때그때 바로 손질해서 주는 게 가장 좋아요. 완료기부터는 반찬 형태를 띠는데, 죽이 아닌 볶아먹는 반찬은 냉동하면 맛이 떨어질 수도 있어요.

TIP 초기 이유식에서는 새송이버섯을 사용하지 않아요. 새송이버섯에 함유된 비타민B2가 수용성이기 때문에 물에 데치지 않고 사용해야 하는데, 초기 이유식에 쓰기엔 식감이 있는 편이기 때문에 중기부터 사용했어요. 중기에도 질겨서 잘 못 먹는 아기들은 살짝만 데쳐줘도 괜찮아요. 일단 아기가 먹어야 하니까요!

SPINACH

시금치

시금치는 비타민과 미네랄이 풍부해 감기 예방에 도움을 주는 재료예요. 녹황색 채소에 풍부한 베타카로틴은 항산화 작용을 해 질병 예방에도 좋고 망간이 다량 함유되어 있어 뼈 건강에도 아주 좋아요. 이유식에는 잎만 사용하지만, 유아식 때가 되면 버리는 것 없이 줄기까지 모두 사용해요. 달짝지근한 맛을 내니 반찬으로 무쳐주면 잘 먹는답니다.

안나의 한눈에 TIP

초기 이유식 1/2단계	데치기, 곱게 갈기
중기&후기 이유식	데치기, 곱게 다지기
완료기 이유식	데치기, 다지기 혹은 썰기

보관법

냉장 수분이 있어야 오래 보관할 수 있어요. 키친타월로 싸서 보관하면 오래 보관할 수 있지만, 금방 시드니 1주일 안에 사용하세요.

냉동 싱싱할 때 바로 데쳐 냉동하세요.

1 돌 전 아기들은 소화 기능이 약하므로 잎만 사용할 거예요. 잎만 잘 떼어 주세요.

TIP 줄기와 뿌리, 특히 뿌리에 영양이 풍부하지만 조금 더 크면 먹여요.

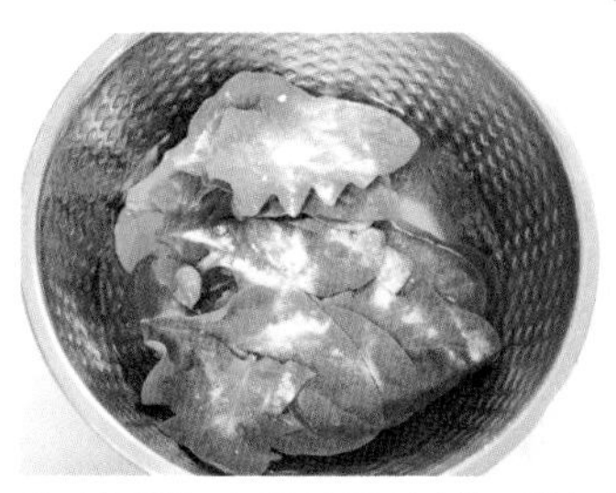

2 시금치는 농약이 많이 남는 채소예요. 물에 3~5분 정도 담갔다가 베이킹소다를 푼 물에 다시 한 번 헹궈 사용해주세요.

3 끓는 물에 30초~1분 정도 데쳐주세요. 초기에는 푹 데칠 거예요.

4 데친 시금치는 찬물에 한 번 헹군 후 물기를 꼭 짜주세요.

TIP 가위로 한두 번 잘라서 믹서기에 넣으면 더 편해요.

5 잎채소라 물을 살짝 넣고 믹서기에 아주 곱게 갈아주세요.

6 곱게 간 시금치를 큐브에 담아 얼린 후 랩으로 하나씩 감싸 냉동실에 보관하면 끝.

끓는 물에 20초 정도만 데쳐 잘게 갈거나 다져서 큐브로 얼려주세요.

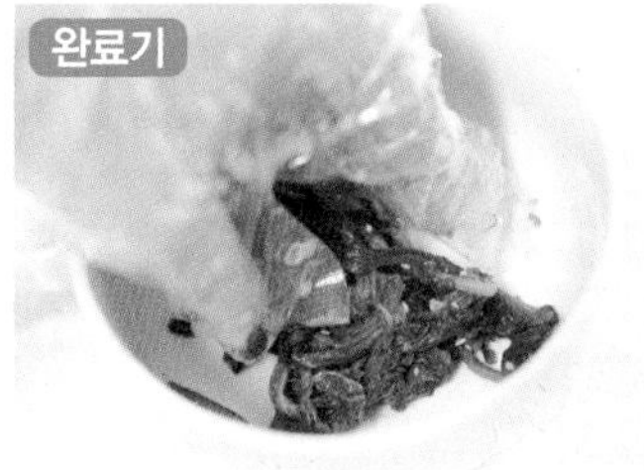

완료기에는 죽에 넣어줄 수도 있고, 반찬 혹은 국으로도 줄 수 있어요. 요리 용도에 맞게 잘라서 보관해주세요.

BOK CHOY

청경채

청경채는 애호박과 더불어 가장 자주 쓰는 채소 중 하나예요. 사계절 내내 쉽게 구할 수 있고, 가격도 착한 편이에요. 청경채는 중국 배추의 일종인데, 중국 요리에 들어간 것은 많이 봤지만 저는 잘 사용하지 않던 채소였어요. 이유식을 시작하고 나서부터는 냉장고에 늘 구비되어 있답니다. 칼슘과 미네랄, 비타민C가 풍부한 잎채소로 치아와 골격 발육에 좋아요. 겉절이를 해도 좋고, 볶아 먹거나 국에 넣어도 좋아요. 특히 닭고기와 궁합이 잘 맞아 닭고기 이유식에는 꼭 같이 넣어주었어요. 너무 좋은 식재료지만 한 다발 사도 잎만 데쳐 사용하면 양이 얼마 안 된다는 점이 아쉬워요. 가성비를 따지지 않는다면 최고의 이유식 재료라 생각해요.

안나의 한눈에 TIP

초기 이유식 1/2단계	데쳐서 아주 곱게 갈기
중기&후기 이유식	데쳐서 곱게 갈기 혹은 다지기(생으로 사용 가능)
완료기 이유식	다지기 혹은 썰기

보관법

냉장 씻지 말고 밀봉해서 채소실에 보관해요.

냉동 데쳐서 얼린 후 보관해요.

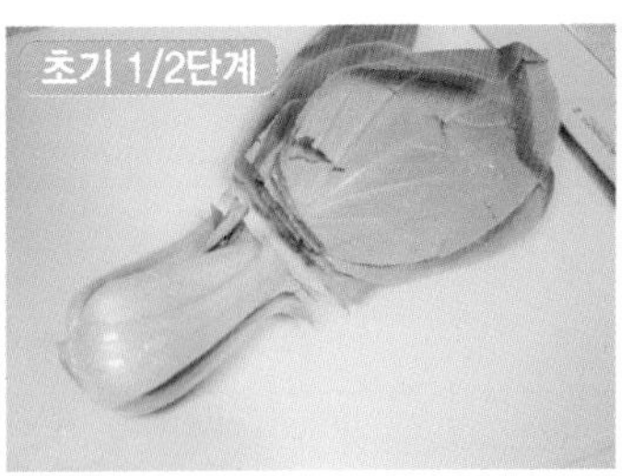

1 줄기는 질길 수 있으니 이유식에는 잎 부분만 사용해요. 저는 완료기가 지나고 나서 줄기까지 줬어요.

2 베이킹소다를 푼 물에 깨끗이 씻어주세요.

3 손질한 청경채를 끓는 물에 넣어 3분 정도 데쳐주세요.

4 데친 청경채를 한 김 식혀 아기가 먹을 수 있는 크기로 갈거나 다져주세요.

5 곱게 다진 청경채를 큐브에 담아 얼린 후 랩으로 하나씩 감싸 냉동실에 보관하면 끝.

죽 모드로 오래 익히기 때문에 익히지 않고 생채소 그대로 사용해도 되지만, 풋내에 민감한 아기라면 살짝 데쳐 사용해주세요.

KALE

케일

케일은 보통 쌈 채소로 먹거나 건강즙, 주스로 많이 먹는데 이유식에 넣으면 특유의 고소한 맛과 감칠맛이 나더라고요. 그래서 후기 이유식을 할 때 케일을 모든 요리에 조금씩 넣어줬어요. 녹황색 채소 중 베타카로틴의 함량이 가장 높은 식품으로 항암작용에 뛰어난 효과가 있고 엽록소, 칼슘, 인, 철, 각종 비타민, 섬유질 등 다양한 영양소가 함유되어 해독에도 효과적이랍니다. 요즘은 마트에서 싱싱한 케일을 쉽게 구할 수 있으니 아기 이유식에도 넣고 엄마, 아빠의 주스로도 활용해보세요.

"안나의 한눈에 TIP"

초기 이유식 2단계	데쳐서 아주 곱게 갈기
중기&후기 이유식	데쳐서 곱게 갈기 혹은 다지기
완료기 이유식	다지기 혹은 썰기

보관법

실온 습기에 약하므로 신문지에 싸서 서늘한 곳에 보관해요.

냉장 물기를 빼고 신문지에 싸서 보관해야 오래가요.

냉동 생으로 갈아서 얼려 보관해요.

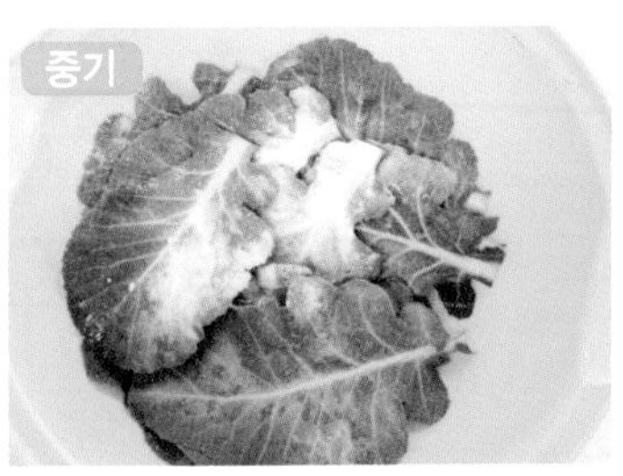

1 베이킹소다나 식초를 푼 물에 담가 한 장씩 깨끗하게 씻어주세요. 케일은 병충해가 많아 농약을 많이 사용하므로 꼼꼼하게 세척해주세요.

2 억센 줄기는 잘라주세요. 가운데 줄기까지 자르고 양 잎만 사용하면 좋아요.

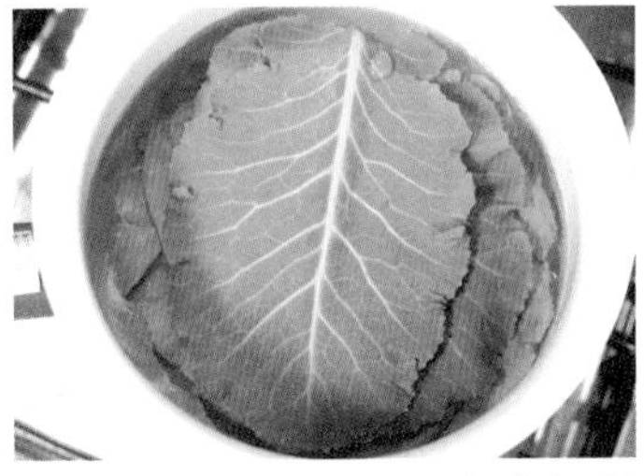

3 손질한 케일을 끓는 물에 넣어 3분 정도 데쳐주세요.

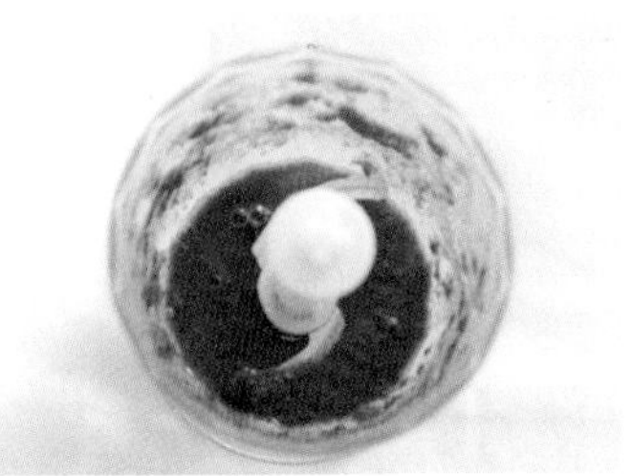

4 데친 케일을 한 김 식혀 아기가 먹을 수 있는 크기로 갈거나 다져주세요.

5 곱게 다진 케일을 큐브에 담아 얼린 후 랩으로 하나씩 감싸 냉동실에 보관하면 끝.

죽 모드로 오래 익히기 때문에 찌지 않고 생케일 그대로 사용해도 되지만, 풋내에 민감한 아기들은 살짝 데쳐 사용해도 좋아요.

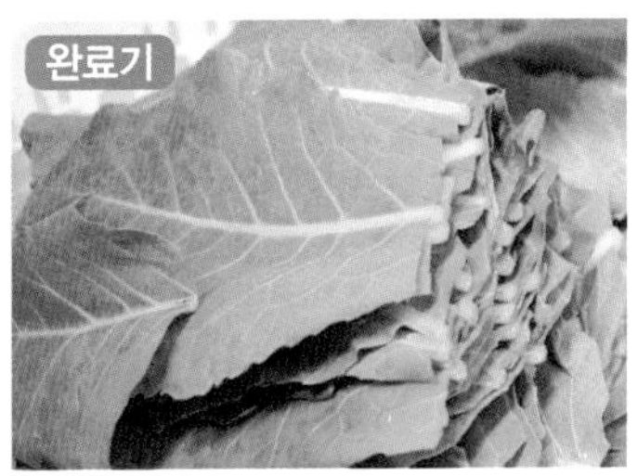

완료기, 즉 유아식에 들어가면 케일을 먹이기가 더 어려워져요. 살짝 다져서 다른 반찬에 같이 넣어주거나 좀 더 자랐을 때 사과나 바나나 주스에 살짝 넣어 주세요.

영양소에 대한 고찰

케일은 생으로 먹거나 갈아서 즙으로 먹는 것이 영양이 더 좋다고 알려져 있어요. 영양소가 파괴되므로 5분 이상 열을 가하지 않는 것이 좋은데 이유식에선 푹 끓여야 하니 어쩔 수 없지요. 아기들에게 향이 강하고 다소 억센 케일을 먹일 수 있는 방법은 이것뿐이니, 영양가보다는 이유식 속에서 내는 감칠맛을 기대하기로 해요.

CAULIFLOWER

콜리플라워

브로콜리는 많이 접해도 콜리플라워는 조금 생소하죠. 저 또한 이유식할 때 처음 사용해 보았답니다. 콜리플라워에 함유된 비타민C는 가열해도 쉽게 파괴되지 않아 영양소 손실을 염려하는 엄마들에게 안성맞춤인 재료예요. 비타민C가 풍부해서 100g만 먹어도 하루 섭취량을 충족한다고 해요. 브로콜리와 같은 파마기가 있긴 한데 좀 더 부드러운 파마머리예요. 브로콜리와 손질법이 거의 동일하니 두 가지를 함께 손질하면 편해요.

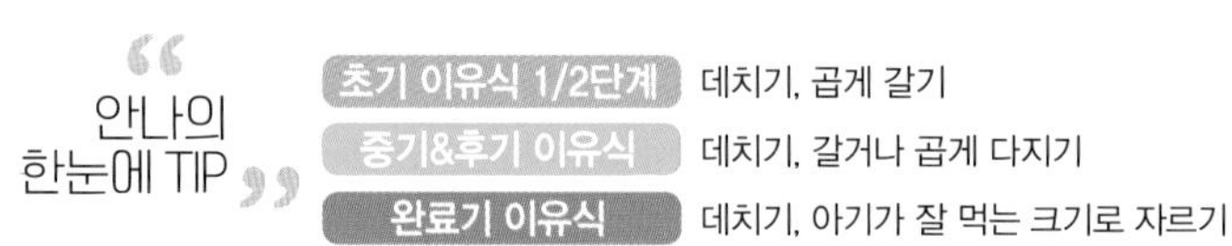

보관법

냉장 랩이나 키친타월로 싸서 보관해요.

냉동 데쳐서 얼린 후 보관해요.

1 줄기는 사용하지 않고 부드러운 송이(봉오리) 쪽만 사용해요. 잘라낸 송이를 잘게 잘라 베이킹소다를 푼 물에 잘 헹궈주세요.

TIP 송이 쪽에 불순물과 농약이 많이 있으니 꼼꼼하게 씻어주세요.

2 잘 씻은 콜리플라워는 끓는 물에 넣어 1분 정도 데쳐주세요. 초기 이유식엔 억셀 수 있어서 푹 익혀줬어요.

3 한 김 식혀 물과 함께 아주 곱게 갈아주세요.

TIP 입자가 작아서 물을 넣고 갈아야 잘 갈려요.

4 곱게 간 콜리플라워를 큐브에 담아 얼린 후 랩으로 하나씩 감싸 냉동실에 보관하면 끝.

1 죽 모드나 만능찜에서 오래 익히므로 끓는 물에 넣어 20초 정도만 데쳐요.

2 아기가 먹을 수 있는 크기로 갈거나 다져서 냉동 큐브에 얼려 랩으로 싸서 보관해요.

콜리플라워는 생으로 먹으면 떫은 맛이 나니 꼭 데쳐주세요.

끓는 물에 20초 정도 데쳐서 아기가 잘 먹는 크기나 넣을 요리에 맞게 잘라 냉동 보관해요.

BEAN SPROUTS

콩나물

콩나물은 비타민C가 풍부하고 아스파라긴산도 들어 있어 숙취해소에 도움이 되는 채소로 많이 알려져 있어요. 피로회복에도 좋기 때문에 연령대를 불문하고 아주 좋은 식재료라고 할 수 있죠. 섬유소도 아주 풍부하고요. 죽에 넣기도 하지만 유아식 때 콩나물밥이나 콩나물국으로 더 많이 쓸 재료예요.

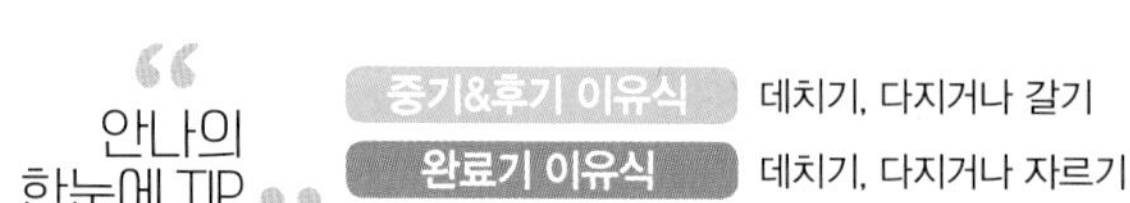

보관법

냉장 비닐봉지에 밀봉하여 보관해요(데쳐서 보관하면 좀 더 오래 보관할 수 있어요).

냉동 살짝 데쳐서 보관해요.

1 머리와 꼬리를 따고, 깨끗이 씻어주세요.

2 냄비에 물과 콩나물을 함께 넣고 뚜껑을 연 상태에서 팔팔 끓여주세요. 끓고 나면 1~2분 정도 더 데쳐주세요.

TIP 아기가 먹기에 식감이 억세다면 더 데쳐주세요. 죽 모드에 들어가면 조금 더 부드러워지기는 해요.

3 데친 콩나물을 찬물에 헹궈 한 김 식힌 후 잘게 다져주세요.

TIP 다지거나 갈아야 해요. 블렌더나 믹서기에 넣을 땐 물을 살짝 넣으면 곱게 갈려요.

4 곱게 다진 콩나물을 큐브에 담아 얼린 후 랩으로 하나씩 감싸 냉동실에 보관하면 끝.

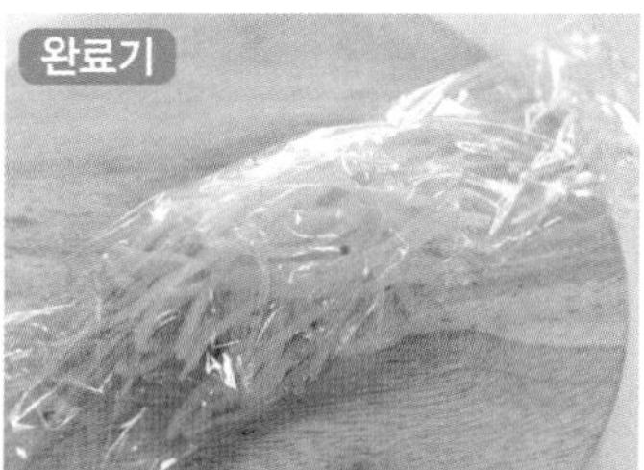

완료기에는 콩나물밥이나 콩나물국, 콩나물무침으로 많이 활용해요. 냉동 보관을 할 때에는 많이 데치지 말고 콩나물에 뜨거운 물을 부어 살짝만 익힌 다음 냉동해두면 그때그때 꺼내 요리에 사용할 수 있어요.

SHIITAKE

표고버섯

이유식을 시작하면서 떨어지지 않도록 항상 준비해두는 재료가 바로 표고버섯이에요. 국물 맛을 내는 데 일품일 뿐만 아니라 말린 표고를 갈아서 조미료처럼 넣으면 감칠맛이 돌아요. 암을 억제하는 렌티난이라는 성분이 들어 있어 각종 성인병도 예방해준답니다. 볕에 말리면 보관하기 쉽고 비타민D가 10배로 늘어나니 육수를 내거나 표고가루로 쓸 때는 꼭 말려서 사용해주세요.

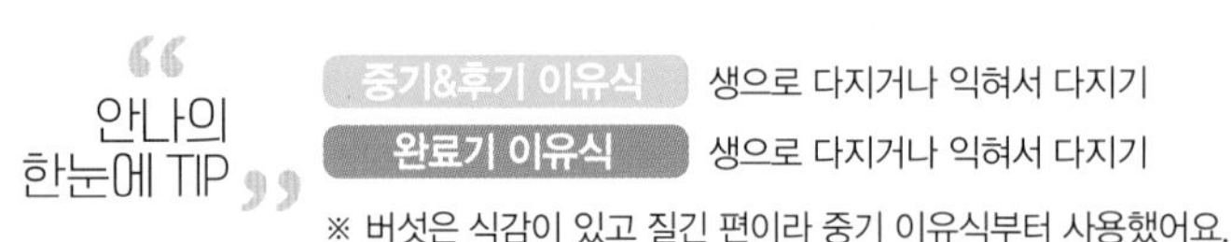

"안나의 한눈에 TIP"

중기&후기 이유식 생으로 다지거나 익혀서 다지기

완료기 이유식 생으로 다지거나 익혀서 다지기

※ 버섯은 식감이 있고 질긴 편이라 중기 이유식부터 사용했어요.

보관법

냉장 비닐봉지에 넣어 보관해요.

냉동 요리 용도에 따라 손질해 보관해요.

1 버섯은 무농약 재배를 많이 하니 물로 씻지 말고 물 적신 행주나 키친타월로만 겉을 닦아주는 게 가장 맛있게 먹는 방법이라고 해요. 혹시나 찝찝하면 물에 한 번 살짝 헹궈주세요.

2 이유식에는 표고의 갓만 사용하니 갓을 분리해주세요. 분리한 갓은 그냥 생으로 사용해도 되고, 향에 예민한 아기들용은 끓는 물에 2~3분 정도 데쳐주세요.

3 믹서기에 곱게 갈아주세요. 버섯은 갈아도 식감이 있어서 처음 먹는 중기 이유식에는 곱게 가는 걸 추천해요.

4 곱게 간 표고를 큐브에 담아 얼린 후 랩으로 하나씩 감싸 냉동실에 보관하면 끝!

후기 이유식에 아기의 성향을 파악한 후 생으로 먹이거나 데쳐서 먹이세요. 입자는 아기가 먹을 수 있는 크기로 조절하여 보관해주세요.

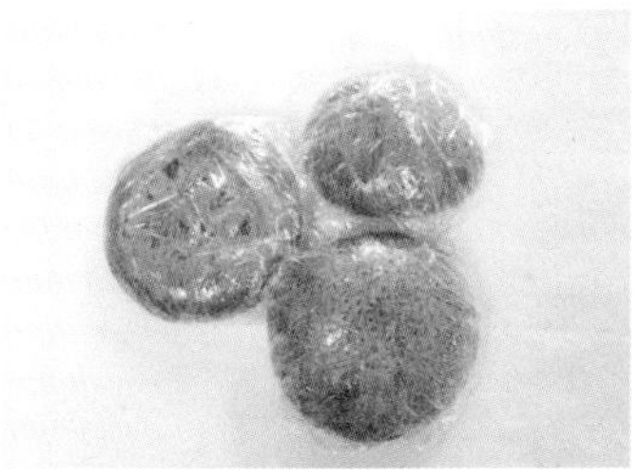

육수용
갓만 떼서 통으로 보관하거나 잘라 보관하세요. 한 번 사용할 분량만큼 랩으로 싸서 밀폐용기에 넣거나 비닐에 밀봉하면 오래 보관할 수 있고 꺼내 쓰기도 편해요. 보관 날짜 표기는 필수예요!

표고버섯 가루용
갓만 떼서 편으로 얇게 썰어야 말리기가 편해요. 남은 기둥은 실온에 하루 이틀 정도 놔뒀다가 육수 낼 때 한두 개씩 넣어주면 버리는 것 없이 알뜰하게 사용할 수 있어요.

표고버섯을 말리는 방법은 제 블로그 (annalee90.blog.me)에서 '표고버섯'으로 검색하면 확인할 수 있어요.

안나의 이유식 이야기

방사능에 대한 견해

표고버섯은 아주 건강하고 좋은 식재료임에도 불구하고 방사능을 흡수한다는 의견 때문에 조심스러워 하는 재료예요. 표고버섯은 주변의 무언가를 흡수하는 성질이 있어 방사능을 흡수한다는 얘기가 나온건데 원전사고가 있었던 일본에서 재배된 표고라면 문제가 될 수 있겠지만, 우리나라에서 자라는 표고버섯은 안전해요. 또, 방사능을 흡수한다 하더라도, 우리가 일상에서 노출되는 극초미량의 방사능 정도니까요. 저는 표고의 영양과 감칠맛을 포기할 수 없어 꾸준히 사용하고 있어요.

CHICKEN

닭고기

담백한 맛에 소화도 잘 되고 영양가도 높아 보양식으로 많이 사용되는 닭고기는 소고기보다 단백질이 많아요. 닭고기에 함유된 레티놀은 점막을 강화시키고 암 예방에도 효과적이에요. 소고기에 비해 식감이 연해 유아식에 사용하기도 좋더라고요. 특히 닭고기는 다른 육류에 비해 두뇌성장을 돕는 단백질이 풍부해 성장기 아기들에게 정말 좋아요. 이유식에 사용할 때는 안심이나 가슴살과 같이 기름이 적은 부위가 적절해요.

"안나의 한눈에 TIP"

초기 이유식 2단계	지방 제거, 잡내 제거, 삶기, 아주 곱게 갈기
중기&후기 이유식	지방 제거, 잡내 제거, 삶기, 갈거나 잘게 다지기
완료기 이유식	지방 제거, 잡내 제거, 삶기, 아기의 취향에 맞게 다지기

보관법

냉장 키친타월로 수분을 제거한 후 키친타월로 한 번, 랩으로 한 번 더 감아 보관해요.

냉동 수분을 한 번 제거한 후 원하는 크기로 잘라 냉동하세요.

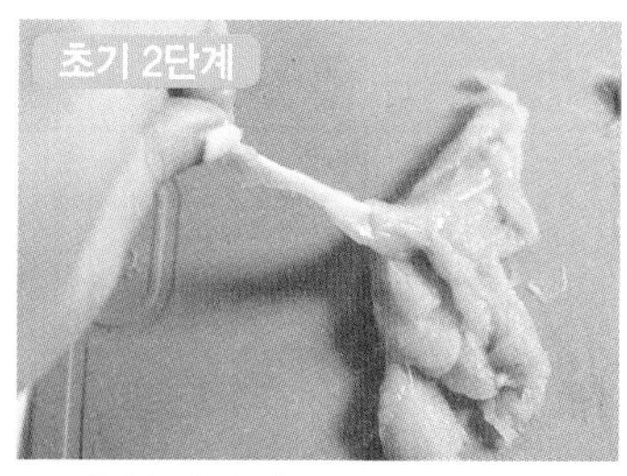

1 닭가슴살에 있는 지방과 근막을 제거해주세요. 손질되어 있는 닭가슴살을 사면 거의 제거되어 있긴 하지만, 간혹 남아 있는 경우가 있으니 확인해 주세요.

2 흐르는 물에 닭가슴살을 깨끗이 씻은 후 분유 혹은 모유에 20분 정도 재워 잡내를 제거해주세요.

TIP 모유는 유축한 모유에 담가두고 분유는 살짝 묽게 타서 담가두세요.

3 닭가슴살을 조각내 물에 삶아주세요. 양에 따라 다르지만 5~10분 정도 푹 삶아줬어요. 소고기에 비하면 빨리 익는 편이에요.

4 익은 닭고기를 한 김 식혀(찬물X) 믹서기에 넣고 아주 곱게 갈아주세요. 닭고기 삶은 물을 넣고 갈면 훨씬 잘 갈려요.

5 큐브에 한 번 사용할 만큼 넣어 냉동해서 얼려주세요.

6 냉동해 얼린 큐브를 꺼내어 랩으로 한 번 더 포장한 뒤 밀봉하여 보관해 주세요.

아기가 먹을 수 있는 크기로 다지거나 갈아서 보관하거나 사용해주세요.

TIP 초기, 중기, 후기(완료기) 닭고기의 입자를 비교해보세요.

닭고기를 쉽게 활용하는 방법

냉동 제품을 사용하는 방법

냉동된 닭고기는 해동 후 사용하면 돼요. 물에 삶아 익힌 후 갈아주고 소분해서 보관해 사용하면 됩니다. 엄마가 가장 편한 방법을 찾아야 좋아요(물론 고기에서 냄새나면 안되고요!).

냉동 닭고기 해동하는 방법

❶ 사용하기 전날 냉장실에서 해동하는 게 제일 좋아요. ❷ 바쁠 때는 물에 담가 해동해주세요. ❸ 정말 시간이 없다면 그냥 냉동 상태의 고기를 물에 같이 끓여주세요(잡내 제거가 안 되긴 하지만 가끔 이용한 방법이에요). 해동 후 위와 같은 방법으로 큐브를 만들어주면 돼요.

BEEF

소고기

소고기는 필수아미노산, 단백질, 지방이 풍부해 성장기 아기들이 꼭 먹어야 하는 필수 식재료예요. 튼튼한 몸을 만들어주고, 풍부한 단백질로 바이러스에도 이겨낼 수 있는 신체 저항력도 높여줘요. 특히 아기가 태어난 후 6개월 뒤에는 엄마에게 받은 철분이 많이 소실되어 이유식으로 철분 보충을 해주어야 하는데, 이때, 철분을 다량 함유한 소고기가 제격이에요. 우리 아기들도 고기가 들어가면 고소한 맛 덕분에 참 좋아한답니다.

" 안나의 한눈에 TIP "

초기 이유식 2단계	기름 제거, 핏물 빼기, 삶기, 아주 곱게 갈기
중기&후기 이유식	기름 제거, 핏물 빼기, 삶기, 갈거나 잘게 다지기
완료기 이유식	기름 제거, 핏물 빼기, 삶기, 아기의 취향에 맞게 다지기

보관법

냉장 키친타월로 핏물을 제거한 후 키친타월로 한 번 감싸고 랩으로 한 번 더 감아 보관해요.

냉동 수분을 한 번 제거한 후 원하는 크기로 잘라 냉동하세요.

소고기를 생으로 자른 후 얼려 보관하는 방법(초기 이유식에 추천)

생고기를 지방과 힘줄만 제거해서 적당한 크기로 잘라 핏물을 빼기 전 생고기로 냉동하는 방법이에요. 이유식을 만들 때마다 소고기를 삶고 갈아야 해서 한 번 더 손이 가긴 하지만 좀 더 신선하게 보관할 수 있어요. 특히 초기 이유식에는 갈아놓으면 가열할 때 덩어리가 생기므로 이 방법을 사용하는 것을 추천해요.

1 손질한 소고기를 잘게 잘라 한 번 먹을 양만큼 큐브에 넣고 얼려주세요. 잘게 자르면 삶기도 쉽고 믹서기에 넣기도 편해요.

2 얼린 후에는 하나씩 랩으로 한 번 싸서 보관하세요.

3 해동은 ① 사용하기 전날 냉장실에서 해동하는 게 제일 좋아요. ② 바쁠 때에는 핏물을 빼면서 동시에 해동해주세요. ③ 정말 시간이 없다면 냉동 상태의 고기를 물에 같이 끓여주세요.

4 고기의 핏물을 빼고 처음부터 같이 끓여주세요. 끓이고 남은 물은 육수로 사용해도 좋아요. 소고기 양에 따라 다르지만 최소 10분 이상 끓였어요.

고기는 올바른 해동과 순서를 거쳐야 더 맛있어진다고 해요. 하지만 너무 바쁠 때는 굳이 매뉴얼을 따르지 않았어요. 편하게 해요!

5 삶은 소고기를 식혀(찬물X) 믹서기에 넣고 아주 곱게 갈아주세요. 소고기 삶은 물을 한두 숟가락 함께 넣고 갈면 훨씬 잘 갈려요.
익혀서 간 소고기는 이유식 밥솥에 넣어 한 번 더 재가열한 후 먹이면 돼요.

생고기를 한 번 갈아서 보관한 뒤에 바로 밥솥에 넣어 사용해도 괜찮아요. 단, 아기가 아직 곱게 갈아야 먹는다면 생고기는 곱게 갈리지 않으니 익혀서 갈아야 곱게 갈려요. 아기가 입자를 잘 먹는다면 생고기를 갈거나 다짐육을 사서 소분 후 얼려두어도 좋아요.

소고기를 익힌 후 갈아서 보관하는 방법(중기 이유식부터 추천)

한 번에 삶아서 갈아두고 밥솥에 쏙쏙 넣기만 하면 돼요. 초기 이유식 때는 밥솥에서 가열되면 덩어리가 조금씩 생겨 추천하지 않는 방법이지만, 조금씩 입자가 커지는 중기 이유식부터 완전 빛을 발해요. 중 · 후기 이유식에서도 아기가 곱게 갈아야 먹거나 갈아놓은 다짐육을 잘 먹지 못할 때는 삶아서 곱게 갈면 생고기보다 훨씬 쉽게 잘 갈려요. 대신 생고기로 냉장보관할 때보다는 조금 일찍 사용하는 게 좋더라고요.

구입할 때 기름을 최대한 제거하고 달라고 하면 편해요.

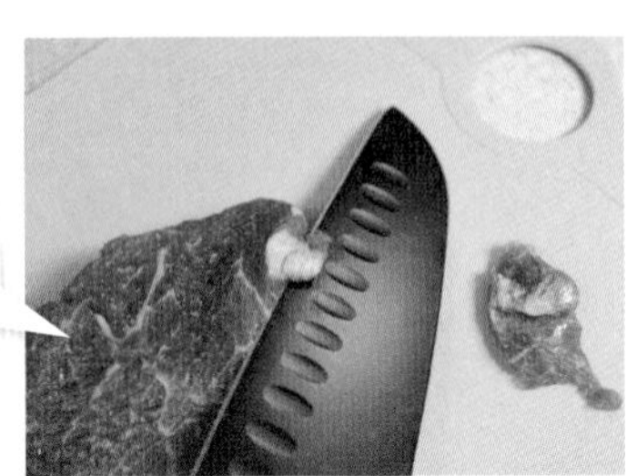

1 소고기에 있는 지방과 힘줄을 제거해주세요. 우둔이라면 제거할 지방이 별로 없고, 안심은 제거할 게 많아요. 어차피 아주 곱게 갈아 식감이 필요 없는 초기, 중기 이유식엔 저렴하고 기름이 많지 않은 우둔을 추천해요.

2 찬물에 담가 30분 정도 핏물을 빼주세요. 중간에 물을 한 번 갈아주세요.

TIP 핏물을 뺀 고기는 잘 익도록 작게 토막 내서 삶으면 믹서기에 넣을 때도 편해요.

소고기가 익었는지 잘 모를 때에는 제일 두꺼운 고기 하나만 건져 찔러보거나 가위로 잘라보세요.

3 물과 고기를 함께 넣고 처음부터 같이 끓여주세요. 끓이고 남은 물은 육수로 사용해도 좋아요. 소고기 양에 따라 다르지만, 최소 10분 이상 끓였어요.

4 익은 소고기를 한 김 식혀(찬물X) 믹서기에 넣고 아주 곱게 갈아주세요. 소고기 삶은 물을 넣고 갈면 훨씬 잘 갈려요.

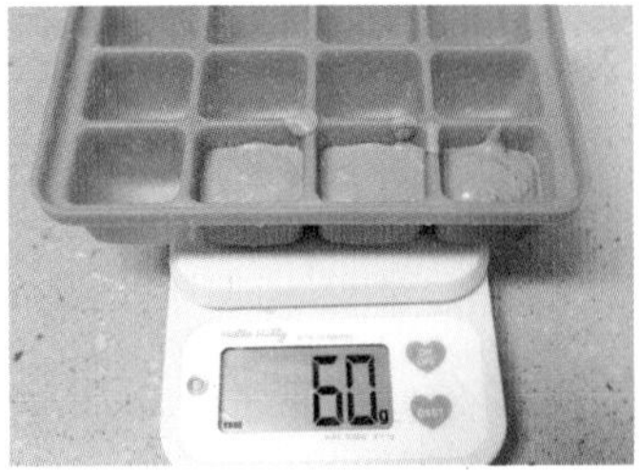

5 아기 이유식에 바로 사용하거나 냉동실에 얼려주세요.

아기가 먹을 수 있는 크기로 다지거나 갈아서 보관 또는 사용해주세요.

시판 소고기 다짐육 보관 및 사용 방법(중기 후반, 후기 이유식부터 추천)

육아는 시간이 금! 소고기를 손질한 후 다지는 것도 엄마들에겐 만만치 않아요. 시중에 파는 다짐육도 있으니 정육점에서 구입 후 소분해서 얼려두거나 유기농 매장의 소분된 다짐육을 사용해도 돼요. 단, 다져놓은 소고기는 공기에 노출되는 부분이 많아 덩어리로 된 고기보다는 빨리 상할 수 있으니 빠른 시간 내에 사용하거나 소분해둬야해요.

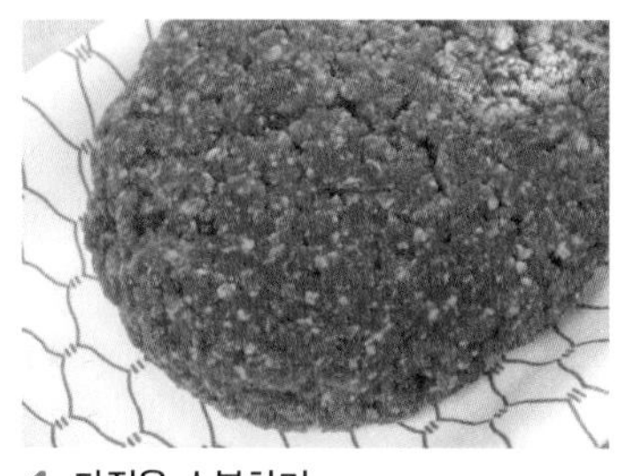

1 **다짐육 소분하기**
정육점에서 사온 다짐육은 부위를 꼭 확인하고 기름이 적은 부분을 구매하세요.

TIP 구입할 때, 기름을 최대한 제거하고 달라고 하면 편해요.

2 키친타월로 수분을 제거한 후 큐브에 한 번 사용할 양만큼 소분해서 담아 얼려주세요.

3 얼린 후에는 꺼내어 랩으로 한 번 더 싸서 보관하세요.

4 **다짐육 사용하기 : 해동 후 사용**
해동할 때는 사용하기 전날 냉장실에서 해동하는 게 가장 좋고 바쁠 때에는 핏물을 빼면서 동시에 해동해주세요.

5 찬물에 고기를 담가 30분 정도 핏물을 빼주세요. 중간에 물을 한 번 갈아주세요.

6 **다짐육 사용하기 : 냉동 사용**
밥솥 이유식의 장점이 냉동 재료를 바로 사용할 수 있다는 점이죠! 다짐육은 보통 중기 후반, 후기 이유식부터 사용하므로 죽 모드(만능찜)에서 푹 익혀 줄 거예요!

정육점에서 파는 소고기 다짐육을 찜찜하게 생각하는 엄마들도 있어요. 그렇다면 집 근처에 자주 가는 정육점 혹은 엄마들 사이에 인기 있는 정육점을 애용해보세요. 고른 고기를 그 자리에서 손으로 다져주는 곳도 있어요. 동네 정육점을 신뢰할 수 없다면 직접 갈아 쓰는 걸 추천할게요.

7 다짐육을 냉동 상태 그대로 넣은 경우 중간중간 꼭 한 번씩 저어주세요. 핏물을 빼지 않아 엉겨 붙을 수도 있고, 덩어리진 채로 조리되어 고기가 붙는 경우가 종종 있어요. 만약 아기가 소고기 냄새에 민감하다면 소고기는 미리 물에 담가 핏물을 빼서 넣어주세요.

소고기에 대한 궁금증

소고기는 이유식부터 유아식까지 앞으로 가장 많이 사용할 육류예요. 아기가 가장 자주 먹는 육류이니 궁금한 점이 많을 겁니다. 그 부분들을 간단하게 정리해봤어요.

1 소고기는 어떤 부위를 사용해야 좋을까요?

초기, 중기, 후기에는 '우둔'을, 후기, 완료기, 유아식에는 '안심, 우둔, 양지' 골고루 추천해요.

아기에게 처음 소고기를 먹이던 날, 아기 아빠는 백화점에 가서 가장 좋고 비싼 투플러스 안심을 사왔어요. 손바닥만 한 200g에 가격이 3만 원이 훌쩍 넘더라구요. 기름을 제거하고 삶으니 더 쪼그라들어 얼마 안 남더라고요. 그리고 그걸 소고기 스무디처럼 곱게 갈아야 하니 아기가 씹지도 못하는데 부드러운 안심이 의미가 없겠더라고요. 그래서 그때부턴 기름기 없는 우둔살을 썼어요. 안심의 반 가격이어서 부담도 덜하고요. 고기의 입자가 점점 커져 씹는 맛이 살아날 후기 이유식 후반쯤부터 다시 안심을 쓰기 시작했어요. 완료기 및 유아식에서도 곱게 갈아서 만드는 스테이크나 완자 등에는 우둔을 썼고요, 구이는 안심, 국 끓일 때는 양지를 사용하고 있어요. 등급보다는 '신선한' 소고기를 선택하는 게 중요해요.

TIP 투플러스 안심은 마블링(기름)이 너무 많아 이유식에 적합하지 않아요. 정육점에서도 1^{+}나 1등급을 추천해주셨어요(가끔 2등급 주실 때도 있었어요).

2 소고기 핏물은 꼭 빼야 하나요?

소고기 핏물은 빼도, 안 빼도 영양학적으로는 크게 상관이 없다고 해요.

하지만 소고기에 핏물이 많을 때는 잡내가 날 수 있고 엉겨 붙어 요리가 깔끔하지 못해 저는 가급적 핏물을 빼는 편이에요. 시간이 있을 때는 빼고, 없을 때는 키친타월로 살짝 닦아주거나 그냥 넣기도 한답니다. 단, 보관한지 좀 지나 냄새가 날 것 같은 경우에는 꼭 핏물을 빼줬어요.

3 사고 나서 팩에 담긴 채로 냉장고에 며칠 넣어놨는데 유통기한 내에도 잡냄새가 나요.

소고기는 사오자마자 작업하는 게 가장 좋아요.

마트에 파는 팩 소고기는 보관권장기한이 있지만 자주 열고 닫는 냉장고 속에 보관하다보면 신선도가 점점 떨어져요. 그러다가 권장기한 하루 이틀 전에도 꺼내보면 냄새가 날 때도 있고, 신선하지 못할 때도 있어요. 소고기는 사오자마자 그날 저녁에 바로 작업하는 게 좋고 며칠 둬야한다면 팩에서 꺼내 다시 꽁꽁 랩핑한 뒤, 지퍼백에 한 번 더 밀봉해서 보관하는 게 좋아요. 그래서 저는 다른 재료들은 마트에서 한 번에 장을 봐오더라도 고기는 동네 정육점에서 필요할 때마다 그때그때 구입해서 바로 사용했어요.

4 소고기를 삶는데 속이 잘 안 익어요.

작게 작게 잘라서 삶아주세요.

통으로 핏물 빼고, 한 번에 넣어서 삶으면 속이 익었는지 안 익었는지 알기가 어려워요. 깍둑깍둑 작은 크기로 잘라서 넣으면 빨리 익기도 하고, 익었는지 확인하기도 쉬워요. 믹서기에 넣기도 편하고요.

5 소고기 색깔이 갈색으로 변했어요.

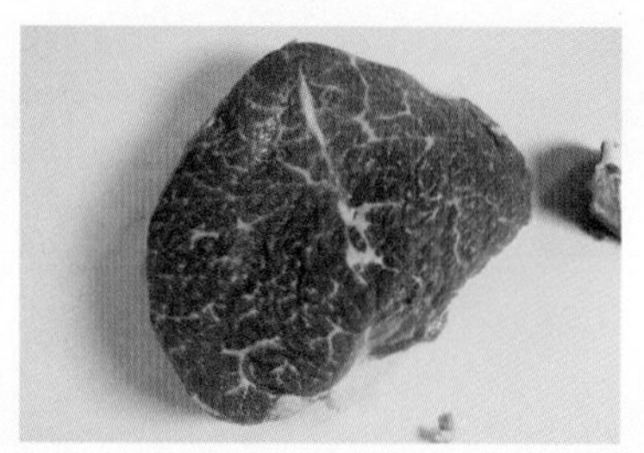

냄새만 안 나면 먹어도 무방해요.

서로 겹쳐 있거나 진공 포장된 소고기를 사왔을 때 소고기 색이 갈색으로 보일 때가 있어요. 저도 처음에 고기를 버려야 하나 고민했지만, 공기와 접촉하면 소고기의 색이 변한다고 해요. 상한 냄새가 나지 않는다면 먹어도 괜찮아요.

SHRIMP

새우

새우는 타우린이 풍부해 콜레스테롤을 낮춰주고 간 기능을 개선해줘요. 요리에 넣으면 감칠맛을 내서 맛내기에 좋은데, 특히 아기 이유식 육수에 사용하면 이유식의 맛을 한층 더해준답니다. 식감이 부드럽고 맛도 좋아 이유식에 자주 등장하는 해산물이에요. 또한 고단백 저지방에 비타민E가 풍부해 영양이 많은 식재료라고 할 수 있죠. 손질이 번거롭다면 요즘은 유기농 매장에서 질 좋은 다진 새우살을 구할 수 있으니 그것을 사용해도 좋아요. 저는 자주 이용한답니다. 그래도 언젠가는 새우등에 있는 내장을 빼 볼 일이 있을테니 손질법을 알아볼까요?

"안나의 한눈에 TIP"

중기&후기 이유식 손질, (삶기), 갈거나 잘게 다지기

완료기 이유식 손질, (삶기), 잘게 다지기

보관법

냉장 키친타월로 수분을 제거한 뒤 머리와 내장을 떼고 랩으로 싸서 보관하세요. 냉장보관 시에는 쉽게 상할 수 있으니 빨리 사용하세요.

냉동 머리와 내장을 제거 후 그대로 얼리거나 껍질을 까서 보관하세요.

1 새우는 소금물에 씻어 표면을 깨끗하게 해주세요. 소금물의 농도는 1(소금):3(물) 정도로 했어요. 손을 다치지 않도록 깨끗한 고무장갑을 끼는 것도 좋아요.

2 머리는 가위로 자르거나 손으로 떼고 몸통 껍질을 벗겨주세요. 손을 다치지 않도록 조심하세요.

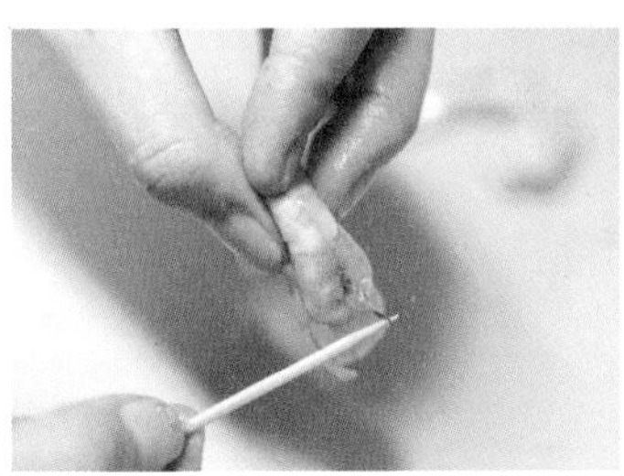

3 등쪽을 찔러 검은색 긴 내장을 빼주세요.

TIP 내장을 제거하는 데는 이쑤시개가 좋아요. 간혹 내장이 없는 경우도 있어요.

4 알몸이 된 새우를 물에 한 번 헹궈준 후 끓는 물에 넣고 30초~1분 정도만 살짝 데쳐주세요. 너무 익히면 질겨요.

TIP 투명하던 새우에 니모 줄무늬 같은 주황색이 생기면 익은 거예요.

5 익힌 새우를 한 김 식힌 후 믹서에 넣고 곱게 갈거나 칼로 다져주세요. 물을 조금 넣고 갈면 더 잘 갈려요.

6 한 번 사용할 분량만큼 큐브에 얼린 후 냉동해서 보관하세요. 냉동 후 랩으로 한 번 더 밀봉해주시구요.

ABALONE

전복

바다의 인삼이라 불리는 전복에는 치아와 뼈를 만드는 칼슘이 다량 함유되어 있고 근육, 신경조절 기능까지 있어 성장기 아기들에게 좋은 해산물이랍니다. 또한 다른 어류에 비해 단백질 함량이 높고, 지방이 적어 고단백 저지방의 고급 식재료이기도 해요. 특히, 전복에 많이 들어 있는 철분은 성장기 어린이와 임산부에게 중요한 영양소예요. 보양식으로도 유명한 전복이니 우리 아기들에게도 당연히 좋겠죠?

"안나의 한눈에 TIP"

- **후기 이유식** 손질, 잘게 다지기
- **완료기 이유식** 손질, 다지기

보관법

냉장 • 손질 전 : 차가운 소금물에 담가 냉장보관해요.
• 손질 후 : 랩이나 비닐에 싸서 냉장보관해요.

냉동 손질 후 랩이나 비닐에 하나씩 싸서 냉동 보관해요.

1 전복 껍질의 이물질을 제거하고 수세미나 솔로 박박 닦아주세요.

2 가장자리에 까만 전복살을 솔로 박박 닦아서 하얗게 만들어주세요.

TIP 출산한 지 얼마 안 되어 여기저기 다 아픈 엄마들은 팔을 아끼고 남편이나 다른 가족에게 양보하세요.

3 둥근 부분을 위쪽으로, 뾰족한 부분을 아래쪽으로 오게 해서 잡고 숟가락을 쿡 넣어 지렛대 들어 올리듯 분리해주세요. 이때 내장 파괴 조심!

TIP 뜨거운 물에 잠깐만 데쳐도 분리가 잘 돼요.

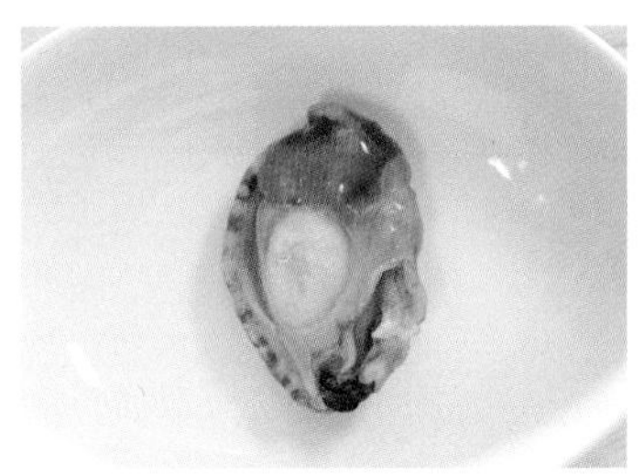

4 분리된 살은 흐르는 물에 한 번 헹궈주세요.

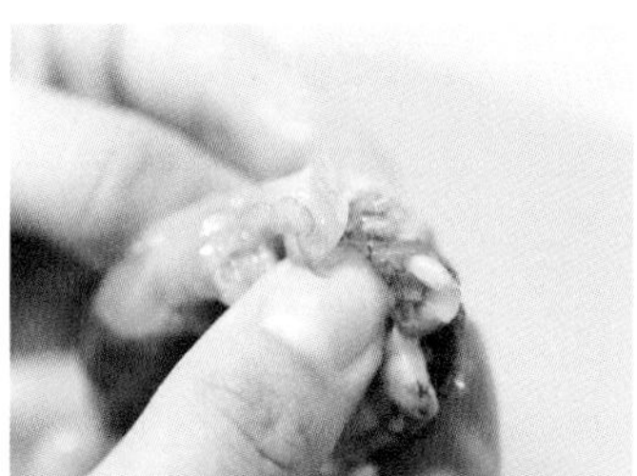

5 전복 이빨을 제거해주세요.

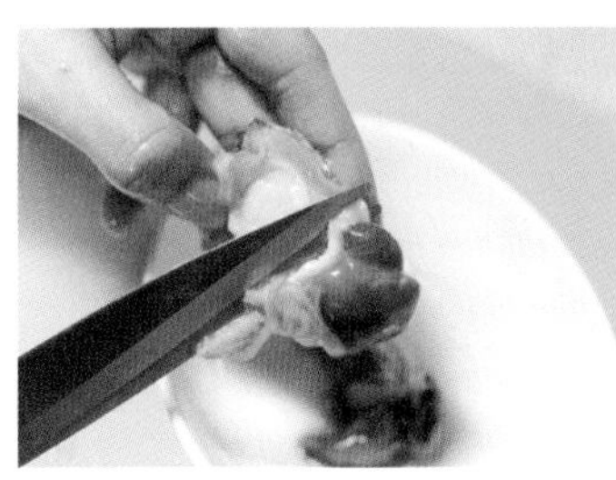

6 내장은 잘라서 사용해도 되고, 아기가 잘 먹지 않는다면 가족이 먹을 음식에 사용해도 돼요.

TIP 저희 딸은 생후 9개월 때 내장 넣고 같이 죽을 끓여주었더니 잘 먹더라고요.

7 이유식에 사용할 전복은 다져서 큐브에 넣어 냉동 보관하고, 다른 가족이 먹을 전복은 칼집을 내어 랩으로 한 마리씩 싸서 보관하면 나중에 요리하기 편해요.

8 손질 후 하루 이틀 내에 바로 사용할 거라면, 전복살을 랩으로 한 마리씩 싸서 냉장실에 보관하고 최대한 빨리 사용해주세요.

WHITE FISH

흰살 생선(대구살, 광어살, 연어살 등)

비린내도 적고 부드러워 이유식에 사용하기 좋은 생선이에요. 특히 대구살은 중기 이유식부터 사용할 수 있어 우리 아기가 처음 먹는 생선이기도 해요. 물론 고등어와 같이 등푸른 생선보다는 영양 함량이 조금 부족하지만, 지방 함량이 적어 맛이 담백하고 살이 아주 연해 소화기가 약한 어르신들이나 아기들에게 처음 먹이는 생선으로 적합해요.

"흰살 생선은 어떻게 준비해야 할까요?"
"그냥 시중에 손질되어 있는 이유식 생선을 구입해서 쓰는 걸 추천해요!"

아니 무슨 이유식 책에서 이런 답이 있나 싶으시죠? 이 책은 초보 주부에서 엄마가 되어 살림 능력치도, 육아 능력치도 달려 허덕이는 초보 엄마들 그리고 아기를 키우면서 빠른 이유식을 해야 하는 엄마들을 위한 책이에요. 물론 저도 마찬가지고요. 연신 '음마음마' 하며 엄마를 따라다니는 아기들을 발밑에 두고 생선을 쪄서 포를 뜨고 가시와 살을 발라내는 건 만만치 않은 일이에요. 새우 손질은 그에 비하면 양반이죠. 그래서 생선을 손질하는 법은 나와 있지 않아요. 오랫동안 바닷가에 살아 생선 손질이 능숙하거나 부모님이 바닷가 근처에 살고 계셔서 싱싱한 생선살을 제공해주지 않는 이상 우린 그냥 잘 손질된 생선을 사서 쓰자고요.
그 시간에 다른 이유식을 하나 더 만들고 아기와 조금 더 놀아주거나, 조금 더 쉬세요. 가급적 모든 걸 스스로 손질해내는 편이지만 생선 손질은 추천하지 않아요. 오히려 이런 어려운 손질에 막혀 귀찮아지고 어려워지면 이유식 만드는 게 즐겁지 않더라고요!

BABY FOOD RECIPE

이유식 만들기의 기본 알고 가기!

1 늘 고민되는 이유식 재료 궁합 한눈에 보기

아주 소량의 재료만 사용하는데도 내 아기가 먹을 음식이다 보니 굉장히 신경 쓰여요. 하지만 저는 유명한 상극 재료만 아니면 조금씩 같이 먹이기도 했어요. 참고는 하되, 너무 얽매이지는 마세요.

이유식에 좋은 궁합

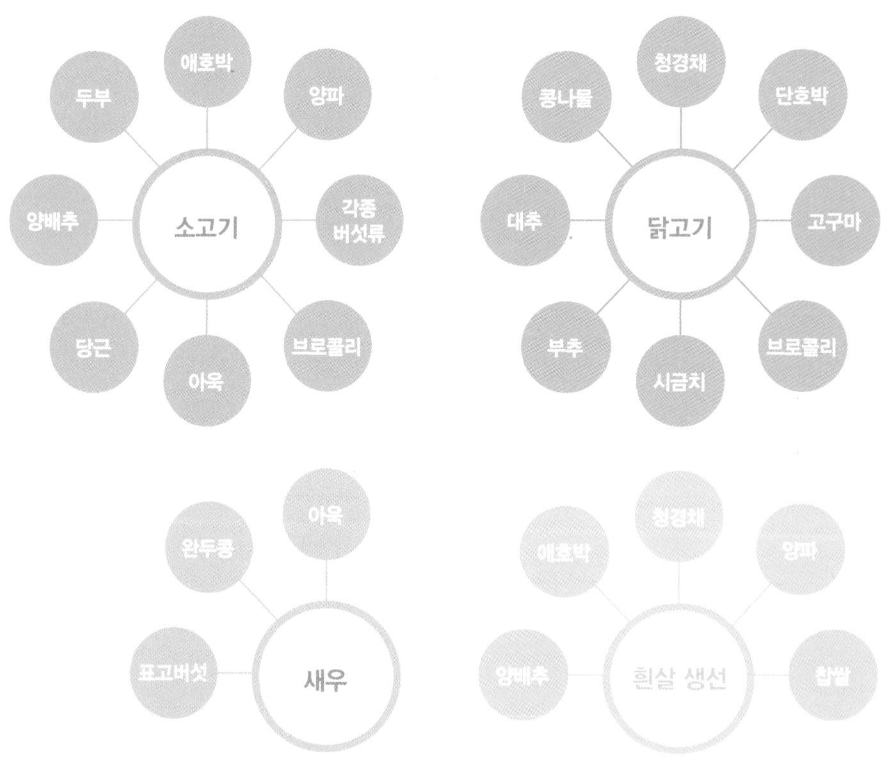

이유식에 피해야 할 궁합

시금치 + 두부, 근대	당근 + 오이, 무, 양배추	소고기 + 고구마, 밤, 부추
돼지고기 + 도라지	닭고기 + 자두	장어 + 복숭아

2 이유식 보관 방법과 해동 방법

이유식 보관 방법

- 냉장 보관 : 3일 / 냉동 보관 : 7일
- 밀폐된 이유식 용기에 담아 보관해요.
- 냉동 보관 시 갓 만든 뜨끈한 이유식을 바로 급랭해야 맛이 그대로 유지돼요.
- 냉장 보관 시 한 김 식힌 후 넣어주세요.

이유식 해동 방법

중탕

① 작은 냄비에 물을 반쯤 넣고 냉장(냉동)되어 있는 이유식 용기를 넣은 후 팔팔 끓여주세요(이유식 용기의 뚜껑은 열어주세요.).

② 물이 끓으면 이유식 용기를 집게로 꺼내주세요.

③ 적당한 온도로 식힌 후 먹이세요.

중탕 시 유의사항

- 유리 용기에 얼린 냉동 이유식은 바로 뜨거운 물에 가열하면 깨질 위험이 있어요. 약 5~10분 정도 실온에 두었다가 냉기를 조금만 뺀 후 넣어주세요.
- 반드시 열탕 소독이 되는 환경호르몬 없는 용기를 사용해주세요.
- 꺼낼 때에는 젖병 소독 집게로 조심히 꺼내주세요(화상 주의!).

전자레인지 해동

① 이유식 용기의 뚜껑을 열고 전자레인지에 일정 시간 데워주세요.

② 중기, 후기, 완료기 이유식은 전자레인지에 돌리면 수분이 날아가 뻑뻑해질 수 있으니, 먹는 물을 살짝 넣고 랩을 씌워 데우면 좀 더 촉촉하게 데울 수 있어요.

③ 데우는 시간은 양, 보관법, 전자레인지의 성능에 따라 조금씩 달라요. 우선 제가 데웠던 시간 공유해볼게요! 참고만 하고 환경에 맞게 조금씩 조절해주세요. 양이 조금 늘어나거나 줄어들면 데우는 시간도 그만큼 늘어나거나 줄어들어야 해요!

(빌트인 오븐렌지 기준)

시기	냉장	냉동
초기 이유식	20~30초	30~40초
중기 이유식	40초	50초~1분
후기&완료기 이유식	1분	1분 20초

④ 조금씩 조절하다보면 돌리는 시간이 정리될 거예요. 꼭 기억해두었다가 혹시 외출할 때, 다른 장소에서 이유식을 데워달라고 할 일이 있으면 정확한 시간을 말씀해주세요!

3 이유식 떠먹이는 법

우리 아기들은 태어날 때 본능적으로 연동운동에 의한 빠는 힘으로 모유와 분유를 먹어요. 그렇게 5개월여를 먹고 살았는데, 이제는 본능이 아닌 다른 방법을 터득해야 해요. 숟가락으로 무언가를 받아먹고 목으로 삼켜야 하죠. 어른들에겐 정말 쉬운 일이지만 아기들은 절대 쉽지 않아요. 삼키는 방법을 아직 모르거든요. 그래서 떠먹여주면 반은 흘려요. 정성들여 만든 이유식이 아깝지만 어쩔 수 없죠. 조금이라도 덜 흘리고 쉽게 먹일 수 있는 방법을 공유해볼게요.

① 아기의 입에 맞는 작은 숟가락을 준비해주세요.

② 우선 아주 소량만 떠서 입에 넣어주세요.

③ 아기 입에 넣어줄 때, 이유식을 위쪽 잇몸에 발라준다는 생각으로 떠먹이면 편해요.

④ 흘리는 이유식은 계속 숟가락으로 다시 모아 넣어주세요.

⑤ 숟가락으로 떠서 줄 때, 숟가락 뒷면에 이유식이 묻은 채로 아기 입에 들어가면 흘러내리기 쉬워요. 숟가락 뒤쪽에 있는 이유식은 깔끔하게 그릇 가장자리에 한 번 훑어서 넣어주세요.

아기 입에 맞는 첫 숟가락 고르기

아주 작은 숟가락으로 시작하는 게 좋아요. 물론 아주 작은 숟가락은 사용기간이 짧아요. 생각보다 아기들은 금방 한 번에 먹는 양이 늘어나거든요. 하지만 아기도 숟가락에 적응을 할 수 있도록 작은 숟가락으로 시작하세요. 두어 달 뒤에 양이 늘어난다고 지금 입이 작고 잘 받아먹지 못하는 아기에게 살짝 큰 숟가락을 입에 넣어줄 순 없으니까요. 그리고 소재가 부드럽고 살짝 슬림하면 더 먹이기가 편해요! 마지막으로 꼭 열탕 소독이 가능한 소재로 고르세요.

아기가 계속 흘려요.

초기 이유식 미음 1단계는 아주 묽어요. 모유와 비슷한 농도로 아주 묽게 끓이기 때문에 삼키기가 쉬워요. 하지만 삼키는 방법을 몰라서 계속 흘리는 것이기 때문에 저는 아기를 수유하듯 옆으로 안아서 묽은 미음을 수저로 한 방울 떨어뜨려줬어요. 그럼 목구멍으로 미음이 타고 넘어가요. 그걸 아기가 삼키고 계속 반복하면 스스로 삼킬 줄 알게 되더라고요. 정 안되면 이 방법도 한 번 시도해보세요. 단, 양을 아주 조금씩 줘야 해요. 살짝 겁났지만 그렇게 몇 방울 흘려주고 나서 다시 앉혀서 먹이니 잘 받아먹었어요(저보다 먼저 엄마가 된 친구가 일러준 방법이었어요.). 단, 이 방법은 아기가 사레들리지 않게 꼭 주의해주세요.(무작정 밀어 넣으면 안 돼요!)

아기가 입을 꾹 다물고 열지 않아요.

처음 먹는 이유식이 낯선 아기는 숟가락으로 먹는 느낌이 싫을 수도 있어요. 또는 앉아 있는 의자가 불편하다거나 턱받이가 불편할 수도 있고요. 사소하게는 실내 온도가 맞지 않는 등 여러 가지 이유가 있을 수 있어요. 숟가락으로 입 주변을 톡톡 치면서 장난과 웃음을 유도해 기분을 전환시켜 주는 방법도 있어요. 여러 가지 해결 방법을 사용해보았는데도 불구하고, 여전히 입을 꾹 다물고 먹지 않으려 한다면 너무 스트레스 받지 말고 며칠 뒤에 다시 한 번 도전해보세요. 아기가 아직 준비가 안됐을 수도 있어요.

Q&A

재료 준비 & 도구

Q 시작하려니 너무 막막하고 힘들어요.

A 막막하고 힘든 게 당연해요. '가재손수건은 몇 개를 사야 하는지', '배냇저고리는 어떤 걸 사야 하는지', '기저귀 단계는 몇 개를 얼마나 사둬야 하는지…' 우리 출산 준비할 때 진짜 막막했잖아요.

이유식 준비를 시작하고 있는 지금은 어때요? 주변에서 가재손수건 몇 개 준비해야 되냐고 물어보면 우리 베테랑처럼 얘기할 수 있죠? "이런 건 필요 없어~ 나중에 사도 돼"라고요. 이유식도 똑같아요! 처음에만 조금 어려워요. 지인들의 도움도 좋고, 많이 검색해보고 발품을 팔면 좋은 이유식템, 내가 찾던 아이템을 얻을 수 있답니다.

Q 재료 준비가 어렵나요?

A 저는 먹는 걸 좋아해서인지 결혼 전에도 요리에 관심이 많고 요리하기도 좋아했어요. 물론 냉동 보관, 육수 이런 깊은 주부 영역까진 몰랐지만요. 하지만 요리를 좋아하지 않거나 살림에 서툰 엄마들은 이 자체로 고역일 거예요. 그럴 때는 이유식을 포기하지 말고 시판 육수나 손질되어 있는 재료를 구입해 사용해보세요. 물론 직접 사서 손질하는 것에 비하면 금액이 조금 비싸겠지만 이유식을 꼭 해 보고 싶은데 어려워서 시작도 못하고 있다면 우선 그렇게라도 시작해보세요. 손질되어 있는 재료나 육수를 사용하면서 '아, 내가 만들어줄때 이렇게 하면 되겠구나'라는 감도 생기고, 반조리이기는 하지만 내가 만들어줬다는 뿌듯함도 생길 거예요.

Q 이유식을 사 먹이려고 하는데 자꾸 망설여져요.

A 저도 사 먹여봤는걸요! 괜찮아요~. 엄마도 살아야죠. 시판 육수, 시판 재료도 어쨌든 내가 다시 조리를 해야 해요. 열심히 만들었는데 아기가 안 먹을 때 정말 힘들죠. 그리고 일을 하는 엄마, 혹은 연년생을 임신한 엄마들 등등 다들 이유식을 해먹일 수 없는 사정이 분명 있을 거예요. 그럴 때는 과감하게 배달 이유식을 선택해 보세요. 특히 이유식을 만들어 먹이다가도 초기에서 중기, 중기에서 후기로 넘어갈 때 아기가 원하는 농도나 입자를 찾지 못해서 열심히 만든 이유식들 다 버릴 때가 있어요. 그런 과도기에 저도 종종 배달 이유식을 먹여보고 '아! 이 농도를 좋아하는구나', '이 입자는 먹는구나' 그렇게 파악하고 다시 만들어주니 잘 먹었어요. 내가 열심히 손질해서 만들었는데 아기가 안 먹고 다 버리게 되면 상실감도 크고 짜증이 날 때도 있거든요. 시판 이유식도 하나의 방법이에요. 그리고 요즘은 시판 이유식이 정말 잘 나온답니다.

Q 여기저기 찾아보는데 정보가 달라요.

A 맞아요. 자료는 방대하고 소위 말하는 ~카더라도 정말 많아요. 아기가 잘 때 녹색창을 검색하고 또 검색하고…. 하지만 결국 결론은 엄마의 선택이에요. 어떤 아기는 4개월에, 어떤 아기는 6개월에 이유식을 시작해요. 저는 그래서 중간 즈음인 '5개월에 시작하면 되겠네!' 하고 시작했어요. 인터넷상의 어떠한 정보를 보고 '아, 저 아기는 6개월에 시작했네. 그럼 나도 6개월에 시작해야지' 이렇게 수동적으로 생각하면 안 돼요. 막상 내 아기는 5개월부터 입을 쭉쭉거리고 있을 수도 있어요. 또한 어떤 아기는 채소를 먼저, 어떤 아기는 고기를 먼저 시작하기도 해요. 엄마가 '고기는 소화가 잘 안 될것 같으니 나는 채소 먼저 해야겠다!' 혹은 '우리 아기는 모유 수유 중이라 이유식을 늦게 시작하니 철분이 풍부한 소고기를 먼저 먹여봐야겠다'라고 엄마가 주체가 되어 생각해야 해요.

이유식을 하면서, 아니 앞으로 육아를 하면서 가장 중요한 건 바로 '정답 = 내 아기'예요. 검색하고 듣는 정보에 휘둘리지 말고 참고만 하세요. 결국 결정은 엄마가 해야 하고 엄마가 중심을 잡아야 해요. 그렇게 하지 않으면 이유식 기간 내내, 아니 육아를 하는 내내 녹색창만 검색하고 있을 거예요.

물론 이 재료를 몇 개월에 먹여야 하는지, 먹여도 되는지, 얼마나 먹여야 되는지 대략적인 평균치는 있을 거예요. 육아 선배들의 노하우가 참 중요하긴 하지만 전문가는 아니니 답답하고 고민된다면 다니는 소아과에 물어보는 게 가장 좋아요.

Q 칼과 도마, 용도를 구분해야 할까요?

A 네! 이건 용도 구분을 꼭 해주세요. 특히 돌 전에는요.

칼은 하나로 써도 괜찮겠지만 도마는 칼자국이 나게 되면 그 사이에 음식물이 남아 있을 수 있어 교차 오염의 위험이 있거든요. 어른들도 교차 오염을 예방하려고 인덱스 도마를 쓰는데 아기들은 오염에 더 약하니까요. 어른용과 아기용으로 나눠 사용하기에는 도마 개수가 부담스럽다면, 채소/생선/김치/고기/일반 이렇게 구분해서 쓰세요! 대신 채소 중에서 매운 맛이 나는 양파, 파, 고추 등은 일반 도마를 사용해주세요. 어른한테는 거의 느껴지지 않는 매운맛도 아기들한테는 느껴질 수 있어요.

Q 큐브는 몇 개 정도 필요한가요? 크기는요?

A 큐브는 많으면 많을수록 좋아요. 저는 3~4개 정도 썼는데 채소를 많이 손질하는 날은 부족해서 다음 날 얼리기도 했어요. 크기는 30ml짜리 2개, 40ml짜리 1개, 50ml짜리 1개 이렇게 썼는데 버섯처럼 같아도 부피가 큰 재료는 조금 덜 들어가기도 해요. 우선 처음에 작은 걸로 구입하고 쓰면서 추가로 구입해도 돼요.

BABY FOOD
RECIPE

PART 02

초기 이유식
(생후 5~6개월)

이유식은 아주 묽은 모유와 분유만 먹던 아기들이 밥을 먹기 위해 준비하는 과정이에요. 아주 묽게 시작하는 초기 이유식부터 이가 없는 아이들이 입천장과 잇몸으로 으깨가며 먹는 중기 이유식, 조금씩 씹기 시작하는 후기 이유식을 지나 완료기 유아식으로 넘어가서 어른과 함께 식사를 하게 돼요. 그중 첫 관문인 초기 이유식을 '워밍업'이라 생각하고 차근차근 시작해볼까요? 초기 이유식은 '먹여서 배를 채운다'라기보다는 '그냥 한 번 먹여본다'라고 생각하면 돼요. 알레르기 반응 여부를 체크하고 소화시키는 것에 의의를 두면 된답니다. 아직까지 주식은 모유나 분유예요.

초기 이유식 시작하기

1 이유식 시작 시기

- 분유 먹는 아기 : 4~5개월
- 혼합 수유하는 아기 : 5~6개월
- 모유 먹는 아기 : 5~6개월

2 수유&이유식 스케줄

◎ **초기 이유식 1단계 : 이유식 1회 + 수유 5~6회**

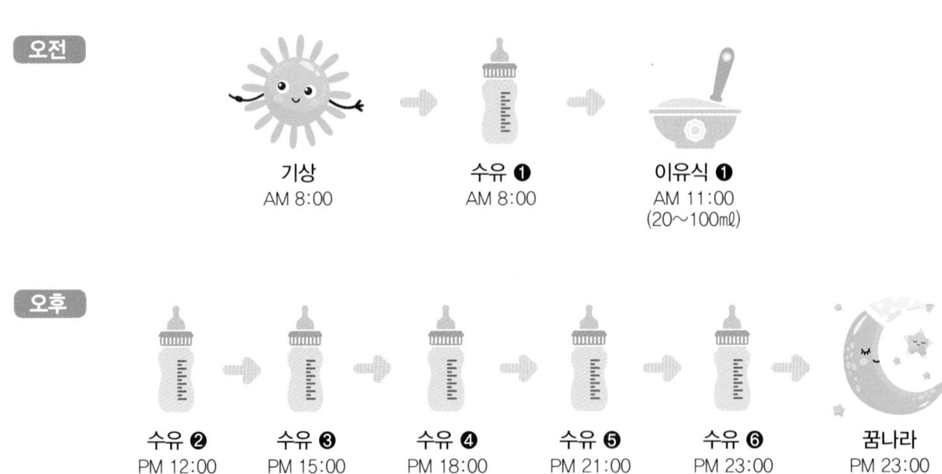

위 스케줄은 저희 아기의 초기 이유식 1단계 스케줄이에요. 저희 아기는 늦게 자고 일찍 일어났고, 일찌감치 통잠을 자서 이 시기에는 따로 밤중 수유를 하지 않았어요. 또, 수유 간격이 3시간으로 신생아 때와 동일해서 하루 6번 수유를 했는데, 더 적게 하는 아기도 있고 한 번 더 하는 아기도 있을 거예요. 기존 수유 스케줄대로 하되, 그중에 한 번을 이유식으로 바꾸어주면 된답니다.

◎ 초기 이유식 2단계 : 이유식 1~2회 + 수유 5~6회

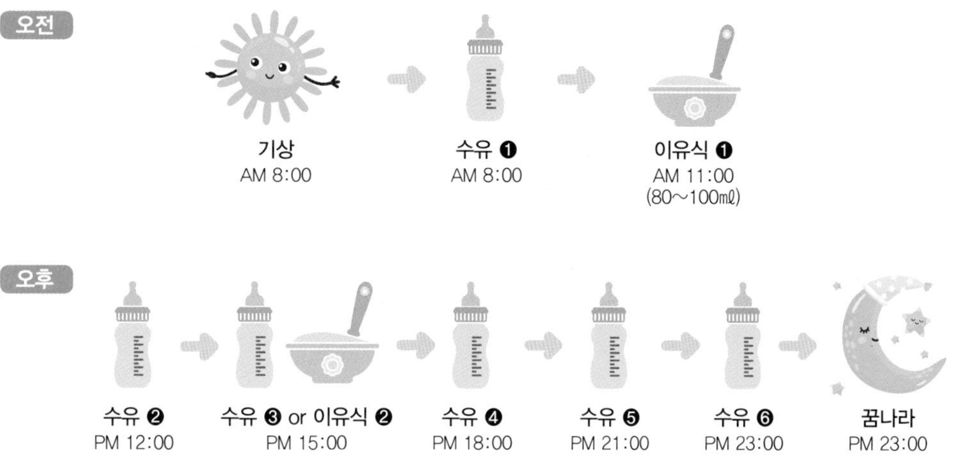

초기 이유식 2단계는 1단계와 식재료에 차이가 있어 구분을 해 보았어요. 2단계부터 고기를 사용하기 시작한답니다. 스케줄을 좀 달리한 이유는 2단계에 들어가면서 하루에 먹는 양도 늘어나 두 번에 나눠먹는 아기들도 있기 때문이에요. 한 번에 많은 양을 먹지 못해 이유식 ❷에 조금 보충하거나 중기 이유식을 대비해 하루 두 번 먹는 걸 미리 준비해야 하기 때문이죠. 저희 딸은 이유식 ❶에서 거의 100ml를 먹어서 한 끼만 먹이고, 중기 이유식 들어가기 1주일 전에 하루에 2번 먹이는 연습을 했어요. 이 스케줄표에 맞춰서 똑같이 할 필요는 없어요. 참고만 하고 아기의 스케줄에 따라 조절하다보면 자연스럽게 스케줄이 생길 거예요.

3 1단계와 2단계의 차이

초기 이유식에만 단계를 구분했어요. 앞서 말한 것처럼 이유식 재료의 차이가 크기 때문이죠. 1단계는 채소 위주의 미음을 먹이고, 2단계에는 1단계에서 먹여본 재료에 육류를 추가하는 방식으로 진행해요. 한 달 정도 소화가 편한 채소로 워밍업을 하며 이유식에 적응시킨 후 육류를 추가하는 거죠. 그런데 상황에 따라 소고기를 먼저 섭취하는 아기도 있어요. 그렇게 되면 사실 1, 2단계의 구분은 의미가 없어지게 되죠. 이렇게 단계를 구분하는 것도 결국은 아기가 결정하겠죠? 굳이 단계 구분에 얽매일 필요는 없어요.

4 초기 이유식을 밥솥으로 할 때 기억해야 할 것

밥솥으로 만드는 초기 이유식에는 보통 재료를 모두 익혀서 넣고, 많은 양을 끓이지 않기 때문에 살짝 가열만 하면 돼요. 이유식 밥솥으로 나오는 작은 밥솥은 재가열 기능으로 13분만 끓여주면 되고, 일반 밥솥으로는 만능찜 모드에서 10~15분 정도면 충분해요.

5 안나의 이유식 레시피 사용법

농도

스무 가지의 초기 이유식을 진행하면서 농도가 조금씩 달라져요. 처음에 20배죽으로 시작해 17배죽까지 내려갔다가 2단계 시작할 때 다시 20배죽으로 시작해서 점점 되직하게 만들어줬어요. 농도는 참고치일 뿐이고, 아기가 원하는 농도에 맞춰 주시면 돼요. 보통 맨 처음 시작할 때 모유(분유)에 가깝도록 주르륵 흘러내리는 20배죽의 미음으로 시작해 초기 이유식을 마무리할 즈음엔 10배죽 전후로 많이 먹더라고요. 레시피상에선 1배죽씩 서서히 줄여갔는데 실제는 되직한게 먹이기도 편하고 더 잘 먹어서 2~3배죽씩 단계를 줄여줬어요.

만드는 양

가장 변수가 많은 부분이에요. 계량하다가 물이 조금 더 들어갈 수도 있고 데친 채소에서 물이 흘러나와 농도도 묽어지고 양도 많아질 수 있어요. 저도 매번 같은 재료를 넣어도 완전 똑같은 양은 안 나오더라고요. 레시피에 있는 양은 표준적인 양이니 아기가 잘 먹으면 쌀가루와 고기, 채소를 더 넣어 양을 늘려주세요.

전체적인 양

농도만 조금씩 조절하고 1단계는 15g으로, 2단계는 20g으로 모두 레시피를 통일했어요. 아기가 많이 먹으면 30~40g으로 쑥쑥 늘려주세요! 아기가 잘 먹는 농도를 찾으셨으면, 쌀가루 양에 맞춰 다른 재료를 조절해주면 돼요.

재료 응용

제가 만드는 재료 그대로 만드실 필요는 없어요. 집에 있는 재료로 대체하셔도 되고, 추가로 아기가 좋아하는 재료를 더 넣어주셔도 돼요! 레시피를 참고해서 엄마가 더 풍성하게 만들어주세요.

안나의 이유식 이야기

이유식과 수유 사이의 간격을 조절해주세요.

저희 딸은 하루에 분유를 1000ml씩 먹는 먹성 좋은 아기였어요. 이유식도 또래보다 많이 먹었어요. 근데 이유식 1을 한통 다 먹고 한 30분쯤 지나서부터 칭얼거리는 거예요. '이유식을 먹은지 얼마 안 됐는데 왜 이러지' 하면서 며칠을 모르고 울렸어요. '너 조금 전에 밥 먹었잖아. 더 먹으면 배 앓이 해!'라면서요. 근데 혹시나 해서 이유식을 먹이고 나서 바로 분유를 줘봤더니 순식간에 다 먹는 거예요. 뱃구레가 크다 보니 초기 이유식인 미음 가지고는 배가 차지 않았던 거였어요. 우리가 흔히 얘기하는 '빵은 밥이 아니다.', '밥 배와 빵 배는 따로 있다.' 뭐 이런 원리일까요? 그 이후부터는 이유식 후 40분쯤 뒤에 바로 수유를 해줬어요. 그러면 이유식 먹고 잠깐 30~40분 놀다가 분유 한 통 더 먹고 배 부르고 기분 좋으니 낮잠도 한숨 잤어요. 너무 좋은 루틴이죠! 이렇게 아기가 잘 먹고 잘 자는 스케줄은 엄마가 며칠 겪어보면 알게 돼요. 물론 한 번에 맞추면 좋겠지만 아기도 처음, 엄마도 처음인걸요. 육아도 결국엔 시행착오를 겪어야 좋은 답을 얻을 수 있더라고요.
뱃구레가 작은 아기들은 이유식만 먹고도 잘 놀다가 1~2시간 뒤에 수유를 할 수도 있는데, 초기 이유식은 워낙 양이 적다 보니 1시간 전후로 붙여서 수유를 해주는 게 좋더라고요. 뱃구레 늘리는 데도 도움이 된다던 엄마들의 경험담이에요.

처음엔 당연히 잘 삼키지 못해요. 아기에게도 적응할 시간이 필요해요.

우리 아기들은 지금껏 모유나 분유만 먹어왔어요. 하지만 이유식은 빨기만 하면 쭉쭉 나오는 모유나 분유와는 많이 달라요. 그래서 초기 이유식 시기에는 받아먹는 것보다는 흘리는 게 더 많을 수밖에 없어요. 숟가락으로 떠먹여 줬을 때 삼키는 방법을 모르거든요.
힘들게 만든 이유식인데 주르륵 흘러내리는 게 더 많으니 속상하죠? 먹는 양이 얼마 안 된다고 걱정하지 마세요. 이 시기의 아기들은 어차피 모유와 분유가 주식이니까요. 또한 아기들도 삼키는 방법을 배우고 젖병이 아닌 숟가락으로 먹는 것에 대한 적응이 필요해요. 생전 안 해 봤던 것을 하려니 아기도 얼마나 힘들겠어요. 우린 엄마니까 이해해주자구요. 그래도 먹고 살겠다고 노력하는 모습이 너무 예쁘지 않나요? 아기에게 시간을 조금만 주세요!

조급해 하지 말아요. 지금은 준비 운동 중이에요.

'옆집 아기는 얼마 먹는다더라, 이 블로그, 인스타에서 본 아기는 벌써 이만큼 먹고 있네, 얘는 벌써 소고기를 먹네, 우리 아기는 왜 이렇게 먹는 게 더딜까.' 등 육아의 적은 바로 '비교'예요. 사실 저희 딸도 돌 지나서까지 큰 건더기는 잘 먹지 못했어요. SNS에 올라오는 다른 아기들 식단을 보면 벌써 저렇게 큰 것도 잘 먹는데 우리 아기는 왜 못 먹을까? 그런 생각이 당연히 들었죠. 하지만 엄마가 조급해질수록 아기는 따라오기 힘들어 하더라고요. 아직 아기는 먹을 준비가 조금 덜 되었거나 저희 딸처럼 느린 아기일 거예요. 때가 되면 다 먹으니 조급해 하지 마세요.

이유식 시작 후 육아 스트레스가 심해졌어요. 분유만 먹이면 안 될까요?

많이 힘드시죠? 특히 잠투정이 심하고 이유식을 시작할 때가 되어도 통잠을 못 자는 아기라면 엄마의 체력은 정말 바닥을 치고 있을 거예요. 그 상황에 일어나서 서툰 솜씨로 이유식까지 만들어야 하고, 그렇게 힘들게 만든 이유식은 아기가 안 먹고 말이에요. 얼마나 힘든 상황인지 알아요. 하지만 우리 아기는 이제 모유나 분유 외에 다른 음식을 먹어야 할 때가 왔어요. 이제 이유식을 시작하지 않으면 영양 결핍이 올 수 있어요. 그래서 아무리 늦어도 6개월 때는 꼭 이유식을 시작하고 잘 먹을 수 있도록 도와주어야 해요. 앞으로 맛있는 걸 많이 먹고 엄마랑 먹방 천국에 입성하려면 지금 엄마의 도움이 필요해요. 하지만 정말 힘든 날은 하루 쉬고 다음날 맛있게 만들어주세요. 시판 이유식의 도움을 받아보는 것도 좋아요.

Q&A

초기 이유식

Q 수유를 이유식으로 바꾸는 건 몇 시쯤이 좋나요?

A 보통 아기가 잠자고 일어난 하루 첫 수유 후가 좋아요. 아기들이 대략적으로 6~8시쯤 기상하는데, 그때 첫 수유를 하고 한숨 더 자고 일어났을 때가 좋아요. 대략 오전 중이거나 조금 늦게 일어나는 아기라면 점심 즈음이 될 거예요. 가능한 한 오전에 이유식을 하길 추천합니다. 그래야 아기가 혹시 이유식 재료에 알레르기 반응을 일으켰거나 소화에 이상이 있을 때 병원에 데려가 진료를 볼 수 있기 때문이에요.

Q 오전에 아기 컨디션이 안 좋거나 사정이 있어 못 먹였어요.

A 그럼 오후에 먹이셔도 돼요! 꼭 정해진 것은 아니에요. 오전에 먹이는 게 통상적이고 혹시 모를 알레르기에 대비하기 좋다라는 거예요. 저는 3~4시에 먹이기도 했어요. 저희 딸은 너무 늦게 일어났거든요. 6개월 즈음엔 오전 11시까지 잘 때도 있었어요. 그럼 11시에 첫 수유하고 2시쯤 이유식을 주기도 했어요. 너무 시간에 연연하지 마세요. 아기가 소화만 잘 하면 시간은 상관없어요. 단, 너무 늦게는 주지 마세요. 특히 초기 이유식을 진행 중인 아기들은 음식에 적응을 하는 중이에요. 아직까지는 분유나 모유가 가장 소화시키기 좋으니 늦은 밤이나 자기 전에는 꼭 수유를 해주세요.

Q 스케줄에 나와 있는 이유식 1 후에 수유 2를 꼭 해야 하나요?

A 아니요! 저건 저희 딸의 스케줄인데 참고용으로 설명한 것이니 똑같이 하지 않아도 돼요. 이유식으로 배가 차는 아기라면 원래 간격을 지켜 다음 수유를 해도 되고, 이유식을 거의 받아먹지 않고 조금만 먹었다면 배가 고플테니 바로 수유를 해주셔야 해요. '아~ 이런 식으로 스케줄이 만들어지는구나'라는 정도만 참고하고 아기와 엄마만의 스케줄을 만들어가야 해요.

Q 미음이 너무 묽어요(물 같아요).

A 미음은 원래 묽어요! 특히 아기가 처음 먹는 미음은 물 10 : 재료 1 정도의 비율이에요. 아기들은 지금까지 모유나 분유만 먹어왔어요. 이유식이라고 농도를 달리해주면 아기들이 소화하기가 힘들어요. 처음 시작은 모유와 분유처럼 아주 묽게 시작해서 목 넘기는 방법부터 알려주어야 해요. 점점 아기가 잘 먹는다면 농도를 조금씩 되직하게 해주면 돼요.

Q 쌀미음을 잘 먹지 않아요.

A 쌀 특유의 냄새와 싱거운 맛을 싫어하는 아기들도 있고 모유나 분유의 맛과 달라서 싫어하는 아기도 있어요. 아기가 너무 안 먹으면 감자나 애호박, 사과 같은 처음 도전하기 쉬운 재료를 조금 추가해서 만들어주세요.

생후 150일, 이유식 처음 먹던 날!
대부분 흘렸어요.
아직 삼키는 법을 모르거든요.

Q 재료 1~2g, 물 1~2ml 같은 사소한 차이도 계량하시나요?

A 저는 초기 이유식 초반에 한 3일 정도까지 정확하게 계량했어요. 근데 점점 갈수록 1~2 정도의 오차는 그냥 무시하고 만들었어요. 근데 저희 딸은 5~10ml 정도 넘으면 싫어하더라고요. 아예 종이컵이나 눈대중으로 계량 안 하고 만드는 엄마들도 많은데, 저희 아기는 워낙 농도에 민감해서 이유식 내내 계량컵, 저울과 함께 했어요. 아기의 성향에 맞춰 결정하면 돼요.

Q 쌀가루가 덩어리져요.

A 처음 물을 넣어 저을 때 많이 저어주어야 해요. 꼭 찬물에요! 미지근한 물에 저으면 덩어리지기 쉬워요. 그래도 덩어리가 많이 진다면 체로 한 번 걸러주세요.

Q 어떻게 하면 아기가 잘 삼킬까요?

A 출생 후 지금까지 아기들은 본능에 의해 빠는 법만 알고 있지, 숟가락으로 먹여주는 걸 직접 삼켜 본 적이 없어요. 엄마가 인내를 가지고 삼키는 법을 가르쳐야 해요(108~109P를 참고해주세요.).

Q 먹는 데 너무 오래 걸려요(뒤로 갈수록 안 먹어요).

A 초기 이유식을 하는 아기들은 이르면 4개월, 늦어야 6개월이에요. 이 개월 수에는 의자에 오래 앉아 있기가 힘들 거예요. 어리면 어릴수록 더요. 저희 딸도 아무리 잘 먹는 아기라곤 하지만, 안 먹는 날도 있고 다 흘리는 날도 있었어요. 그땐 계속 기다렸다 먹이려니 너무 오래 앉혀 놓는 것 같아서 딱 15분만 먹였어요. 혹시나 계속 안 먹으려고 하는 아기는 앉는 게 불편하거나 졸리거나 다른 이유가 있을 수 있으니 최대 15분 정도만 먹여보고 다음 날 혹은 오후에 먹이는 게 좋아요. 지금은 '먹는 양'보다는 '먹는 연습'을 하는 거니까요.

Q 3일치씩 만들면 보관은 어떻게 하나요?

A 3일치는 냉장 보관, 그 이후에는 냉동 보관했어요. 초기 이유식까지는 하루 한 끼씩이라 3일치를 바로바로 만들어 먹였지만, 엄마가 일을 하거나 매일 만들기 힘든 상황이라면 일주일치를 만들고 냉동해 두셔도 괜찮아요.

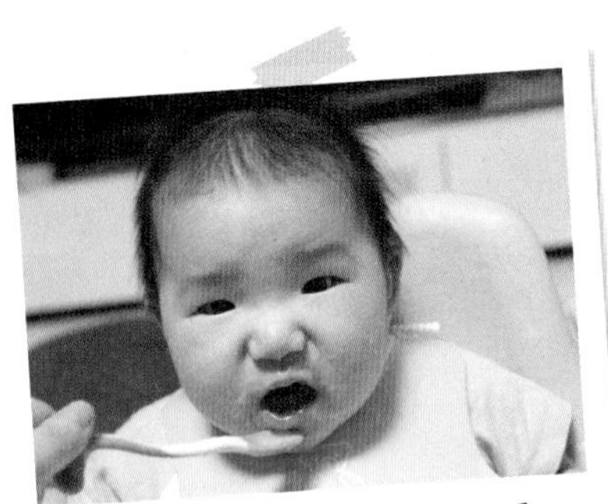

이유식 입문 한달 후, 이젠 없어서 못 먹어요. 냠냠, 흐르는 것도 놓칠수 없어요.

Q 초기 이유식은 냄비가 낫지 않나요?

A 네! 냄비가 낫다는 분들도 있어요. 그래서 밥솥 이유식을 중기부터 시작하는 분들도 많아요. 저는 아기 이유식을 시작할 때가 8월이었어요. 한여름이어서 너무 더웠고, 불 앞에서 몇 십분씩 젓고 있을 자신이 없어 초기 이유식부터 밥솥을 사용했어요.

Q 냄비 이유식은 10배죽인데, 왜 밥솥 이유식은 20배죽인가요?

A 저도 처음에 냄비 이유식 레시피대로 10배죽으로 해 봤는데, 물이 다 사라지고 없더라고요. 밥솥은 13분 동안 바글바글 끓어서 그런지 냄비와는 꽤 많이 차이가 나는 것 같아요. 밥솥 이유식을 하는 분들이 이와 같은 문제 때문에 20배죽으로 만드는 것을 보고 저도 20배죽으로 변경했답니다.

Q 한 통을 한 번에 다 못 먹어요.

A 한 통의 기준이 얼마인가요? 40ml? 100ml?
한 통의 기준을 우선 내 아기에게 맞춰주세요. 먹다보면 양이 늘어날 거예요. 다른 아기들이 먹는 양에 너무 연연하지 말고 아기가 양을 조금씩 늘릴 수 있도록 도와주세요. 아기가 너무 안 먹는다면 초기 이유식 2단계쯤, 아기가 어느 정도 이유식을 잘 소화하면 두 번에 나눠서 줘보세요!

Q 아기가 이유식을 잘 소화한다는 기준은 뭔가요?

A 토하지 않고, 배앓이 안하고, 대변을 잘 보면 되는 거예요! 분유나 모유 먹을 때처럼 잘 놀고, 잘 자고, 잘 싸고 몸무게도 쭉쭉 늘면 이유식에 완벽 적응 중이라는 신호입니다.

Q 이유식을 시작하면 살이 빠지나요?

A 아니요. 모유와 분유가 아무래도 이유식보다는 유당 함량이 높아 살이 찌는데, 분유를 한 번 빼고 그 자리에 이유식을 먹이니 그렇게 생각할 수도 있을 것 같아요. 저도 아기가 둔해서 몸도 잘 못 가누는데다 무겁기까지 해서(5개월에 10kg…) 정말 힘들었거든요. 그래서 '아! 이유식 하면 좀 덜 힘들겠다' 했는데 웬걸요. 이유식 하고 더 쪘어요. 아마 저희 딸은 분유량을 줄이지 않고 이유식까지 먹어서 그런 것 같아요. 마른 아기들도 이유식하면서 몸무게가 더 늘 수 있으니 그런 걱정은 하지 마세요.

한 통을 금세 비웠어요. 이유식을 시작하면 수유량이 줄어들까 걱정했는데 전혀 그렇지 않았어요. 살이 많이 쪘어요.

Q 언제까지 체에 걸러야 하나요?

A 저는 초기 이유식 후반까지 계속 체에 걸러줬어요. 아기가 건더기가 조금만 있어도 삼키기 힘들어 했거든요. 이유식을 시작하고 한 달쯤 뒤에 체에 거르지 말고 그냥 줘보세요. 아기가 잘 먹으면 그날부터 체에서 해방입니다. 하지만 브로콜리같이 갈아도 입자가 거친 재료를 사용한 날에는 한 번씩 걸러주세요!

Q 초기 이유식에서 고기 먼저 하면 안 되나요?

A 상관없어요! 모유 수유하고 조금 늦게 시작한 아기들은 철분 보충을 위해 고기를 먼저 시작하기도 해요. 고기에 채소 하나씩 추가해가면 돼요.

Q 재료를 한 번에 갈아서 넣으면 안 되나요?

A 그렇게 하셔도 상관없어요! 저는 큐브 만드느라 따로따로 했는데, 바로 만드실 거라면 채소를 다 넣고 갈아서 하셔도 상관없어요.

Q 이유식을 하루 안 먹였어요.

A 괜찮습니다! 초기 이유식 아기들의 주식은 모유와 분유예요. 엄마가 너무 힘들거나 외출을 했는데 이유식을 깜빡했다면 하루 정도는 건너뛰셔도 돼요. 그렇지만 다음 날은 꼭 챙겨서 먹여주세요.

Q 아기가 잘 안 먹어요.

A • 농도, 입자를 한 번 살펴보세요.

저희 아기는 묽은 농도일 땐 반을 남기고, 되직할 땐 순식간에 한 그릇을 다 먹었어요. 또 입자가 조금만 거칠어도 못 먹어 완전 스무디 수준으로 갈아서 만들어줘야 먹었어요. 아기들마다 입맛이 다르니 이것저것 시도해보며 농도를 맞춰주어야 해요.

• 달달한 재료를 사용해보세요.

아기가 잘 안먹을 땐 단호박, 애호박, 고구마 같은 달달한 재료를 넣어줘보세요. 단맛에 길들여지면 다른 거 안 먹는다고 하지만 그렇다고 아예 안 먹는 것보다 나으니까요. '이유식은 맛있는 거야!'라는 걸 알려줘야 해요. 브로콜리처럼 맛이 잘 나지 않는 재료에 달달한 재료를 조금씩 섞어주면 아주 잘 먹어요.

이유식 재료로 하는 촉감 놀이가 정말 재미 있어요. 엄마가 데쳐서 식혀준 연두부를 손으로 주무르고, 집어 먹고 한참을 재미있게 놀았어요.

Q 소고기를 먹으면서 변비가 왔어요.

A 그럴 수 있어요. 저희 딸도 그랬어요. 소고기에 있는 철분 때문에 그럴 수 있다고 해요. 중간중간 간식으로 사과퓨레를 조금씩 먹이거나 유산균을 같이 먹여주세요. 물을 많이 먹이는 것도 도움이 돼요. 그리고 배 마사지도 열심히 해줬구요! 사과나 시판 유산균으로도 해결이 안 된다면 꼭 병원에 방문하여 유산균을 처방받으세요. 그 시기엔 변비, 배앓이 하는 게 제일 힘들더라고요.

Q 물은 언제부터 주나요?

A 저는 물을 좀 늦게 준 편이에요. 한 7~8개월부터 준 것 같아요. 아기가 딱히 물을 찾지도 않았고, 물을 줘도 잘 먹으려 하지 않았어요. 그리고 이미 수분은 분유로 거의 섭취 중이었기 때문에 물을 찾지 않았던 것 같아요. 수유량이 적거나 물을 찾는 아기라면 끓여서 식힌 물을 숟가락으로 조금씩 떠먹여주세요. 빠른 아기들은 6개월부터 빨대 컵을 쓰기도 하더라고요. 후기 이유식 때는 농도가 점점 되직해지니 그때부터 숟가락으로 물을 조금씩 떠먹여줬어요.

Q 소고기는 뭘 사야 하나요?

A 초기 이유식에서 소고기는 저렴한 우둔살을 추천해요! 지금은 식감 없이 소고기 스무디 수준으로 갈아버리기 때문이에요. 초기 이유식에는 우둔, 보섭살 등 저렴하고 기름기 없는 담백한 부분을 선택하는 것이 좋아요. 저는 아기가 식감 있는 소고기를 돌이 다 돼도 못 먹어서 꽤 오래 우둔살을 애용했어요. 단, 어떤 부위를 사용하든 꼭 신선한 것으로 신경 써서 구입해주세요. 아기들은 우리보다 훨씬 더 소고기 잡내에 예민해요.

Q 밥솥 이유식이 냄비 이유식보다 더 편한가요?

A 저는 밥솥 이유식이 더 편했어요! 보통 냄비로 초기 이유식을 하다가 중기에 밥솥으로 많이 바꾸시더라고요. 아무래도 취사하는 동안 다른 일을 할 수 있기도 하고 밥솥으로 취사하니 훨씬 맛도 좋더라구요. 근데 이 시간이 길게 느껴지는 엄마들은 냄비 이유식을 더 선호하기도 해요. 끓이면서 농도가 보이는 것도 냄비의 장점이니까요. 편하다, 안 편하다는 개인취향인 듯 하나 대부분 엄마들이 밥솥 이유식이 편하다고 해요(특히 중기 이후).

Q 이유식 먹이는데 아기가 자꾸 숟가락을 뺏으려 해요.

A 숟가락을 하나 더 쥐어주면 돼요. 6개월 지난 아기들은 스스로 손에 무언가를 쥐고 싶어 하는 본능을 가지고 있는데 앞에 왔다 갔다하는 숟가락이 얼마나 신기하겠어요. 지금이야 아기를 키워봤으니 쉽게 말하지만 그땐 진짜 당황했었는데, 문화센터 선생님께서 그냥 숟가락을 하나 더 주라고 하시더라고요. 급히 숟가락 하나를 더 주문해서 줬는데 그 이후로 자기가 먹어보려고도 하고 이유식에 집중을 잘 했어요. 호기심이 많은 시기이니 당황하지 말고 욕구를 충족시켜주면 금세 평화가 찾아오는데 초보에다 육아에 찌들어 있어 당장에만 급급했던 당시엔 잘 몰랐던 것 같아요.

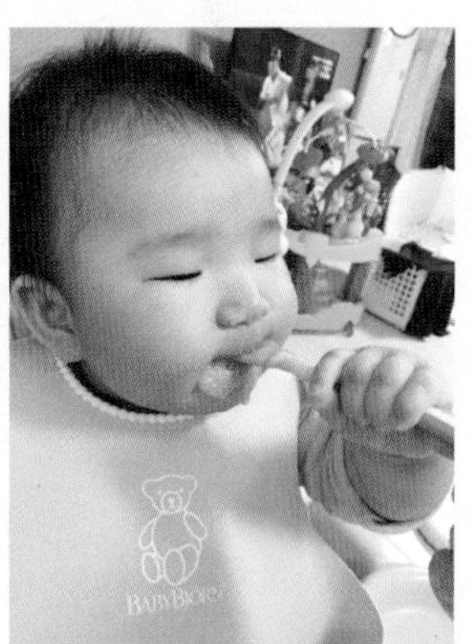

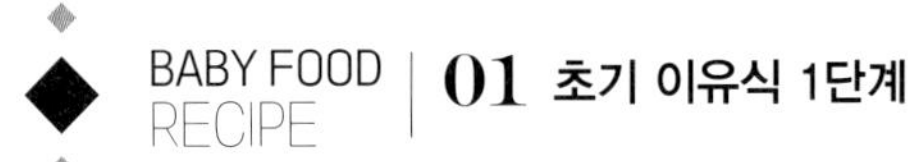

BABY FOOD RECIPE | 01 초기 이유식 1단계

쌀미음

우리 아기가 처음 먹는 이유식이에요. 정말 쉽게 만들 수 있는데 처음이라 가장 어렵기도 했어요. 다시는 만들 일이 없을 줄 알았는데 아기가 장염에 걸려 쌀미음을 또 끓였어요. 떼려야 뗄 수 없는 쌀미음. 미음의 기본이에요!

조리시간 및 모드

재가열 모드 13분

사용재료

쌀가루	15g
찬물	300ml

만드는 양

50g~60g씩 세끼 분량

농도

20배죽

1 쌀가루 15g과 찬물 300ml를 준비해주세요.

2 밥솥에 쌀가루를 넣어주세요.

3 찬물을 넣어주세요. 반드시 찬물을 넣어야 쌀가루가 엉기지 않아요.

4 쌀가루가 뭉치지 않도록 주걱으로 충분히 저어주세요.

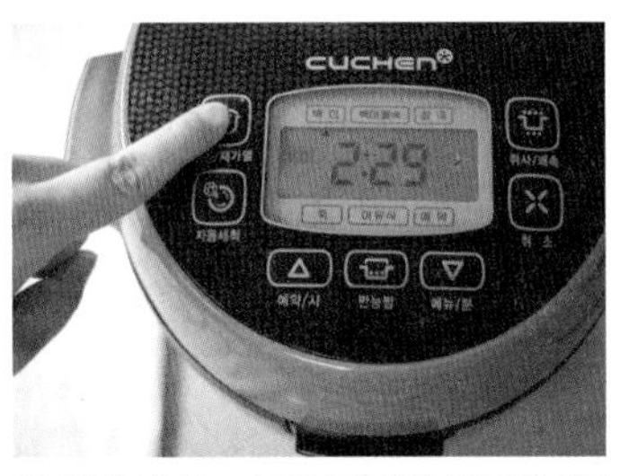

5 밥솥에 넣고 보온/재가열 버튼을 2번 눌러 재가열을 1회 진행해주세요.

6 완성된 쌀미음을 주걱으로 저어주세요.

7 체를 이용해 덩어리를 걸러주세요.

8 한 끼 먹을 분량만큼 나눠 담고 냉장(냉동) 보관해주세요.

첫 이유식인 만큼 묽게 만들어주세요. 아기가 잘 먹으면 점점 되직하게 해주세요.

수유 이후 첫 이유식이기 때문에 최대한 이물감이 없도록 곱게 만드는 것이 중요해요. 쌀에는 알레르기를 유발하는 글루텐이 없어서 소화력이 약한 아이들은 대부분 쌀미음으로 이유식을 시작해요.

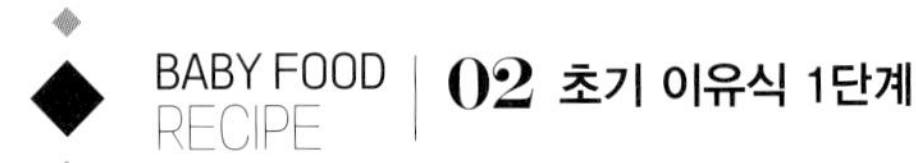

감자미음

감자는 부드럽고 특유의 고소한 맛으로 이유식에 활용하기 좋은 재료예요. 영양소도 풍부하고 자극적인 향이나 맛이 없을 뿐만 아니라 가열하면 구수한 맛이 나 초기 이유식 쌀미음 이후 첫 재료로 사용하기에 손색이 없어요.

조리시간 및 모드
재가열 모드 13분

사용재료

쌀가루	15g
곱게 간 감자	15g
찬물	300ml

만드는 양
60g~80g씩 세끼 분량

농도
20배죽

1 쌀가루 15g, 감자 15g과 찬물 300ml를 준비해주세요(감자 손질법 40P 참고).

2 밥솥에 쌀가루를 넣어주세요.

3 찬물을 넣고 쌀가루가 뭉치지 않도록 충분히 저어주세요. 반드시 찬물을 넣어야 쌀가루가 엉기지 않아요.

4 곱게 간 감자를 넣고 다시 한 번 잘 저어주세요.

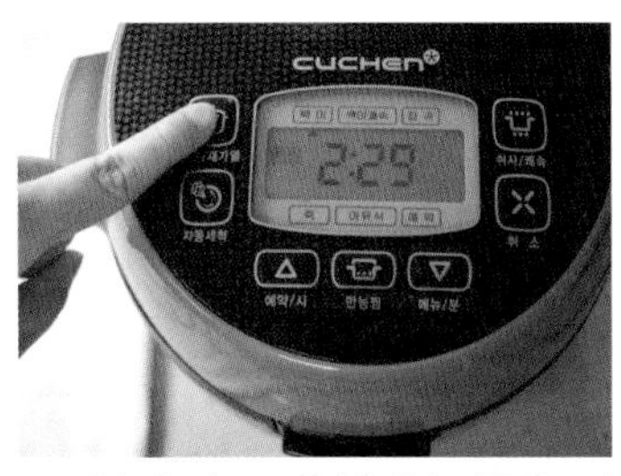

5 밥솥에 넣고 보온/재가열 버튼을 2번 눌러 재가열을 1회 진행해주세요.

6 완성된 미음을 주걱으로 저어주세요.

7 체를 이용해 덩어리를 걸러주세요.

8 한 끼 먹을 분량만큼 나눠 담고 냉장(냉동) 보관해주세요.

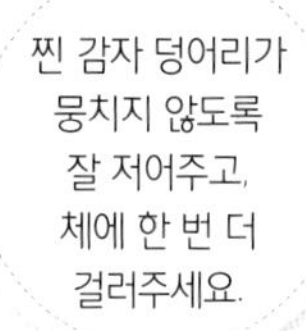

찐 감자 덩어리가 뭉치지 않도록 잘 저어주고, 체에 한 번 더 걸러주세요.

전문가 조언

감자는 초기 이유식에 넣는 채소 중 알레르기가 거의 없는 재료라 첫 이유식 채소로 적합해요. 감자에 풍부하게 함유되어 있는 비타민C는 불에 조리하거나 익혀도 쉽게 파괴되지 않아요. 또한, 섬유질이 풍부하고 소화가 잘 돼 위에 부담이 적기 때문에 이유식 초기부터 활용하면 좋은 재료입니다. 다만, 싹이 있거나 덜 익은 감자는 독성이 있으니 절대 쓰면 안 돼요.

애호박미음

애호박은 아마 이유식에 가장 자주 쓰이는 재료일 거예요. 어느 재료와도 잘 어울리고 맛도 있고 부드러운 식감이라 저도 애용했답니다.

조리시간 및 모드

재가열 모드 13분

사용재료

쌀가루	15g
곱게 간 애호박	15g
찬물	300ml

만드는 양

60g~80g씩 세끼 분량

농도

20배죽

1 쌀가루 15g, 애호박 15g과 찬물 300ml를 준비해주세요(애호박 손질법 68P 참고).

2 밥솥에 쌀가루를 넣어주세요.

3 찬물을 넣고 쌀가루가 뭉치지 않도록 충분히 저어주세요. 반드시 찬물을 넣어야 쌀가루가 엉기지 않아요.

4 곱게 간 애호박을 넣고 다시 한 번 잘 저어주세요.

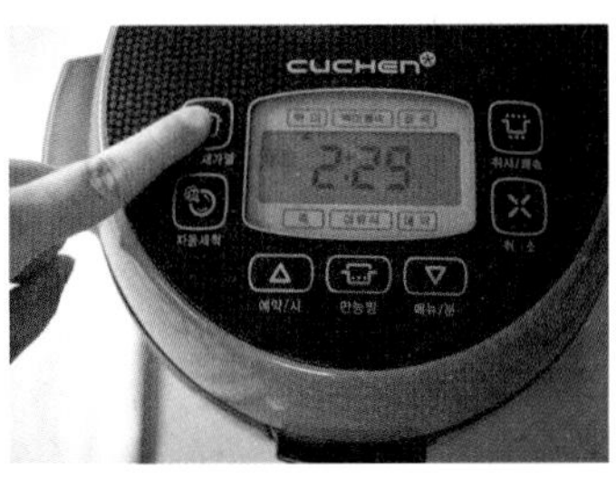

5 밥솥에 넣고 보온/재가열 버튼을 2번 눌러 재가열을 1회 진행해주세요.

6 완성된 미음을 주걱으로 저어주세요.

7 체를 이용해 덩어리를 걸러주세요.

8 한 끼 먹을 분량만큼 나눠 담고 냉장(냉동) 보관해주세요.

아직 애호박 씨를 소화하지 못할 수 있으니, 1차로 손질할 때 발라주고 2차로 거름망에 한 번 더 걸러주세요.

애호박의 껍질과 씨는 섬유질이 많기 때문에 초기 이유식에는 되도록 사용하지 않는 게 좋아요. 애호박은 레시틴 성분이 풍부해 두뇌 활성화에 많은 도움이 되며, 수분 함량이 높아 소화 흡수가 잘 되기 때문에 위장이 약한 아이에게 먹이면 좋아요. 또한, 비타민 A가 풍부하여 면역력 향상 능력이 탁월하답니다.

양배추미음

소화가 잘 되고 부드러운 양배추는 푹 쪄서 먹으면 달달한 맛이 나는 재료예요. 육류를 넣을 때나 처음 먹이는 재료를 사용할 때 양배추를 같이 넣으면 소화를 도와줘 아주 좋아요.

조리시간 및 모드

재가열 모드 13분

사용재료

쌀가루	15g
곱게 간 양배추	15g
찬물	300ml

만드는 양

60g~80g씩 세끼 분량

농도

20배죽

1 쌀가루 15g, 양배추 15g과 찬물 300ml를 준비해주세요(양배추 손질법 70P 참고).

2 밥솥에 쌀가루를 넣어주세요.

3 찬물을 넣고 쌀가루가 뭉치지 않도록 충분히 저어주세요. 반드시 찬물을 넣어야 쌀가루가 엉기지 않아요.

4 곱게 간 양배추를 넣고 다시 한 번 잘 저어주세요.

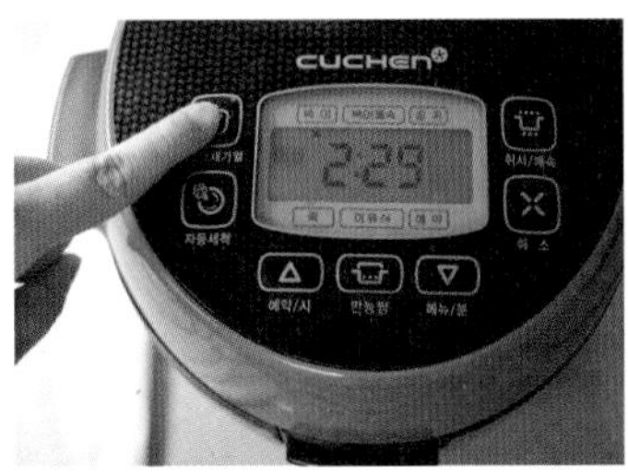

5 밥솥에 넣고 보온/재가열 버튼을 2번 눌러 재가열을 1회 진행해주세요.

6 완성된 미음을 주걱으로 저어주세요.

7 체를 이용해 덩어리를 걸러주세요.

양배추는 푹 익혀 사용해야 특유의 냄새가 나지 않아요.

8 한 끼 먹을 분량만큼 나눠 담고 냉장(냉동) 보관해주세요.

섬유질이 많아 소화도 잘되고 변비에도 좋으며 비타민K가 우유만큼 체내 흡수력이 뛰어난 양배추는 겉잎이 진하면서 모양이 동글동글하고 단단한 것으로 고른 뒤에 심지 부분을 제거하고 여린잎만 사용하세요. 양배추는 데쳐야 냄새가 나지 않으니 꼭 데치거나 찐 후에 사용하도록 해요.

브로콜리미음

몸에 좋은 브로콜리는 부드럽게 푹 익히면 우리 아기들도 잘 먹을 수 있어요. 달달한 애호박이나 고소한 감자에 비하면 다소 맛이 없을 수 있지만, 처음 받아먹는 아기들은 정말 잘 먹는답니다. 혹시나 향에 민감해 잘 안 먹는다면 애호박이나 고구마를 같이 넣어 만들어주세요.

조리시간 및 모드

재가열 모드 13분

사용재료

쌀가루	15g
곱게 간 브로콜리	15g
찬물	300ml

만드는 양

60g~80g씩 세끼 분량

농도

20배죽

BABY FOOD

1 쌀가루 15g, 브로콜리 15g과 찬물 300ml를 준비해주세요(브로콜리 손질법 58P 참고).

2 밥솥에 쌀가루를 넣어주세요.

3 찬물을 넣고 쌀가루가 뭉치지 않도록 충분히 저어주세요. 반드시 찬물을 넣어야 쌀가루가 엉기지 않아요.

4 곱게 간 브로콜리를 넣고 다시 한 번 잘 저어주세요.

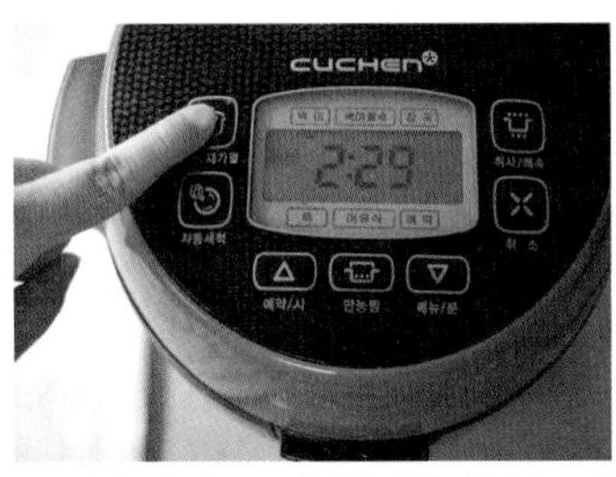

5 밥솥에 넣고 보온/재가열 버튼을 2번 눌러 재가열을 1회 진행해주세요.

6 완성된 미음을 주걱으로 저어주세요.

7 체를 이용해 덩어리를 걸러주세요.

8 한 끼 먹을 분량만큼 나눠 담고 냉장(냉동) 보관해주세요.

브로콜리는 깨끗이 씻는 게 중요해요. 파마머리에 낀 농약이 빠지도록 베이킹소다를 푼 물에 꼼꼼하게 세척해주세요.

영양 성분의 왕인 브로콜리는 비타민C 함유량이 레몬의 약 2배로 피부 미용 및 각종 암 발생 억제에도 효과가 있어 세계적으로 인정하는 항암식품으로 영양적인 효능이 뛰어나요. 입 부분보다는 줄기에 영양소가 더 많지만 아기들이 먹기 힘들기 때문에 꽃 부분만 사용합니다.

배미음

초기 이유식에 과일을 사용해 볼까요? 배는 물이 많고 부드러워 이유식보다는 퓨레로 주는 게 더 적합하지만, 초기 이유식에 한 번쯤 같이 먹여보면 좋아요. 사과와 더불어 알레르기가 적어 가장 무난한 과일이기 때문에 첫 과일로 시작하기에 좋아요.

조리시간 및 모드

재가열 모드 13분

사용재료

쌀가루	15g
곱게 간 배	15g
찬물	270ml

만드는 양

60g~80g씩 세끼 분량

농도

18배죽

1 쌀가루 15g, 배 15g과 찬물 270ml를 준비해주세요(배 손질법 52P 참고).

TIP 수분 함량이 높은 배를 사용하기 때문에 물의 양을 줄였어요.

2 밥솥에 쌀가루를 넣어주세요.

3 찬물을 넣고 쌀가루가 뭉치지 않도록 충분히 저어주세요. 반드시 찬물을 넣어야 쌀가루가 엉기지 않아요.

4 곱게 간 배를 넣고 다시 한 번 잘 저어주세요.

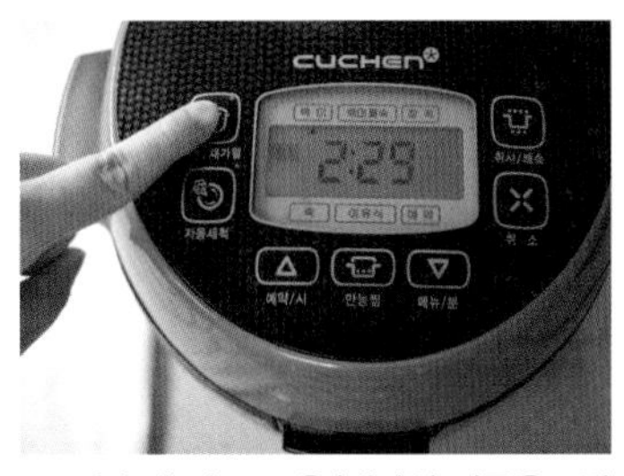

5 밥솥에 넣고 보온/재가열 버튼을 2번 눌러 재가열을 1회 진행해주세요.

6 완성된 미음을 주걱으로 저어주세요.

7 체를 이용해 덩어리를 걸러주세요.

8 한 끼 먹을 분량만큼 나눠 담고 냉장(냉동) 보관해주세요.

배는 수분 함량이 높아 평소보다 조금 묽게 될 수도 있어요. 아기가 되직한 농도를 좋아한다면 물의 양을 조금 더 줄여주세요.

과일을 처음 먹일 때는 생즙보다 먼저 미음으로 끓여 주는 게 좋아요. 과일은 믹서기로 갈면 거품이 많이 생기고 영양소 파괴도 잘 되니 되도록이면 강판으로 갈아주는 게 좋아요. 이유식을 잘 먹지 않는 아기라면 너무 일찍부터 과일을 주지 마세요. 과일의 단맛에 익숙해지면 상대적으로 밍밍한 이유식을 거부할 수 있어요.

고구마미음

달달한 고구마는 맛도, 부드러움도 두 배라 아기들이 정말 잘 먹는 이유식 재료예요. 브로콜리나 청경채 같이 맛이 잘 안 나는 채소에 같이 넣으면 가리지 않고 잘 먹을 거예요. 다만 소고기와는 궁합이 좋지 않은 것으로 유명하니 함께 사용하지 말아주세요.

조리시간 및 모드

재가열 모드 13분

사용재료

쌀가루	15g
곱게 간 고구마	15g
찬물	300ml

만드는 양

60g~80g씩 세끼 분량

농도

20배죽

1 쌀가루 15g, 고구마 15g과 찬물 300ml를 준비해주세요(고구마 손질법 42P 참고).

2 밥솥에 쌀가루를 넣어주세요.

3 찬물을 넣고 쌀가루가 뭉치지 않도록 충분히 저어주세요. 반드시 찬물을 넣어야 쌀가루가 엉기지 않아요.

4 곱게 간 고구마를 넣고 다시 한 번 잘 저어주세요.

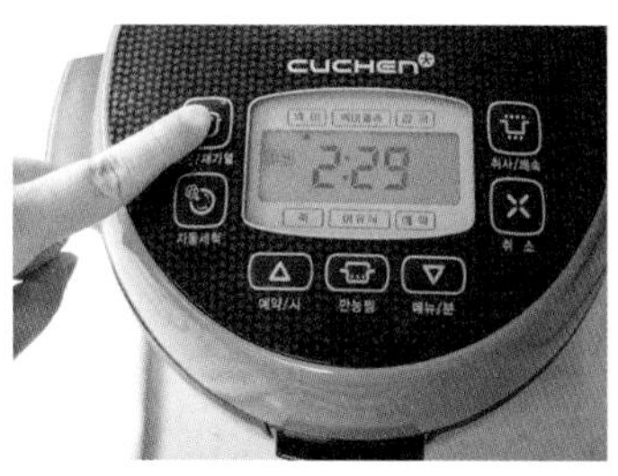

5 밥솥에 넣고 보온/재가열 버튼을 2번 눌러 재가열을 1회 진행해주세요.

6 완성된 미음을 주걱으로 한 번 더 저어주세요.

7 체를 이용해 덩어리를 걸러주세요.

8 한 끼 먹을 분량만큼 나눠 담고 냉장(냉동) 보관해주세요.

아기가 좋아하는 농도를 찾으셨나요? 6~7번째 이유식부터는 아기의 농도를 조금씩 낮춰 봐도 좋아요. 저희 딸은 되직한 농도를 좋아해서 초기 이유식 1단계가 끝날 즈음에는 14~15배죽 정도로 먹였어요.

고구마는 표면이 매끄럽고 모양이 고르며 조직이 단단한 것을 고르세요. 또, 들어봤을 때 무게감이 느껴지는 것이 속이 알차요. 초기 이유식 때는 아이에게 부담이 될 수 있으니 고운 체에 내려 고구마의 굵은 섬유질을 제거하거나 칼로 한 번 더 다져 사용하는 것이 좋아요.

08 초기 이유식 1단계

청경채미음

저는 잎채소 중 청경채를 이유식에 가장 많이 사용했어요. 4계절 내내 구하기도 쉽고, 다른 재료들에 비해 가격도 적당하고 향도 거의 없어서 어느 재료에나 잘 어울리는 채소더라고요. 다른 이유식에 첨가하기 전에 우선 단독으로 만들어볼까요.

조리시간 및 모드

재가열 모드 13분

사용재료

쌀가루	15g
곱게 간 청경채	15g
찬물	285ml

만드는 양

60g~80g씩 세끼 분량

농도

19배죽

1 쌀가루 15g, 청경채 15g과 찬물 285ml를 준비해주세요(청경채 손질법 82P 참고).

2 밥솥에 쌀가루를 넣어주세요.

3 찬물을 넣고 쌀가루가 뭉치지 않도록 충분히 저어주세요. 반드시 찬물을 넣어야 쌀가루가 엉기지 않아요.

4 곱게 간 청경채를 넣고 다시 한 번 잘 저어주세요.

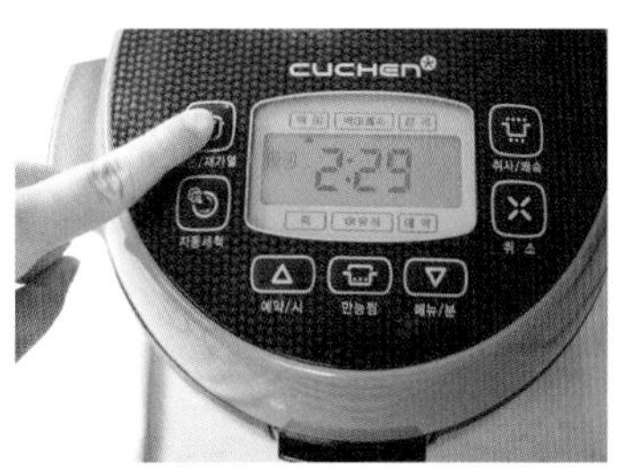

5 밥솥에 넣고 보온/재가열 버튼을 2번 눌러 재가열을 1회 진행해주세요.

6 완성된 미음을 주걱으로 저어주세요.

7 체를 이용해 덩어리를 걸러주세요.

8 한 끼 먹을 분량만큼 나눠 담고 냉장(냉동) 보관해주세요.

청경채는 수분이 많아 물을 조금 적게 해봤어요. 묽은 것을 좋아하는 아기라면 기존처럼 300ml 20배죽으로, 되직한 것을 좋아한다면 물을 더 줄여주셔도 돼요.

청경채는 미음을 만들 때 잎부분만 잘라 사용하도록 해요. 잎채소는 데친 후 갈아주는 것이 포인트! 끓는 물에 데치고 끓인 물은 버리지 말고 물과 함께 사용해도 좋아요. 잎채소 고유의 향을 싫어하는 아기라면 달콤한 고구마나 단호박과 같은 달큰한 식재료와 섞여서 먹이도록 해요.

오이미음

오이는 특유의 향이 있어 걱정했지만, 가열하면 오히려 향긋한 향이 나서 그런지 아주 잘 먹었던 기억이 나요. 오이는 원래 생으로 먹어야 영양이 더 많지만, 우리 아기들은 처음 먹는 거니 살짝만 익혀서 주세요.

조리시간 및 모드

재가열 모드 13분

사용재료

쌀가루	15g
곱게 간 오이	15g
찬물	270ml

만드는 양

60g~80g씩 세끼 분량

농도

18배죽

1 쌀가루 15g, 오이 15g과 찬물 270ml를 준비해주세요(오이 손질법 76P 참고).

2 밥솥에 쌀가루를 넣어주세요.

3 찬물을 넣고 쌀가루가 뭉치지 않도록 충분히 저어주세요. 반드시 찬물을 넣어야 쌀가루가 엉기지 않아요.

4 곱게 간 오이를 넣고 다시 한 번 잘 저어주세요.

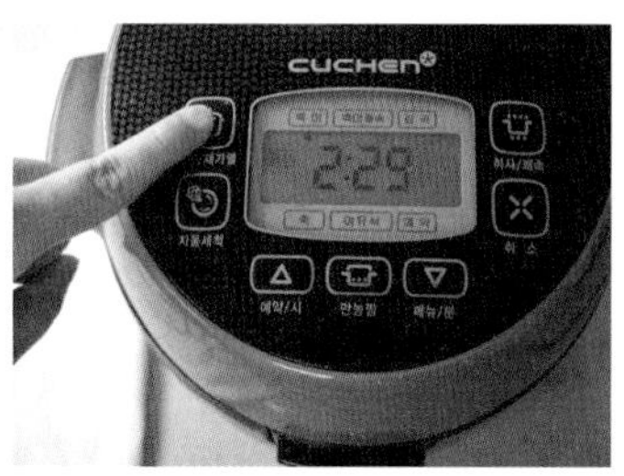

5 밥솥에 넣고 보온/재가열 버튼을 2번 눌러 재가열을 1회 진행해주세요.

6 완성된 미음을 주걱으로 저어주세요.

7 체를 이용해 덩어리를 걸러주세요.

8 한 끼 먹을 분량만큼 나눠 담고 냉장(냉동) 보관해주세요.

오이는 수분이 많아
물을 조금 적게 해봤어요.
묽은 것을 좋아하는 아기라면
기존처럼 300ml 20배죽으로,
되직한 것을 좋아한다면
물을 더 줄여주셔도 돼요.

오이는 초록빛이 선명하고 만졌을 때 오이 껍질에 오톨도톨한 게 두드러진 것일수록 신선한 오이예요. 오이의 씨는 미음을 너무 묽게 만들기도 하고, 설사를 유발할 수도 있으니 제거해주는 게 좋아요. 열이 많은 아이에게는 좋은 오이미음이지만 알레르기 유발 식품이니 간혹 알레르기 반응이 생기는 아기는 돌 지난 이후 다시 시도해 보는 것이 좋아요.

BABY FOOD RECIPE | **10** 초기 이유식 1단계

단호박미음

노랗고 부드러운 단호박은 달콤해서 아기들이 정말 잘 먹어요. 고구마처럼 브로콜리나 청경채같이 거의 맛이 안 나는 채소에 같이 넣으면 잘 먹어요. 무엇보다도 노란색 색감이 예뻐서 반해 버리게 된답니다.

조리시간 및 모드

재가열 모드 13분

사용재료

쌀가루	15g
곱게 간 단호박	15g
찬물	270ml

만드는 양

60g~80g씩 세끼 분량

농도

18배죽

1 쌀가루 15g, 단호박 15g과 찬물 270ml를 준비해주세요(단호박 손질법 44P 참고).

2 밥솥에 쌀가루를 넣어주세요.

3 찬물을 넣고 쌀가루가 뭉치지 않도록 충분히 저어주세요. 반드시 찬물을 넣어야 쌀가루가 엉기지 않아요.

4 곱게 간 단호박을 넣고 다시 한 번 잘 저어주세요.

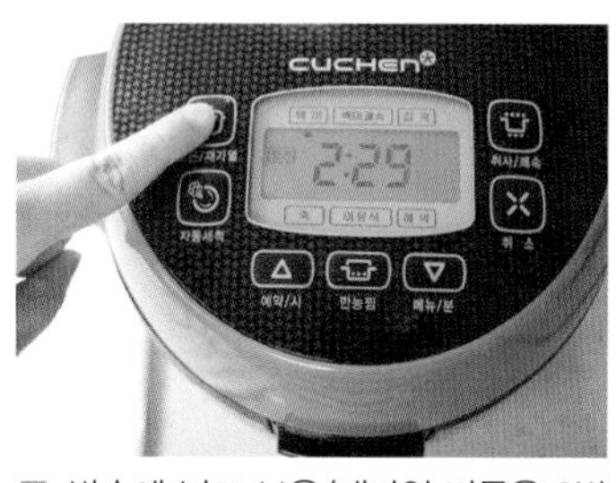

5 밥솥에 넣고 보온/재가열 버튼을 2번 눌러 재가열을 1회 진행해주세요.

6 완성된 미음을 주걱으로 저어주세요.

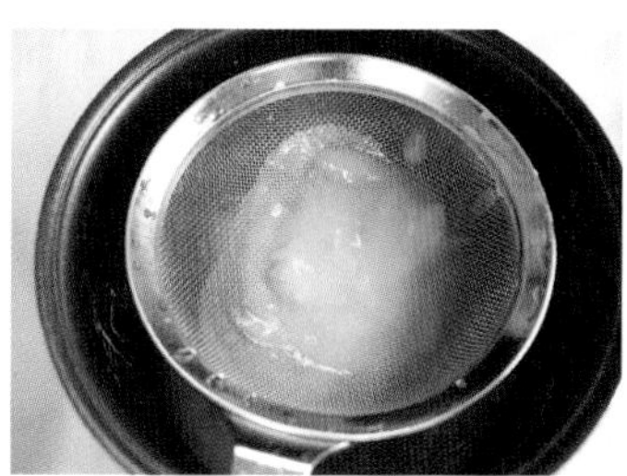

7 체를 이용해 덩어리를 걸러주세요.

8 한 끼 먹을 분량만큼 나눠 담고 냉장(냉동) 보관해주세요.

1단계 마지막 이유식이므로 18배죽으로 아기에게 맞는 농도로 조금씩 줄여봐도 좋아요.

단호박은 두드렸을 때 빈 소리가 나는 것, 속이 꽉 차서 묵직하고 육질이 단단한 것, 꼭지가 마르지 않은 것, 노란색이 진한 것을 고르세요. 노란색이 진할수록 카로틴 함량이 많고 당도가 높아서 달아요.

소고기미음

앞서 진행한 초기 이유식 1단계에서 채소를 테스트했다면 이제 철분이 듬뿍 들어 있는 고기를 처음 먹여봐요. 구수한 맛을 좋아하는 아기도, 싫어하는 아기도 있지만 우리 아기가 꼭 먹어야 하는 거니 맛있게 만들어주세요.

조리시간 및 모드

재가열 모드 13분

사용재료

쌀가루	20g
곱게 간 소고기	20g
찬물	340ml

만드는 양

80g~90g씩 세끼 분량

농도

17배죽

1 쌀가루 20g, 소고기 20g과 찬물 340 ml를 준비해주세요.

TIP 쌀가루 20g에 농도 17배죽 하면 물 양이 나와요! 배죽은 아기가 먹는 양, 농도에 맞춰서 해주세요.

2 밥솥에 쌀가루를 넣어주세요.

3 찬물을 넣고 쌀가루가 뭉치지 않도록 충분히 저어주세요. 반드시 찬물을 넣어야 쌀가루가 엉기지 않아요.

4 곱게 간 소고기를 넣고 다시 한 번 잘 저어주세요.

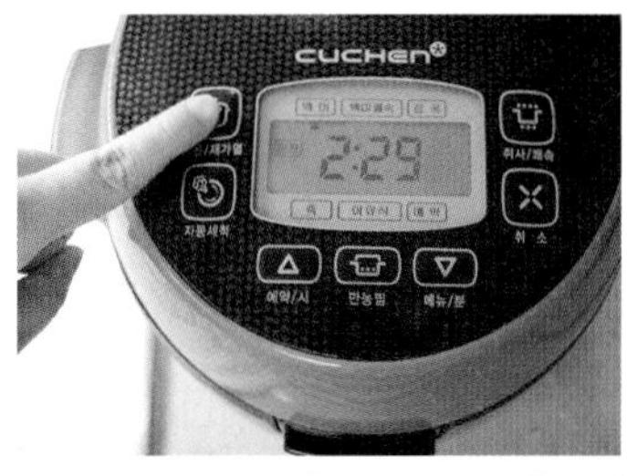

5 밥솥에 넣고 보온/재가열 버튼을 2번 눌러 재가열을 1회 진행해주세요.

6 완성된 미음을 주걱으로 저어주세요.

7 체를 이용해 덩어리를 걸러주세요.

8 한 끼 먹을 분량만큼 나눠 담고 냉장(냉동) 보관해주세요.

소고기는 부족한 철분을 보충하기 위해서라도 가장 오랫동안 지속적으로 사용되는 이유식 재료로, 핏물을 제거해야 누린내가 나지 않아요. 핏물 제거 시간은 30분~1시간이 적당해요.

소고기·애호박미음

우리 아기가 처음으로 소고기를 먹고 탈이 없었다면, 이제부터 1단계에서 사용했던 채소를 함께 먹여 볼 거예요. 달달하기도 하고 부드러워 어느 재료에나 잘 어울리는 애호박을 소고기 이유식에 맨 처음 넣어봤어요.

조리시간 및 모드

재가열 모드 13분

사용재료

쌀가루	20g
곱게 간 소고기	20g
곱게 간 애호박	20g
찬물	340ml

만드는 양

80g~90g씩 세끼 분량

농도

17배죽

1 쌀가루, 소고기, 애호박, 찬물을 분량대로 준비해주세요.

2 밥솥에 쌀가루를 넣어주세요.

3 찬물을 넣고 쌀가루가 뭉치지 않도록 충분히 저어주세요. 반드시 찬물을 넣어야 쌀가루가 엉기지 않아요.

4 곱게 간 애호박과 소고기를 넣고 다시 한 번 잘 저어주세요.

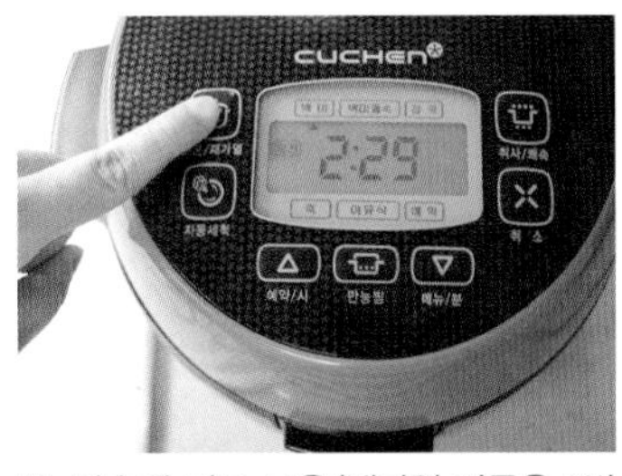

5 밥솥에 넣고 보온/재가열 버튼을 2번 눌러 재가열을 1회 진행해주세요.

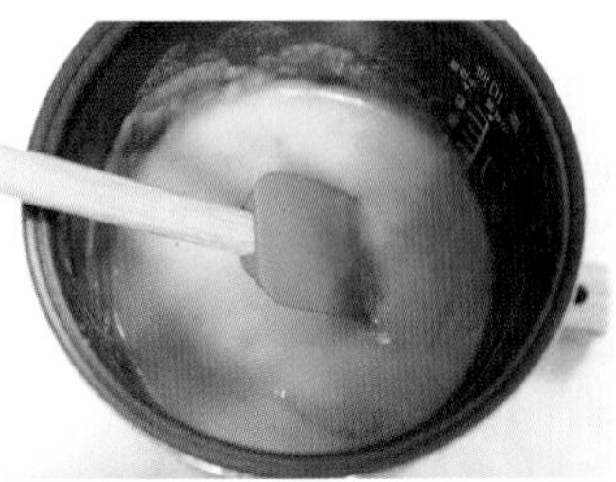

6 완성된 미음을 주걱으로 저어주세요.

7 체를 이용해 덩어리를 걸러주세요.

8 한 끼 먹을 분량만큼 나눠 담고 냉장(냉동) 보관해주세요.

핏물을 제거한 소고기는 삶은 후에 떠오른 거품을 제거하고 물 대신 육수로 사용하면 좋아요. 애호박의 껍질은 소화가 덜 된다 하여, 씨는 알레르기 유발이 될 수 있다 하여 초기에서는 잘 사용하지 않으나 껍질과 씨에는 두뇌발달에 좋은 레시틴 성분이 있으니 초기에 알레르기 반응을 보이지 않았다면 중기 이유식부터 사용해도 좋아요.

소고기·시금치미음

우리 아기가 소고기를 잘 먹고 있다면, 철분이 가득한 시금치를 함께 넣어봐요. 시금치를 데치면 생각보다 달달한 맛이 나 아기들이 좋아해요. 태어난 지 6개월이 지나 모체에서 받은 철분이 빠져나갈 즈음, 시도해보면 좋은 재료예요. 철분 가득한 이유식을 만들어볼까요.

조리시간 및 모드

재가열 모드 13분

사용재료

쌀가루	20g
곱게 간 소고기	20g
곱게 간 시금치	20g
찬물	340ml

만드는 양

80g~90g씩 세끼 분량

농도

17배죽

1 쌀가루, 소고기, 찬물을 분량대로 준비해주세요.

2 시금치는 잎 부분만 데쳐 곱게 갈아주세요.

3 밥솥에 쌀가루를 넣어주세요.

4 찬물을 넣고 쌀가루가 뭉치지 않도록 충분히 저어주세요. 반드시 찬물을 넣어야 쌀가루가 엉기지 않아요.

5 곱게 간 소고기와 시금치를 넣고 다시 한 번 잘 저어주세요.

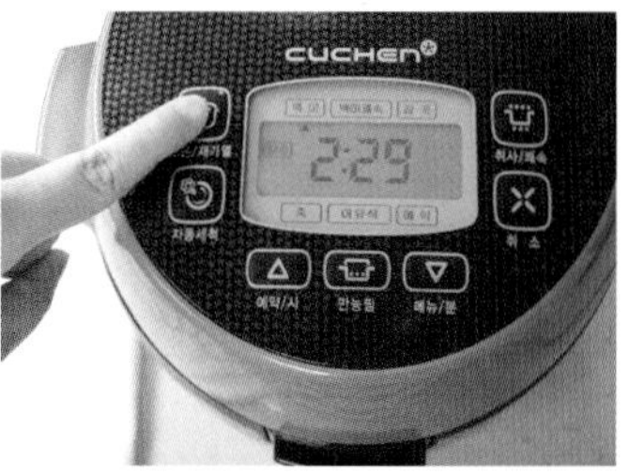

6 밥솥에 넣고 보온/재가열 버튼을 2번 눌러 재가열을 1회 진행해주세요.

7 완성된 미음을 주걱으로 저은 뒤 체를 이용해 덩어리를 걸러주세요.

8 한 끼 먹을 분량만큼 나눠 담고 냉장(냉동) 보관해주세요.

시금치는 알레르기 반응이 거의 없는 채소이지만 처음 먹일 때는 가급적 오전 중에 먹여주세요.

보통 시금치는 6개월 이후에 먹이는 것을 추천해요. 질산염이 많은 채소(시금치, 당근, 비트 등)는 빈혈이 생길 위험이 있기 때문이에요. 소고기와 함께 사용하면 질산염으로 인한 빈혈을 소고기의 충분한 철분이 방어해주어 이유식 궁합도 좋아서 성장기 아기 발달에 안성맞춤이에요.

닭고기미음

소고기로 첫 육식의 장을 연 우리 아기들에게 두 번째 선보일 고기는 바로 '닭고기'예요. 육질이 부드럽고 고소해 이유식뿐만 아니라 유아식에서도 자주 사용됩니다. 닭고기 고유의 맛을 어떻게 느낄지 궁금해서 다른 재료 없이 닭고기만 넣어줬어요.

조리시간 및 모드

재가열 모드 13분

사용재료

쌀가루	20g
곱게 간 닭고기	20g
찬물	300ml

만드는 양

80g~90g씩 세끼 분량

농도

15배죽

1 쌀가루, 닭고기, 찬물을 분량대로 준비해주세요.

2 밥솥에 쌀가루를 넣어주세요.

3 찬물을 넣고 쌀가루가 뭉치지 않도록 충분히 저어주세요. 반드시 찬물을 넣어야 쌀가루가 엉기지 않아요.

4 곱게 간 닭고기를 넣고 다시 한 번 잘 저어주세요.

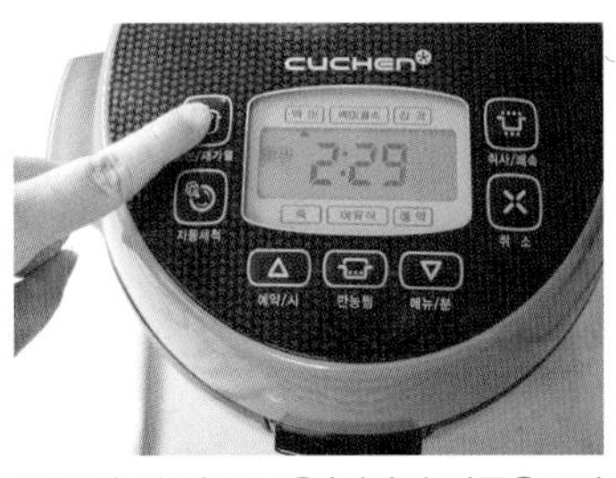

5 밥솥에 넣고 보온/재가열 버튼을 2번 눌러 재가열을 1회 진행해주세요.

6 완성된 미음을 주걱으로 저어주세요.

7 체를 이용해 덩어리를 걸러주세요.

8 한 끼 먹을 분량만큼 나눠 담고 냉장(냉동) 보관해주세요.

닭가슴살을 사용해도 좋고 닭안심을 사용해도 좋아요. 닭다리는 정말 맛있지만 다른 부위에 비해 지방이 많아 이유식에는 잘 사용하지 않아요.

이유식용 닭고기는 신선한 것을 고르는 게 가장 중요해요. 닭고기의 껍질이나 지방(기름기), 힘줄들은 꼭 제거해야 아기가 소화할 수 있어요. 닭은 찹쌀과의 궁합이 좋아서 닭고기 미음엔 쌀가루 대신 찹쌀가루를 사용해도 좋아요.

소고기·양배추·당근미음

당근에는 질산이 많이 함유되어 있어 6개월 전에는 먹이지 않는 것을 권장하는 재료라 2단계에 처음 사용해보았어요. 소화가 잘 되는 양배추와 함께 넣었는데, 달달한 재료들이 들어가서 그런지 아기가 아주 잘 먹었어요.

조리시간 및 모드

재가열 모드 13분

사용재료

쌀가루	20g
곱게 간 소고기	20g
곱게 간 양배추	20g
곱게 간 당근	20g
찬물	280ml

만드는 양

80~95g씩 세끼 분량

농도

14배죽

1 재료를 분량대로 준비해주세요.

2 밥솥에 쌀가루를 넣어주세요.

3 찬물을 넣고 쌀가루가 뭉치지 않도록 충분히 저어주세요. 반드시 찬물을 넣어야 쌀가루가 엉기지 않아요.

4 곱게 간 재료들을 넣고 다시 한 번 잘 저어주세요.

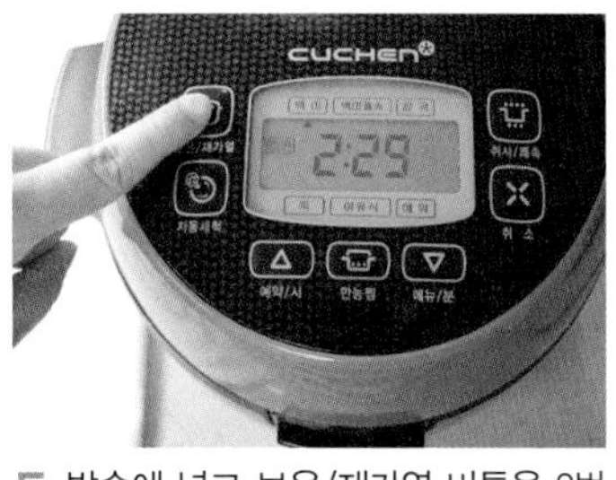

5 밥솥에 넣고 보온/재가열 버튼을 2번 눌러 재가열을 1회 진행해주세요.

6 완성된 미음을 주걱으로 저어주세요.

7 체를 이용해 덩어리를 걸러주세요.

8 한 끼 먹을 분량만큼 나눠 담고 냉장(냉동) 보관해주세요.

당근은 모양이 곧고 단단하며 색이 선명한 주황색을 띠는 것이 좋아요. 뿌리쪽이 가늘수록 심이 적고 부드럽답니다. 당근은 수확 후 시간이 지나면 질산염이 증가하는데 질산염은 빈혈을 일으키는 원인이 되니 당근을 고를 때 꼭 싱싱한지 따져보세요.

닭고기·청경채미음

처음으로 닭고기를 먹여 보았으니 닭고기와 궁합이 좋은 청경채를 같이 먹여 볼 거예요. 청경채는 어느 육류와도 잘 어울리는 채소인데, 특히 닭고기와 함께 섭취하면 더 좋다고 해요.

조리시간 및 모드
재가열 모드 13분

사용재료

쌀가루	20g
곱게 간 닭고기	20g
곱게 간 청경채	20g
찬물	260ml

만드는 양
80~95g씩 세끼 분량

농도
13배죽

1 재료를 분량대로 준비해주세요.

2 밥솥에 쌀가루를 넣어주세요.

3 찬물을 넣고 쌀가루가 뭉치지 않도록 충분히 저어주세요. 반드시 찬물을 넣어야 쌀가루가 엉기지 않아요.

4 곱게 간 재료들을 넣고 다시 한 번 잘 저어주세요.

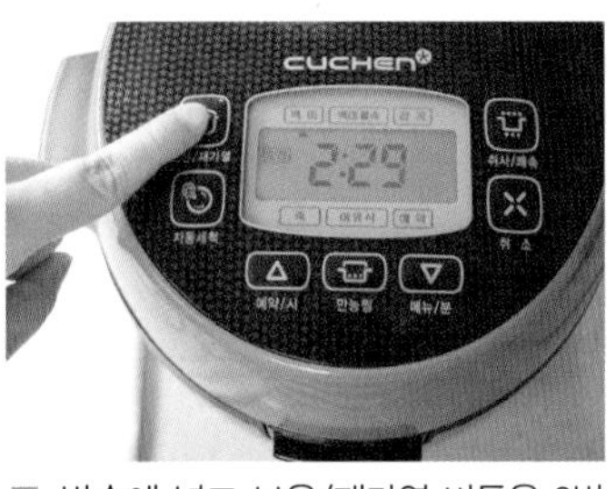

5 밥솥에 넣고 보온/재가열 버튼을 2번 눌러 재가열을 1회 진행해주세요.

6 완성된 미음을 주걱으로 저어주세요.

7 체를 이용해 덩어리를 걸러주세요.

8 한 끼 먹을 분량만큼 나눠 담고 냉장(냉동) 보관해주세요.

보통 잎채소를 곱게 갈기 위해 물을 20ml 정도 섞기 때문에 농도를 좀더 되직하게 해봤어요. 우리 아기가 좋아하는 농도를 찾아 만들어주세요.

청경채는 각종 미네랄과 비타민C, 카로틴이 풍부해서 동물성 단백질을 많이 함유한 닭고기와 같이 섭취하면 영양 궁합이 좋고, 치아와 골격발육에 매우 좋아 이유식 재료로 아주 좋아요.

닭고기·고구마·브로콜리미음

닭고기, 고구마, 브로콜리는 궁합이 좋은 재료들이에요. 지금까지는 얼리기 전 생재료들로 만들어봤는데, 이번에는 엄마들이 실제로 사용할 얼린 재료(큐브)를 이용해 만드는 과정을 담아봤어요.

조리시간 및 모드

재가열 모드 13분

사용재료

쌀가루	20g
닭고기 큐브	20g
고구마 큐브	20g
브로콜리 큐브	20g
찬물	240ml

만드는 양

85~95g씩 세끼 분량

농도

12배죽

1 쌀가루와 찬물, 재료 큐브를 준비해 주세요.

2 밥솥에 쌀가루를 넣어주세요.

3 찬물을 넣고 쌀가루가 뭉치지 않도록 충분히 저어주세요. 반드시 찬물을 넣어야 쌀가루가 엉기지 않아요.

4 곱게 간 재료 큐브들을 넣어주세요.

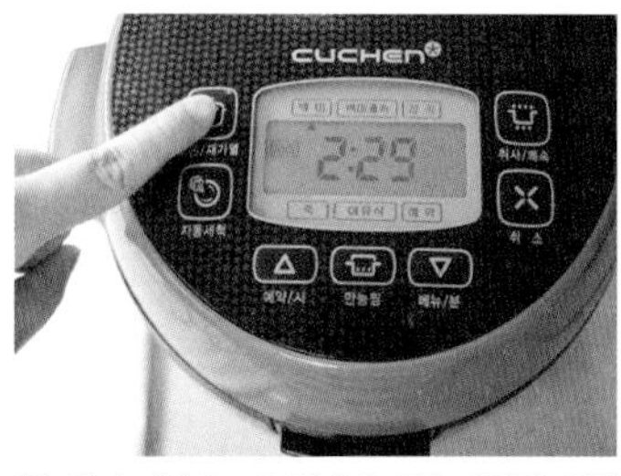

5 밥솥에 넣고 보온/재가열 버튼을 2번 눌러 재가열을 1회 진행한 후 1회를 추가하여 진행해 재가열을 총 2회(26분) 진행해주세요.

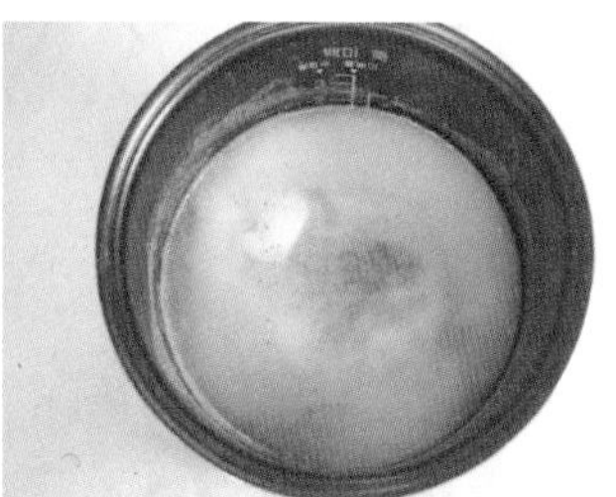

6 완성된 미음을 주걱으로 저어주세요.

TIP 덩어리 상태로 조리되었지만 주걱으로 저어주면 풀어져요.

7 체를 이용해 덩어리를 걸러주세요.

8 한 끼 먹을 분량만큼 나눠 담고 냉장(냉동) 보관해주세요.

냉동된 재료를 사용할 때 13분만 재가열하면 일부 재료가 녹지 않을 수도 있어요. 이를 방지하기 위해 재가열을 한 번 더 해주세요.

고구마는 닭고기와 궁합이 좋아요. 아기가 변비가 있다면 평소보다 고기의 양을 줄이고 소화가 잘 되는 감자, 고구마를 이유식에 넣으면 식물성 섬유의 일종인 펙틴이 들어있어 변비에 효과적이랍니다. 이와 궁합이 잘 맞는 브로콜리 역시 식이섬유와 베타카로틴이 풍부해 변비해소와 면역력 증진에 도움이 돼요.

소고기 · 애호박 · 비타민미음

이름처럼 비타민이 많은 채소를 사용해볼게요. 초기 이유식에서는 최대한 많은 재료들을 경험하게 해주는 게 중요해요! 처음 먹이는 재료라 과연 잘 먹을지 걱정된다면 아이가 좋아하는 재료를 섞어서 만들어주세요. 경험상 애호박, 단호박, 고구마와 함께 넣으면 실패할 확률이 적더라고요.

조리시간 및 모드

재가열 모드 13분

사용재료

쌀가루	20g
곱게 간 소고기	20g
곱게 간 애호박	20g
곱게 간 비타민	20g
찬물	220ml

만드는 양

85~95g씩 세끼 분량

농도

11배죽

1 재료를 분량대로 준비해주세요.

2 밥솥에 쌀가루를 넣어주세요.

3 찬물을 넣고 쌀가루가 뭉치지 않도록 충분히 저어주세요. 반드시 찬물을 넣어야 쌀가루가 엉기지 않아요.

4 곱게 간 재료들을 넣고 다시 한 번 잘 저어주세요.

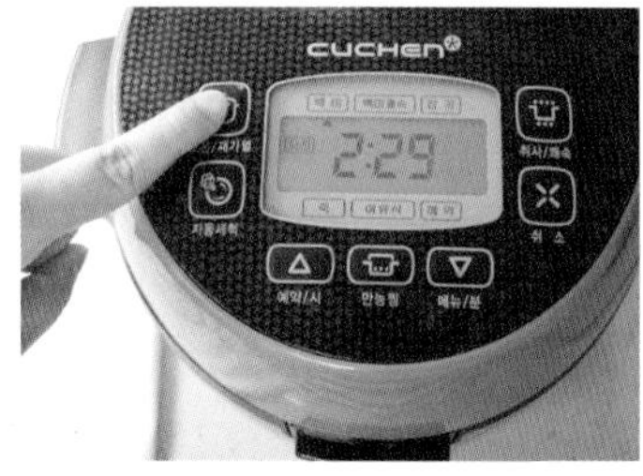

5 밥솥에 넣고 보온/재가열 버튼을 2번 눌러 재가열을 1회 진행해주세요.

6 완성된 미음을 주걱으로 저어주세요.

7 체를 이용해 덩어리를 걸러주세요.

8 한 끼 먹을 분량만큼 나눠 담고 냉장(냉동) 보관해주세요.

비타민 역시 줄기 부분은 질기고 단단하므로 잎 부분만 떼어서 사용해야 해요. 데친 비타민 5g을 얻으려면 생채소 10g이 필요한데, 그 이유는 데치면 부피가 줄어들고 수분을 꼭 짜서 사용하므로 원하는 양의 두 배를 손질해야 해요.

닭고기·청경채·단호박미음

닭고기와 청경채가 궁합상으론 좋으나, 아기가 그렇게 좋아하진 않더라고요. 아무래도 잎채소 특유의 맛 때문인 것 같아 달달한 단호박을 넣어 만들어보았어요. 아기도 좋아하고 색도 너무 예뻐요. 닭고기와 단호박의 궁합도 좋다고 해요. 이렇게 여러 가지 재료를 혼합하며 아기가 잘 먹는 조합을 찾아주세요!

조리시간 및 모드

재가열 모드 13분

사용재료

쌀가루	20g
곱게 간 닭고기	20g
곱게 간 청경채	20g
곱게 간 단호박	20g
찬물	200ml

만드는 양

85~95g씩 세끼 분량

농도

10배죽

1 재료를 분량대로 준비해주세요.

2 밥솥에 쌀가루를 넣어주세요.

3 찬물을 넣고 쌀가루가 뭉치지 않도록 충분히 저어주세요. 반드시 찬물을 넣어야 쌀가루가 엉기지 않아요.

4 곱게 간 재료들을 넣고 다시 한 번 잘 저어주세요.

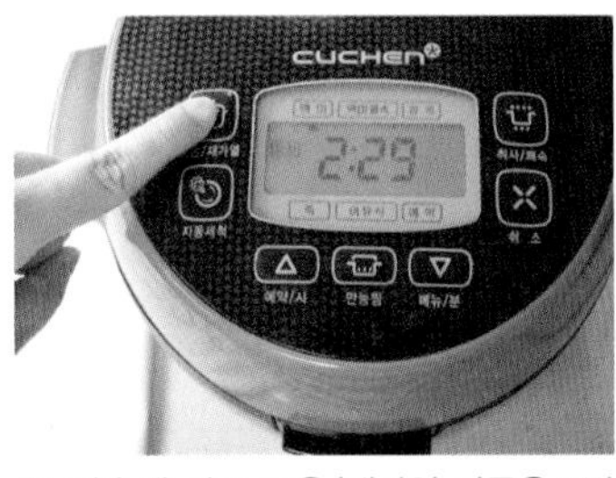

5 밥솥에 넣고 보온/재가열 버튼을 2번 눌러 재가열을 1회 진행해주세요.

6 완성된 미음을 주걱으로 저어주세요.

7 체를 이용해 덩어리를 걸러주세요.

8 한 끼 먹을 분량만큼 나눠 담고 냉장(냉동) 보관해주세요.

단호박을 잘라서 찔 때는 껍질이 위쪽으로 오게 두고 쪄야 단호박물의 증발을 조금이라도 막아 무르지 않고 더욱 단맛이 나요. 청경채는 고유의 향이 있는 채소이므로 아기가 청경채가 들어있는 이유식을 먹지 않는다면 달콤한 단호박이나 고구마 등을 함께 섞어 먹여보세요.

소고기·콜리플라워·사과미음

우리 아기가 먹을 마지막 초기 이유식이에요. 콜리플라워는 모양이 브로콜리와 비슷하지만 맛은 더 부드러워요. 다소 생소한 채소지만 다양한 식재료를 접하게 해주고 싶어 이유식에 종종 사용해요. 상큼한 사과와 함께 곁들여 아기의 입맛도 잡았어요.

조리시간 및 모드

재가열 모드 13분

사용재료

쌀가루	20g
곱게 간 소고기	20g
곱게 간 콜리플라워	20g
곱게 간 사과	20g
찬물	180ml

만드는 양

80~95g씩 세끼 분량

농도

9배죽

1 재료를 분량대로 준비해주세요.
TIP 사과는 물을 최대한 제거하고 만들어야 묽어지지 않아요.

2 밥솥에 쌀가루를 넣어주세요.

3 찬물을 넣고 쌀가루가 뭉치지 않도록 충분히 저어주세요. 반드시 찬물을 넣어야 쌀가루가 엉기지 않아요.

4 곱게 간 재료들을 넣고 다시 한 번 잘 저어주세요.

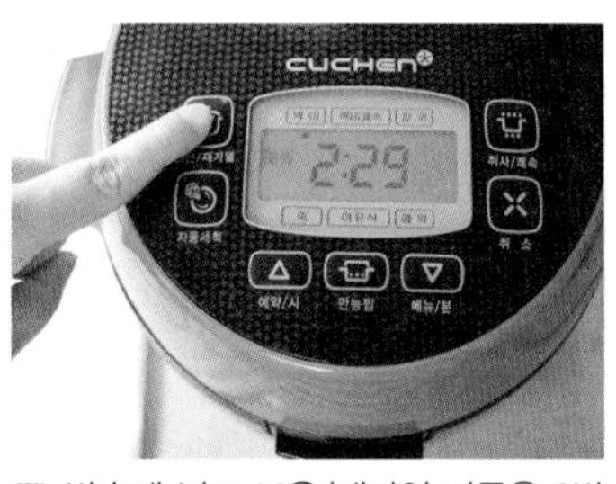

5 밥솥에 넣고 보온/재가열 버튼을 2번 눌러 재가열을 1회 진행해주세요.

6 완성된 미음을 주걱으로 저어주세요.

7 체를 이용해 덩어리를 걸러주세요.

8 한 끼 먹을 분량만큼 나눠 담고 냉장(냉동) 보관해주세요.

중기로 넘어가기 직전 농도를 9배죽까지 좀 더 줄여봤어요. 사과는 물이 많은 재료라 묽은 미음을 싫어하는 아기는 농도를 조금 더 조절해주어야 해요.

콜리플라워는 비타민이 풍부하고 찌거나 데치면 단맛이 증가해요. 단, 브로콜리보다 조직이 연하므로 너무 오래 데치지는 마세요. 조리해도 비타민C가 파괴되지 않고 부드러워 소화가 잘 된답니다. 콜리플라워는 색이 유백색이고 단단하며 겉면에 싱싱한 초록색 잎이 있는 것을 골라주세요.

BABY FOOD RECIPE | **01 초기 이유식 1단계 간식**

사과퓨레

퓨레는 이유식을 시작하면서 함께 먹일 수 있는 가장 기본적인 간식이에요. 사과, 배, 바나나, 고구마 등 초기 이유식 1~2단계에서 쓰는 달달한 과일, 채소로 만들어주면 돼요. 퓨레는 만들기도 쉽고 아기들도 정말 잘 먹는답니다. 초기 이유식 대표 간식 퓨레! 제일 많이 쓰는 사과로 한번 만들어볼게요.

필요한 조리도구
냄비

사용재료
사과 1/2개

1 사과를 베이킹소다에 깨끗이 씻은 뒤, 껍질을 벗겨 깍둑썰기 해주세요.

2 끓는 물에 잘라둔 사과를 넣고 2~3분 정도 삶아주세요.

TIP 아기들은 아직 과일 신맛에 익숙지 않으니 한 번 삶아서 신맛도 빼주고 갈변도 막아주세요.

3 한 김 식힌 후, 강판이나 믹서에 곱게 갈아주세요.

TIP 엄마의 시간과 팔뚝은 소중하니까 믹서를 애용했어요.

4 입자를 잘 못 먹는 아기라면 생수 한두 큰술 정도 넣고 아주 곱게 갈아주셔도 좋아요.

5 먹을 만큼 용기에 담고, 다음 날 냉장 보관했다가 미지근하게 중탕해서 먹여도 돼요.

과일퓨레는 초기 이유식 간식으로 가장 좋아요. 같은 방식으로 바나나퓨레, 배퓨레 등 여러 가지 과일퓨레를 만들어주세요.

이유식 시작과 동시에 사과 퓨레를 먹일 경우 사과 껍질에는 섬유질과 비타민이 풍부하지만 질긴 껍질이 소화가 안 될 수 있으니 꼭 껍질을 깎아주세요. 생과일을 섭취하면 산이 자극적일 수 있으니 살짝 데쳐주는 것이 좋아요.

브로콜리 연두부무침

입에서 사르르 녹는 연두부에 이유식에서 많이 접해봤던 브로콜리를 섞어 간식으로 주면 정말 좋아해요. 이때 브로콜리를 체에 거르지 않고 만들어 아기가 입자를 먹을 수 있는지도 테스트해 보세요! 이제 곧 중기로 넘어가야 하니까요.

필요한 조리도구

냄비

사용재료

연두부	20g
곱게 간 브로콜리	15g

냉동해둔 브로콜리 큐브를 미리 꺼내 해동해두거나, 냉동 상태로 전자레인지에 20~30초 정도만 데우면 돼요.

1 연두부 20g과 익혀서 곱게 갈아놓은 브로콜리 15g을 준비해주세요.

2 연두부를 끓는 물에 넣어 30초 정도만 데쳐주세요.

3 정수 혹은 냉수로 두부를 한 번 헹구듯 식혀주세요.

4 미지근하게 식은 연두부 위에 브로콜리를 올려주세요.

5 아기가 먹을 수 있는 크기로 잘게 으깨면서 브로콜리가 뭉치지 않도록 잘 섞어주세요.

6 먹을 만큼 그릇에 담아주세요. 두부는 냉동을 하면 맛이 없어지므로 이틀치 정도만 만들어 냉장보관한 후 살짝 데우거나 중탕해서 먹이면 돼요.

두부의 주원료인 콩 자체에는 칼슘이 적지만 두부로 만드는 과정에서 필요한 응고제에 칼슘 성분이 들어있어 식물성 식품임에도 불구하고 칼슘 함량이 높은 음식이에요. 브로콜리 역시 시금치 대비 4배 많은 칼슘이 들어있어 브로콜리와 연두부의 조합은 성장기 아기들에겐 좋은 이유식입니다.

BABY FOOD
RECIPE

PART 03

중기 이유식 (생후 7~8개월)

한 달간 초기 이유식을 통해 아기와 엄마 모두 이유식에 대한 워밍업을 좀 해보셨나요? 아기가 너무 잘 먹어 하루하루 주방에 서 있는 게 행복한 엄마도 있는 반면 아기가 잘 먹지 않아 속상한 엄마도 있을 거예요. 초기 미음을 안 먹었던 아기들도 중기, 후기를 거치며 잘 먹는 경우도 많으니 너무 상심하지 마세요.
모유와 분유를 먹기 시작해 묽은 미음을 먹어본 아기들에게 이번엔 좀 더 밥에 가까워진 중기 이유식을 먹이며 다양한 식재료와 각종 육류, 생선도 섭취하게 할 거예요. 그리고 중기 이유식부터는 밥솥 이유식이 제대로 빛을 발하니 조금 더 힘내 보아요.

밥솥 이유식의 꽃
중기 이유식 시작하기

1 초기에서 중기로 넘어가기 전

엄마와 아기의 준비 상태부터 체크하세요!

엄마

하루에 두 끼를 만들어 줄 준비가 되었나요? 초기 2단계부터 조금씩 하루 두 끼 연습을 했다면 어렵지 않을 거예요. 중기부터는 하루에 두 가지 이유식을 해주는 게 좋아요. 어른들도 똑같은 메뉴를 연달아 먹으면 지겨운데 아기들도 그렇지 않겠어요? 저처럼 살림 초보 주부에서 바로 초보 엄마가 되었다면 칼질도, 재료 손질도 좀 더 능숙해져야 해요! 물론 채소는 믹서가 갈아주고 이유식은 밥솥이 해준다지만 씻고 데치고 껍질을 벗기는 것도 만만치 않아요. 아직 두 끼 할 준비가 안 되었다면, 일주일 정도는 초기 미음을 더 먹여도 괜찮아요. 그렇다고 더 미루지는 말고, 준비만 좀 더 열심히 하도록 해요. 마음의 준비, 아이템의 준비 모두!

아기

미음보다 좀 더 농도가 되직한 죽 먹을 준비가 되었나요? 중기 이유식은 재료의 입자도, 죽의 농도도 훨씬 되직해 먹기 힘들 수도 있어요. '6~7개월 쯤 중기 이유식을 시작한다'라는 건 평균치일 뿐이에요. 저희 딸은 5개월에 이유식을 시작했으니, 7개월에 중기 이유식을 시작했어야 했지만, 8개월이 다 된 237일에 첫 중기 이유식을 시작했어요. 한 달이나 더 초기 이유식을 먹은 셈이에요. 아기가 아직 죽보다는 부드러운 미음을 좋아한다면 좀 더 먹여보세요. 저희 딸은 죽을 먹이면 구역질을 해서 아직 준비가 안 되었다는 걸 몸소 보여줬어요. 미음을 주면 한 그릇을 뚝딱 비웠고요. 한 달이나 중기 이유식 시작을 못하니 저도 전전긍긍 시판 이유식도 사먹여 보고 조급해했어요. 한 일주일 조급해하다가 포기하고 2~3주 더 미음을 먹였어요. 대신, 중기 이유식에 사용되는 재료들을 사용해서 영양소를 다양하게 섭취할 수 있도록 해주었어요.(이게 바로 엄마표 맞춤형 이유식의 장점이죠!) 그렇게 몇 주 더 먹이다보니 그사이 조금 더 성장한 딸이 중기 이유식을 먹을 준비가 되었더라고요. 그때부터 먹이니 너무 잘 먹었어요.

아기가 아직 준비가 안 되었다면 기다려 주세요. 중기 이유식을 늦게 시작한다고 성장이 늦는 건 아니니까요. 언젠가는 먹어요! '돌 전엔 먹겠지'라는 마인드로 조금 느긋하게 기다려주세요.

2 초기 이유식과 달라지는 점

쌀가루 혹은 쌀

초기 이유식이 완전 가루로 갈린 '쌀가루'였다면 중기 이유식의 쌀가루는 쌀 한 톨을 1/3 정도로 자른, 굵은 소금 정도의 입자 크기를 사용해요. 시중에 판매하는 중기 쌀가루를 구입해서 사용할 것인지, 쌀을 직접 불린 후 갈아 사용할 것인지 선택해야 해요(쌀가루 만드는 법 38P 참고).

이제는 1시간 죽 모드

13분 혹은 26분 재가열에서 벗어나 이제는 1시간 죽 모드를 사용해요(쿠첸 이유식밥솥 기준). 불린 쌀(쌀가루), 고기, 채소, 육수를 모두 넣고 죽 모드 버튼을 누르면 1시간 뒤 맛있는 죽이 완성돼요. 냄비 대신 밥솥을 사용하면 불 앞에서 저어가며 고생하지 않아도 차지고 맛있는 죽을 뚝딱 만들 수 있어요.

- 쿠첸 이유식 밥솥에는 이유식 모드가 있어요. 이유식 모드가 좀 더 무르게 되긴 하나 시간이 너무 오래 걸려 저는 죽 모드를 사용했어요. 좀 덜 익으면 죽 모드로 20분 정도 더 하고요.
- 이유식 밥솥이 아닌 다른 일반 밥솥도 가능해요. 죽 모드 혹은 만능찜모드 1시간을 사용하면 돼요.

아기의 성향을 파악해요.

초기 이유식에도 처음엔 엄청 묽은 20배죽으로 시작하여 나중엔 4~5배죽까지, 우리 아기의 식성에 맞게 '배죽'을 조절해왔어요. 중기도 마찬가지로 처음엔 8~10배죽부터 시작해서 천천히 아기가 익숙해지도록 농도를 되직하게 만들어주세요.

◎ 본격적으로 재료 큐브를 만들어요.

초기 이유식에도 재료 큐브를 만들기는 했지만, 양이 많지도 않고 한 번 만들면 삼일 정도 먹으니 큐브를 많이 만들어 놓진 않았어요. 하지만 중기 이유식부터는 큐브 부자가 이겨요! 밥솥 이유식이 인기가 많은 이유는 재료를 다 넣고 취사만 누르면 뚝딱하고 이유식을 만들 수 있기 때문이에요. 재료까지 미리 손질해 놓고 쏙쏙 넣기만 하면 되니 정말 간편하겠죠?

- **소고기, 닭고기** : 손질한 고기를 적당한 입자로 갈아 큐브에 넣고 얼려요(물을 조금 넣고 갈아주면 모양이 더 잘 잡혀요).
- **흰살 생선** : 먹을 줄만 아는 초보 주부인 저는 생선 손질이 어려워서 손질되어 다져진 생선을 사다 쓰고 있어요.
- **잎채소** : 손질하여 한 번 데친 후 물을 조금 넣고 갈아서 큐브에 얼려요. 생으로 쓰면 풋내가 나니 꼭 데쳐주세요.
- **브로콜리, 당근, 감자, 양배추 등등 잘 익지 않는 단단한 재료** : 잘 익지 않는 채소들은 미리 찌거나 데쳐서 적당한 입자로 갈아 얼려요. 중기 이유식 초반에는 아기가 잘 씹지 못하니 익혀서 갈았지만, 조금 지난 뒤에 잘 씹어 넘길 때에는 브로콜리나 양배추처럼 익히지 않았을 때 향이 있는 채소를 제외하고는 생으로 넣어 죽 모드 1시간으로 돌렸어요. 1시간이면 잘 익어요.
- **단호박, 애호박, 버섯 등 잘 익는 부드러운 재료** : 손질 후 익히지 않고 그대로 적당한 크기로 갈아 큐브에 넣고 얼려요. 죽 모드 1시간이면 충분히 잘 익어요. 단, 단호박은 생것을 그대로 넣으면 특유의 향이 나서 잘 안 먹는 아기들도 있다고 하니 익혀서 넣어주셔도 돼요. 저희 딸은 그냥 넣어줘도 잘 먹었어요.

3 수유&이유식 비율 / 양 / 횟수

◎ 이유식과 수유 비율이 점점 비슷해져요

신생아 때부터 이유식 전까지는 수유 100%, 초기 이유식엔 '수유 8:이유식 2'로 수유 비율이 조금 줄어들었어요. 중기 이유식엔 '수유 6:이유식 4' 정도로 이유식의 비중이 조금 늘어날 예정이에요. 그렇게 후기로 가면서 점점 수유와 이유식의 비율이 바뀌며 완료기를 지나 유아식 하는 시기가 되면 분유나 모유 수유를 끊게 돼요. 밥과 중간중간 간식(우유,

과일 등)만으로도 충분해요.

중기 이유식 스케줄(예시)

저희 딸이 먹은 스케줄 표예요. 저는 여기에 수유를 한 번 더 했어요. 쉬지 않고 먹으니 자연스레 우량아가 되더라고요. 보통 아기들은 위 스케줄 표대로 수유 4회, 이유식 2회, 간식 1~2회 이렇게 먹으면 돼요. 시간은 참고자료니 간격 정도만 확인하세요. 가장 중요한 건 아기가 찾을 때 주면 된다는 거예요. 이유식 한 번이 더 들어가고 수유 한 번이 빠지니 처음엔 혼란스러워요. 배가 부른 건지 덜 부른 건지 감이 안 오죠. 하지만 일주일 정도 하다보면 아기만의 시간 간격이 잡힐 거예요!

먹는 양

보통 중기 이유식 권장 식사량이 한 끼에 100~150ml라고 해요. 이 보다 적게 먹는 아기가 있고, 더 많이 먹는 아기도 있어요. 먹는 양에 너무 스트레스 받지 말고 우리 아기가 기존 미음과 다른 죽에 적응할 수 있도록 도와주는 게 중요해요.

4 중기 이유식의 공식! 이것만 기억하세요.

중기 이유식의 쉬운 패턴!

불린 쌀(쌀가루) + 육류 큐브 + 채소 큐브 + 육수(물) → 죽 모드 1시간

예 쌀가루 + 소고기 큐브 + 단호박 큐브&청경채 큐브 + 소고기 육수

◎ 필요한 물(육수) 양 계산

불린 쌀 × 원하는 배죽

예 쌀 40g에 7배죽을 원한다면 육수(물) 280ml가 필요

280ml 내에서 육수와 물의 비율을 조절하면 된다. 모두 육수로 해도 상관 없고, 모두 물로 해도 상관 없다.

5 첩첩산중 육아

초기 이유식이라는 산을 넘었더니, 육수라는 산이 또 나타났어요.

육아도, 살림도 버거운 우리 초보 엄마들. 이제 겨우 초기 이유식에 익숙해졌는데 이젠 육수를 내어 죽을 만들어야 한다니…, 벌써부터 걱정되시죠? 그래서인지 중기부터 시판 이유식을 배달시켜 먹이는 엄마들도 많아요. 그런데 이 산만 잘 넘으면 이유식이 정말 편해져요. 육수는 어른이 먹는 요리에도, 아기 유아식에도 끊임없이 쓰기 때문에 저는 육수와 친해지는 것을 추천합니다. 뭐든 그렇듯이 한두 번만 해보면 손에 익고 생각보다 어렵지 않아요. 저는 아기가 잘 먹는 비결 중 하나가 육수라고 생각해요! 아기에게 감칠맛을 선사해 줄 수 있으니 조금만 힘을 내보아요.

중기부터는 더 쉬워요.

중기 이유식은 재료도 많이 들어가고 육수도 만들어야 하고 하루에 두 끼를 주어야 해서 겁이 나기도 해요. 저도 초기 이유식을 잘 해오다가 중기에서 막혀서 하루하루가 고역이었어요. 근데 웬걸요. 하다보니 중기가 훨씬 쉽더라고요. 제가 앞에서 설명했던 이유식 공식만 익숙해지면 고기 큐브, 채소 큐브, 육수를 그냥 막 때려 넣어도 진짜 맛있는 이유식을 만드는 신공을 발휘할 수 있을 거예요.

동영상의 힘을 빌리지 마세요.

저도 중기 이유식 시작할 즈음 처음으로 아기에게 동영상을 보여줬어요. 그런데 눈앞에 뭔가 볼 게 있으니 그걸 보면서 무의식적으로 넘기고 있더라고요. 이유식 할 때만이라도 아기와 같이 놀아주세요. 아기가 집중을 잘 못해도 숟가락으로 시선을 집중시킨다거나 딸랑이, 엄마의 다양한 표정, 억양이 다른 목소리 등으로 아기가 이유식 시간에 재미를 느낄

수 있도록 엄마가 온 힘을 다해 노력해주세요. 솔직히 동영상을 보여주며 먹이는 것보다 훨씬 힘들지만 아기와의 교감만큼은 정말 좋아질 거예요.

초기 이유식은 잘 먹었는데 중기 이유식은 잘 안 먹을 수도 있어요.

저희 아기가 그랬어요. 이유식을 아예 안 먹는 게 아니라, 묽은 미음은 먹는데 입자 있는 중기 이유식을 안 먹는다는 건 아마 입자나 농도가 맞지 않아서일 확률이 가장 높아요. 오늘부터 딱 중기 이유식이야! 하고 입자와 쌀가루를 하루 아침에 변경하니 아기가 적응을 못하더라고요. 중기 이유식에서 바뀌는 게 쌀가루, 입자, 농도인데 저는 우선 첫날엔 쌀가루만 바꾸고, 3일 뒤에 만들 때 입자를 조금 크게 조절해주고, 또 3일 뒤에 만들 때 농도를 조금씩 바꿔줬어요. 거부하면 다시 직전으로 돌아갔고요. 자칫하다간 이유식을 거부할 수도 있어서 단계 넘어갈 때마다 신경을 썼어요. 입자와 농도에 민감하지 않은 아기들은 문제없이 잘 먹지만, 씹는 것을 싫어하고 겁이 많은 아기들은 엄마들이 세심히 살펴줘야 하더라고요. 시행착오가 많을 시기예요.

저희 딸은 7개월 넘어서도 입자 있는 것은 절대 안 먹으려고 해서 오랫동안 아주 곱게 간 소고기 스무디만 먹였어요. 입자 있는 것을 먹어야 구강이 발달된다, 이가 잘 난다, 너무 유동식만 먹어도 발달에 안 좋다, 소화기관이 덜 자란다 등등 수많은 우려 속에 여러 번 중기 이유식에 도전해봤지만 다 거부당했죠. 하지만 때가 되니 잘 먹더라고요. 돌 지나서까지도 건더기 있는 것은 잘 안 먹으려고 했는데 두 돌이 다 된 지금은 못 먹는 게 없어요. 소화능력도 좋고 이도 아주 튼튼하답니다.

아기의 입맛을 잘 모르겠어요.(feat. 시판 이유식)

잘 먹던 아기들도 한 번씩 이유식을 거부할 때가 있어요. 이유식을 거부하는 이유가 다양하니 아기가 왜 안 먹는지 몰라 애태우게 됩니다. 저도 중기 이유식으로 넘어갈 때 어느 정도의 입자와 묽기를 좋아하는지 감을 잡기가 힘들었는데, 그때 시판 이유식을 한 번 먹여보고 감을 잡아 비슷하게 만들어줬더니 아주 잘 먹더라고요. 만들어 먹이는 것에 대한 슬럼프가 온다거나 아이의 입맛을 잘 모를 때, 시판 이유식을 샘플로 활용해보면 좋은 돌파구가 될 수 있어요.

맛있으면, 알아서 먹어요!

블로그에 이유식 레시피를 연재한 뒤로 많은 엄마들의 고충을 들어주거나 댓글로 많은 상담을 했어요(지금도 진행 중). 단연코 가장 압도적인 고민은 바로 '안 먹어요'였어요. 제가 답을 하면서 공통적으로 느낀 것은 바로 '아기가 뭘 좋아하는지 알지 못해서'더라고요. 7~8개월 짜리들이 좋아하는 게 있겠냐고요? 당연히 있어요! 말을 못해서 그렇지 좋아하는 재료도 있고, 좋아하는 농도도 있어요. 그걸 '싫다', '좋다' 표현은 못하니 먹기 싫으면 입을 꾹 닫고 '안 먹어!'라고 표현하는 거죠. 레시피대로 만들었는데 아기가 안 먹는다고 답답해 하거나 지레 포기하지 말고 이것저것 시도를 해보면서 내 아기의 취향저격 레시피를 찾아보세요.

'엄마가 주는 맘마 = 맛있는 거다!'라는 걸 알려주는 게 중요해요.

저희 딸은 엄마가 주는 간식이든 이유식이든 모두 맛있다는 걸 알기 때문에 뭐든 떠먹여주면 잘 먹었어요. 이 인식을 심어주는 게 참 중요하더라고요. 우리도 그렇잖아요. 어떤 음식이 한 번 맛없다고 느끼면 별로 안 당기는 것처럼 아기들도 똑같아요.

좋아하는 재료가 있으면 많이 넣어주세요. 꼭 육수를 사용하고, 안 먹을 때는 치즈도 한 장씩 풀어주세요. 이유식을 거부하는 아기들이라면 이유식과 친해지는 게 중요해요. 치즈 속 나트륨 걱정, 좋아하는 재료의 단맛 걱정, 육수에 안 써본 파, 다시마가 들어가서 또 걱정….

저도 그 무렵에 그런 걱정을 많이 했는데 다행히 아기가 너무 건강하게 잘 자랐어요. 6개월에 치즈 넣은 이유식을 먹이고 7개월에 멸치 육수 이유식도 먹여보고 잘 먹으라고 달달한 고구마, 단호박을 듬뿍 넣어줬지만 짠 거 단 거만 좋아하는 입맛이 아니에요. 지금도 나물반찬, 버섯, 채소 등 뭐든 잘 먹고, 늘 육수를 진하게 내주니 따로 간을 안 해줘도 잘 먹어요. 식습관은 엄마가 얼마나 노력하느냐에 따라서 달라져요. 이유기는 길지 않고 다시 돌아오지 않으니 최선을 다해보시라고 꼭 말하고 싶어요! 아기는 엄마의 정성을 반드시 알아주더라고요.

레시피를 따라하기 전에!

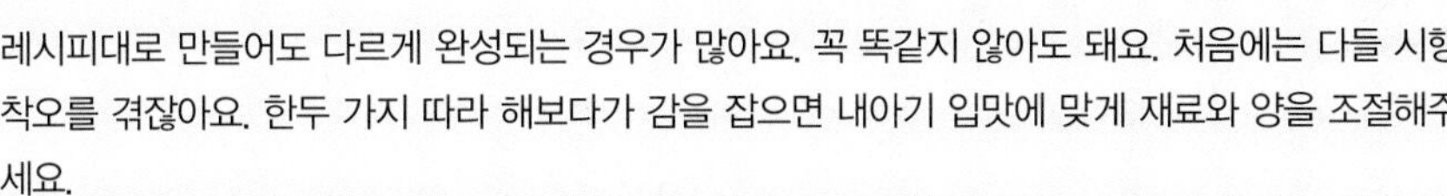

레시피대로 만들어도 다르게 완성되는 경우가 많아요. 꼭 똑같지 않아도 돼요. 처음에는 다들 시행착오를 겪잖아요. 한두 가지 따라 해보다가 감을 잡으면 내아기 입맛에 맞게 재료와 양을 조절해주세요.

재료와 양을 레시피대로 똑같이 하지 않아도 돼요!

소고기가 50g 들어갔다고 꼭 50g을 넣을 필요 없고요, 당근이 25g 들어갔다고 꼭 그만큼 넣지 않아도 돼요. 아기가 소고기를 잘 못 먹으면 반만 넣어도 되고 당근을 좋아하면 더 넣어도 돼요. 아기의 취향과 상황에 맞게 넣어주면 된답니다!

육수와 물은 그때그때 유동적으로 사용하면 돼요.

'육수를 200g씩 얼렸는데, 배죽을 맞추다보니 450g이 필요해요. 나머지 50g은 물로 채워도 되나요?'라는 질문도 받은 적이 있어요. 네 맞아요! 그렇게 하면 돼요. 저는 육수가 350ml 필요한데 200g짜리 두 개를 넣은 적도 있고, 하나만 넣고 물을 150g 넣어보기도 했어요. 물론 육수로 맞추는 게 좋지만 모자란 육수는 물로 적절히 맞추거나 사용한 육수 양이 좀 많으면 쌀가루를 조금 더 넣어줘도 됩니다. 우리가 국 끓일 때 어느 날은 물이 많아 싱거워 간장을 더 넣고 어느 날은 짜서 물을 더 넣는 것처럼 응용하면 돼요.

밥솥 칸막이를 활용할 경우 메뉴를 어떻게 구성하면 좋을까요?

밥솥 칸막이를 사용하면 서로 다른 메뉴를 한꺼번에 만들 수 있습니다. 아이에게 각 끼니마다 서로 다른 메뉴를 먹일 수 있도록 구성하였습니다. 참고로 활용하세요.

▶ 소고기 · 단호박 · 양배추죽 ▶ 닭고기 · 당근 · 감자 · 완두콩 새송이버섯죽 ▶ 아귀살 · 무 · 콩나물 · 부추죽	▶ 소고기 · 표고버섯 · 양배추 · 애호박죽 ▶ 닭안심 · 당근 · 청경채죽 ▶ 대구살 · 애호박 · 알배추 · 새송이버섯죽
▶ 소고기 · 양배추 · 아욱 · 표고버섯죽 ▶ 닭고기 · 청경채 · 부추 · 애호박 · 감자죽 ▶ 대구살 · 감자 · 당근 · 치즈죽	▶ 소고기 · 미역 · 단호박 · 표고버섯죽 ▶ 닭고기 · 찹쌀 · 양배추 · 브로콜리죽 ▶ 아귀살 · 무 · 콩나물 · 부추죽
▶ 소고기 · 단호박 · 당근 · 청경채죽 ▶ 닭고기 · 비트 · 새송이버섯 · 감자 · 콜리플라워죽 ▶ 대구살 · 애호박 · 시금치 · 새송이버섯죽	▶ 소고기 · 달걀노른자 · 알배추 · 브로콜리죽 ▶ 찹쌀 · 닭고기 · 애호박 · 청경채 · 콜리플라워죽 ▶ 대구살 · 당근 · 양배추 · 애호박죽
▶ 소고기 · 양파 · 양송이버섯 · 양배추죽 ▶ 호박고구마 · 연두부죽 ▶ 대구살 · 청경채 · 완두콩죽	

Q&A

중기 이유식

Q 아기가 변비가 생겼어요.

A 농도가 되직해지고, 고기 양이 늘어나면서 없던 변비가 생기거나 심해지는 경우가 있을 수 있어요. 아기의 변 상태를 늘 체크하고 유산균을 꼭 챙겨주세요. 저희 딸은 유산균을 먹은 날과 먹지 않은 날의 변이 확연히 차이가 나서 꼭 먹이고 있어요. 간식으로 사과퓨레를 먹이는 것도 도움이 돼요.

Q 물을 같이 먹여도 되나요?

A 물 같은 미음만 먹다가 되직한 농도로 변하면서 뻑뻑하게 느낄 수 있어요. 목이 마르지 않을까 하는 생각에 중기 이유식부터 물을 조금씩 떠먹였어요(식힌 보리차). 하지만 이 시기의 아기들은 모유나 분유로 섭취하는 수분이 충분하다고 하니 굳이 많이 챙겨주실 필요는 없어요. 물은 빨대 컵을 쓰기도 하고, 수저로 떠먹여주어도 돼요.

Q 중기 이유식은 먹이기 편해질까요?

A 너무 묽어 주르륵 흘러내려 떠먹이기도, 받아먹기도 힘들었던 미음 때문에 고생하셨죠? 열심히 만들었는데 흘리는 거 반, 먹는 거 반이던 때에 비해 농도가 되직해져 먹이기가 편해져요. 흘러내리는 양도 많이 없어질 거예요!

Q 아기가 자꾸 구역질을 해요.

A 이제 7개월 남짓인 아기들은 죽 속 입자를 크게 느낄 거예요. 처음엔 구역질을 해도 막상 토하는 건 없어서 그렇게 적응시키며 먹이다보니 한 5일 정도 지나니까 구역질을 하지 않고 잘 먹더라고요. 다른 아기들도 처음에는 거의 다 구역질을 조금씩 한다고 하니 적응기간을 두세요. 다만, 아기가 구역질이 아닌 토를 하거나 소화를 못하면 좀 더 기다리는 게 좋아요.

중기 이유식을 처음 먹였을 때, 아예 뱉어내거나 거부하면 아직 준비가 안 되었을 가능성이 있어요. 먹긴 먹는데 구역질을 하면서도 잘 받아먹으면 조금만 기다려주세요. 금방 잘 먹을 거예요.

Q 표고버섯은 마른 것을 넣어도 되나요?

A 이유식 재료는 생표고를 쓰거나, 말린 표고를 불려 써야 해요. 하지만 육수를 낼 때에는 마른 것 그대로 써도 무방해요. 말려서 보관하면 더 편하고 영양도 풍부해져요.

Q 같은 배죽으로 돌렸는데도 죽이 아니라 탕이 될 때가 있는데 왜 이럴까요?

A 그건 사실 저도 아직까지 확실한 이유를 모르겠어요. 어떨 땐 탕이 되기도 하고 어떨 땐 또 다 넘쳐 밥솥 테러를 당할 때도 있었어요. 아마 그날따라 재료에 수분이 많은 재료들끼리 들어가서일 확률이 높아요. 저는 육수를 한 덩어리 더 넣는 실수를 저질러 탕이 된 적이 있었답니다. 아무튼 여러 가지 이유로 그렇게 되는데, 너무 묽을 땐 죽 모드 한 번 더 돌려주거나 시간이 없을 땐 냄비에 넣고 끓여 수습하면 돼요.

Q 혼자 아기 보면서 이유식 재료 손질을 어떻게 하시나요? 도와주시는 분이 있나요?

A 아니요! 저는 경북에 살고 있는데 친정이 서울이라 친정 엄마의 도움도 못 받고 가사 도우미도 구하지 않았어요. 정말 힘들지만 이유식 데이, 큐브 데이에는 잠 2~3시간씩 자면서 만들었어요. 그날은 아기 낮잠 잘 때 같이 기절하듯 자고요. 아기가 있을 땐 주방에 계속 있기 힘들어서 재료 손질이나 육수 우리는 것 같이 오래 걸리는 일은 새벽에 했어요. 새벽에 만들어놓은 재료로 주간에 아기 낮잠 잘 때 그리고 보행기, 점퍼루 타고 있을 때 짬 내서 밥솥에 재료 넣어놓고 취사 누르고 다 되면 그릇에 담고 먹이고 그랬어요. 취사만 누르고 다 되면 알림음으로 알려주니 밥솥 이유식이 정말 편했어요.

Q 레시피의 계량법이 조금 헷갈려요. 익힌 후 중량인가요, 익히기 전 중량인가요?

A 레시피에 나와 있는 재료의 양은 모두 손질해놓은 양을 나타냈어요. 예를 들어 버섯 30g이면 버섯은 가열하지 않고 바로 쓰죠? 잘게 다진 버섯 30g을 바로 밥솥에 넣으면 되는 양이구요, 청경채같은 경우는 데쳐서 넣으니 25g은 잎만 데쳐서 갈아놓은 양이에요. 헷갈리시면 레시피에 상세히 나와 있으니 참고하세요.

Q 밥솥에 냉동 큐브를 그대로 넣으면 되나요?

A 네, 책에서는 주로 생채소를 사용했지만 평소에는 재료 손질하는 날이 아니면 냉동 큐브를 사용했어요.

Q 쌀, 고기와 채소 비율은 어느 정도가 적당한가요?

A 저는 중기 이유식 초반에는 '쌀 1 : 고기 0.7 : 채소 2' 정도로 시작했어요. 그러다가 아기가 고기를 좋아해서 '쌀 1 : 고기 1 : 채소 1' 이렇게 넣기도 했고, 변비가 심한 날은 소고기를 확 줄이고 채소를 많이 넣기도 했어요. 책에는 '쌀 1 : 고기 1 : 채소 2' 정도의 비율을 기본으로 사용했지만 아기의 컨디션을 살펴 상황에 맞게 조절했고 좋아하는 재료는 더 넣어주기도 했어요. 배달 이유식이 아닌 엄마표 이유식이 좋은 이유는 바로 이거잖아요! 내 아기가 좋아하는 재료를 그날그날 원하는 대로 더 넣어줄 수 있다는 점이요.

입맛이 없어서 잘 안 먹었을 때, 맛 없는 메뉴가 나왔을 때는 엄마가 아기치즈를 녹여줬어요. 세상 제일 맛있어요!

Q 밥솥으로 1시간 동안 익히면 영양소가 손실될까 봐 걱정돼요.

A 블로그에 밥솥 이유식, 큐브 이유식을 연재하면서 많이 받았던 질문 중 하나예요. 걱정되면 냄비 이유식으로 하라고 말씀드리긴 하는데, 냄비도 결국엔 똑같은 가열방식이라서 저는 시간적인 차이 말고는 그다지 차이점이 없다고 생각해요. 밥솥은 재료를 푹 익혀주는 개념인데 그렇게 푹 익혀주지 않으면 아직 우리 아기들은 잘 못 먹어요. 영양소도 영양소지만, 저는 개인적으로 초중기 이유식은 여러 가지 식재료를 섭취해보고, 각 재료들마다 알레르기 여부도 테스트해보는 것에 의의를 뒀어요. 전문가들이 보면 어떻게 생각하실지 모르겠지만, 한 시간씩 푹 익히고 묽은 날엔 두 시간씩 익혀서 먹였어도 아기가 잔병치레 없이 초우량아로 잘 자란 것을 보면 영양 손실이 크진 않았던 것 같아요.

Q 쌀가루는 꼭 불려야 하나요?

A 초반에는 불려주다가 뒤로 갈수록 아기가 잘 먹으면 불리지 않아도 돼요. 저희 딸은 진짜 무른 죽만 먹으려고 해서 후기 이유식까지도 불려줬어요. 하지만 아기가 잘 먹으면 살짝만 불려준다거나 불리지 않아도 죽 모드에서도 충분히 잘 익으니 걱정하지 않아도 됩니다.

Q 육수를 우려내고 남은 재료들을 이유식에 써도 될까요?

A 저는 육수를 1시간 넘게 우려내다보니 고기나 채소들이 다 흐물흐물해져서 그냥 안 쓰고 버리거나 고기만 먹었어요. 육수를 고기를 익힐 겸 살짝만 낼 땐, 이유식에 써도 될 것 같은데 한 시간 동안 채소와 고기를 우려내고 나면 영양가가 다 빠지므로 대부분 버렸답니다.

Q 육수에 들어간 파, 양파, 표고버섯 등 아직 먹여보지 않은 재료가 많은데 육수에 넣어도 되나요?

A 육수에 넣는 건 그 재료에서 나오는 감칠맛을 이용하기 위해서 라고 생각해요. 이유식 육수에 들어가는 재료들은 돌 전 금기하는 재료도 아니고, 알레르기가 많은 식품도 아니라서 괜찮더라고요. 아직 먹이기가 망설여진다면 육수 재료들 중 아기가 먹어본 재료들만 넣어서 우려내도 무방해요. 늘 얘기하지만 재료의 시작 시기는 엄마의 선택이에요.

Q 누구는 냉동 큐브를 1주일 이내에 사용하라고 하던데 어떤 게 맞는 건가요?

A 저는 개인적으로 1주일 이내에 사용할거면 굳이 재료 큐브를 열심히 만들 필요가 있나 싶어요. 큐브 이유식은 엄마가 조금이라도 편하게 해보려고 하는 거잖아요. 단 30분이라도 시간 벌어 젖병도 씻어야 하고, 아기가 어질러 놓은 것도 치워야 하고 빨래도 해야 하고…. 아무튼 저는 1주일 안에 만들 거라면 그냥 생채소 다져서 해주는 게 나을 것 같아요. 이것도 결국엔 엄마의 선택이고, 될 수 있으면 빨리 사용하는 게 좋다라는 점에는 공감합니다만 저는 3주, 한 달씩 보관해도 거뜬하게 잘 사용했어요.

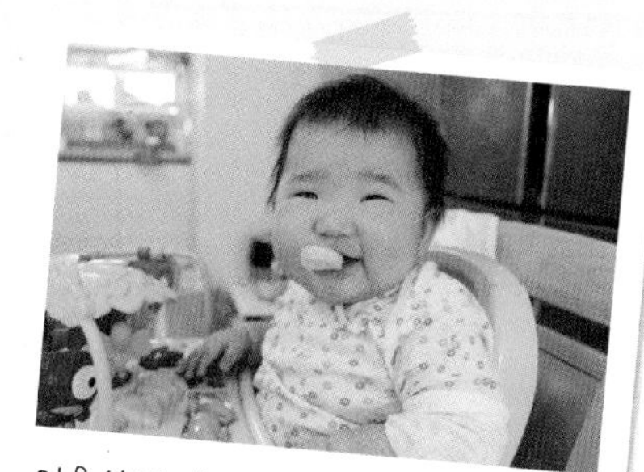

이유식배, 분유(모유)배, 간식배, 과일배 모두 따로있어요. 엄마가 쉬지 않고 잘 챙겨줬어요.

Q 3일에 한 번씩 만들어주기가 어려운 직장맘인데요, 일주일치를 만들어둬도 될까요?

A 네, 괜찮아요. 냉동 보관만 잘 해주면 돼요. 저도 후기 이유식 세끼를 할 때는 재료를 듬뿍 넣어 일주일치씩 만들어뒀어요.

Q 이유식을 전자레인지에 데우면 좀 뻑뻑해지는 것 같아요.

A 랩을 씌워서 돌려도 표면이 마르면서 살짝 뻑뻑해져요. 중탕하여 데우는 것이 가장 좋지만 저는 중탕할 시간이 없을 때가 많아 거의 전자레인지로 데우고 물을 한두 스푼 넣어줬어요. 이유식을 살짝 묽게 하면 냉동/냉장보관 후 데웠을 때 농도가 딱 맞더라고요.

Q 농도(배죽) 맞추기가 어려워요.

A 저도 아기가 좋아하는 농도를 몰라서 중기 이유식을 한 달이나 늦게 시작했어요. 초기 이유식때는 되직한 걸 좋아했다가도 중기 이유식에 묽은 걸 좋아하는 우리 아기처럼 입맛은 성장하면서 또 달라지기도 하더라고요. 안 먹으면 물을 더 추가해 먹일 생각, 한 번 더 끓일 생각하고 아기가 잘 먹는 농도를 맞춰줘야 해요. 도저히 못 맞추겠으면 시판 이유식도 사 먹여 보세요. 저도 시판 이유식 먹이면서 아기가 잘 먹는 농도를 알아냈어요. 그 이후에는 한 그릇을 싹 비우더라고요.

Q 중기 이유식엔 냄비가 필요 없나요?

A 저는 이유식을 냄비에 한 적은 없지만, 육수를 만들고, 재료 데칠 때, 간식 만들 때 종종 사용했어요. 아기 전용 작은 편수냄비나 법랑냄비를 준비하면 좋아요.

Q 밥솥에 눌어 붙어요.

A 저도 눌어 붙을 때가 있고 그렇지 않을 때가 있어요. 중간에 뚜껑 한 번 열어 저어주면 잘 안 눌어붙더라구요.

Q 하루 두 번, 같은 메뉴로 먹여도 되나요?

A 후기 이유식 하루 세끼는 양심상 다른 메뉴로 줬는데 중기 이유식은 가끔 두 끼 모두 같은 메뉴로 주기도 했어요. 하지만 하루 섭취해야 하는 영양소도 있고, 아기들도 같은 메뉴를 먹으면 질리니 조금 힘들더라도 두 끼 다르게 챙겨주는 게 좋겠지요?

소고기 육수

중기 이유식부터는 육수를 꼭 사용해주세요. 특히, 이유식을 잘 안 먹는 아기라면 더 더욱이요. 육수를 내주면 조미료를 넣은 듯한 깊은 감칠맛이 나서 엄마가 먹어도 맛있어요. 갖은 채소와 고기를 넣고 우려낸 육수를 베이스로 만든 이유식의 맛과 맹물로 만든 이유식 맛은 하늘과 땅 차이예요. 아기들도 감칠맛을 알게 되면 이유식을 정말 잘 먹는다고 하니 귀찮아도 꼭 만들어주세요.

재료(중기 이유식 1~2회 분량)

물 1000ml

소고기 우둔 100g

무 1/4

큰양파 1/2개

대파뿌리쪽 1/3

표고버섯 1개

대량 생산하려면 물 3000ml, 소고기 우둔 400g, 큰 무 1/3개, 큰 양파 1개, 대파 1뿌리, 표고버섯 3개를 넣고 끓인 후 육수팩에 담아 냉동 보관해서 사용하면 편해요.

1 소고기는 찬물에 30~40분 정도 담가 핏물을 빼주세요. 중간에 물을 한 번 갈아주세요.

2 표고버섯은 깨끗하게 씻어 갓만 사용하고 통째로 넣어요.

TIP 모양은 내지 않아도 되고, 말린 표고를 사용해도 좋아요.

3 양파는 껍질을 벗기고 깨끗하게 씻어 1/2 등분해주세요. 크기가 작은 양파는 한 개 다 넣어도 돼요.

4 대파는 깨끗이 씻어 1/3 등분하고 뿌리 쪽(흰 부분)만 사용해요.

5 무는 깨끗이 씻어 껍질을 깎아주세요. 큰 무는 1/4, 보통 크기는 1/3~1/2 정도 사용해요.

TIP 오래된 무나 제철 무가 아니면 쓴맛이 날 수 있으니 주의하세요.

6 손질한 모든 재료를 냄비에 넣고 한 번 팔팔 끓으면 중약불로 줄여 1시간 정도 더 우려내요.

7 중간 중간 불순물이 끓어오르면 걷어내줍니다.

8 체를 이용해 국물만 걸러주세요.

9 한 김 식혀 모유 저장팩에 담은 뒤, 라벨링 후 냉장 혹은 냉동 보관해요.

닭고기 육수

소고기 이유식에는 소고기 육수, 닭고기 이유식에는 닭고기 육수가 잘 어울려요. 둘 다 우려내기 힘들다면 채소 육수로 통일해서 사용해도 좋지만, 시간 여유가 있다면 닭 육수를 우려내는 게 좋더라고요. 닭고기 육수는 소고기 육수보다 좀 더 담백하고 덜 부담스러운 맛 덕분에 간식 만들 때도 부담 없이 사용했어요.

재료(중기 이유식 1~2회 분량)

물 1200ml

닭가슴살 100g

당근 1/2개

큰 양파 1/2개

대파뿌리쪽 1/3

마른 표고 10조각

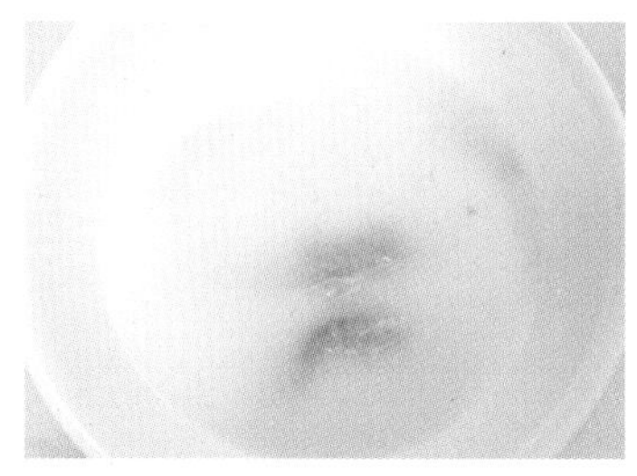

1 닭고기는 기름기와 지방을 제거한 후 분유물에 30분 정도 재워 잡내를 제거해주세요.

TIP 분유나 모유를 사용하세요.

2 표고버섯은 깨끗하게 씻어 갓만 사용해요. 이번에는 말린 표고를 사용해봤어요. 10~12조각 정도면 알맞아요.

3 양파는 껍질을 벗기고 깨끗하게 씻어 1/2 등분해주세요.

4 대파는 깨끗이 씻어 1/3 등분하고 뿌리 쪽(흰 부분)만 사용해요.

5 당근은 물에 씻어 껍질을 제거한 후 잘 우러나도록 4~5등분으로 잘라요.

6 손질한 모든 재료를 냄비에 넣고 한 번 팔팔 끓으면 중약불로 줄여 1시간 정도 더 우려내요.

7 중간 중간 불순물이 끓어오르면 걷어내주세요.

8 우려낸 국물은 체를 이용해 국물만 걸러주세요.

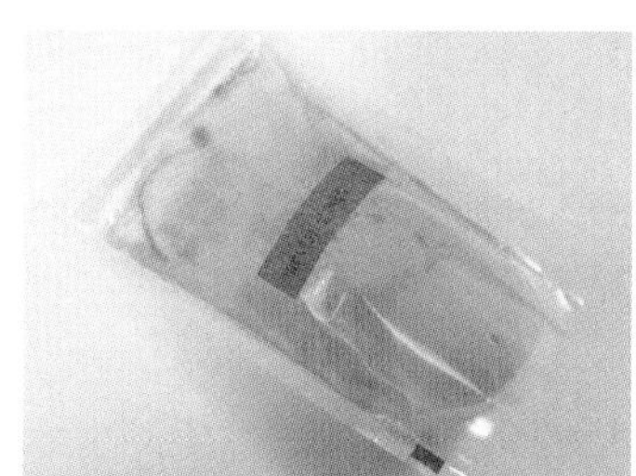

9 한 김 식혀 모유 저장팩에 담은 뒤 라벨링 후 냉장 혹은 냉동 보관해요.

채소 육수

채소 육수는 어느 이유식에나 잘 어울리고, 나중에 유아식을 할 때도 여기저기 잘 쓰여요. 한 솥 가득 만들어 젖병에 넣어 물처럼 먹도록 주면 좋은 영양 간식이 되기도 한답니다. 소고기, 닭고기 냄새나 멸치 육수의 비린내에 민감한 아기들도 채소 육수는 부담 없이 먹을 수 있어요. 여러 가지 채소에서 푹 우려져 나오는 육수의 감칠맛 덕분에 따로 간을 하지 않아도 이유식이 맛있어진답니다.

재료(중기 이유식 1~2회 분량)

물 1200ml

무 1/4개

당근 1/2개

큰 양파 1/2개

대파뿌리쪽 1/3

표고버섯 1개

다시마 2~3조각

1 표고버섯은 깨끗하게 씻어 갓만 통째로 사용해요.

2 무는 깨끗이 씻어서 껍질을 깎아 사용해요. 큰 무는 1/4, 보통 크기는 1/3~1/2 정도 사용해요.

3 양파는 껍질을 벗기고 깨끗하게 씻어 1/2 등분합니다.

4 대파는 깨끗이 씻어 1/3 등분하고 뿌리쪽(흰 부분)만 사용해요.

5 당근은 씻어 껍질을 제거한 후 잘 우러나도록 4~5등분으로 잘라주세요.

6 다시마는 젖은 면이나 키친타월로 살짝 닦아 사용해주세요.

7 손질한 모든 재료를 한 번에 냄비에 넣고 한 번 팔팔 끓으면 다시마를 건져내요. 중약불로 줄여 1시간 정도 더 우려냅니다.

TIP 다시마를 오래 우리면 쓴맛이 나요.

8 중간 중간 불순물을 걷어내고 우려낸 국물은 체를 이용해 국물만 걸러주세요.

9 한 김 식혀 모유 저장팩에 담은 뒤 라벨링 후 냉장 혹은 냉동 보관해요.

TIP 위 재료 외에 이유식을 만들고 남은 청경채, 비타민 줄기 등 채소 자투리를 넣어도 좋아요.

다시마 육수(중기 이유식용)

우려내기도 쉽고, 시간도 제일 적게 걸리는 육수예요. 사실 이유식에 넣었을 때, 앞에 소개한 다른 육수들에 비해서 큰 감칠맛은 기대하기 어렵지만 달걀찜, 조림반찬, 간식 등에 부담 없이 사용할 수 있어요. 후기 이유식부터는 멸치와 함께 넣어 우려내면 더 진한 맛을 기대할 수 있어요.

재료(중기 이유식 1~2회 분량)

물 1000ml

말린 표고버섯 4~5조각(혹은 생표고 1개)

다시마 4장(사방 4cm 정도 크기)

1 다시마는 젖은 면으로 한 번씩 닦아 주세요.

2 짠기를 조금 빼기 위해서 찬물에 10분 정도 담가둬요.

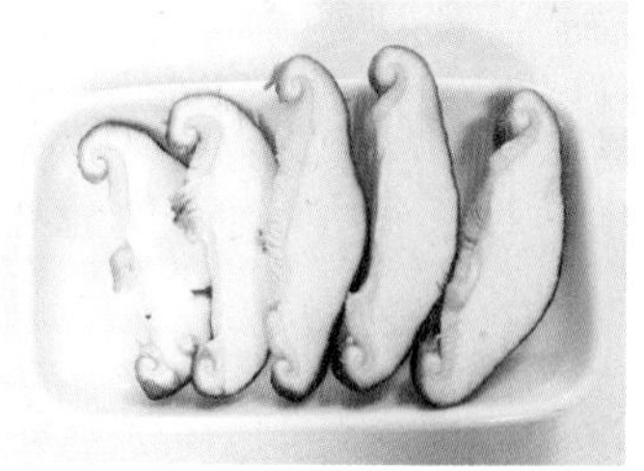
3 표고버섯은 썰어서 사용해주세요. 말린 표고는 4~5조각 정도, 생표고는 1개면 돼요.

TIP 표고버섯은 없으면 생략 가능해요.

4 재료를 모두 냄비에 담고 끓여주세요.

5 물이 팔팔 끓기 시작하면 다시마만 건지고 표고는 3~5분 정도 더 끓여 주세요.

TIP 다시마는 오래 끓이면 쓴 맛이 나요.

6 한 김 식혀 모유 저장팩에 담은 뒤 라벨링 후 냉장 혹은 냉동 보관해요.

바다에서 자란 생물로 내는 육수라 중기 이유식 아기들에겐 짠기를 한 번 빼내고 사용했어요. 사실 이렇게 하면 뭐 다시마의 진한 감칠맛은 느낄 수 없겠지만, 먹는 것에 의의를 두고 후기 이유식부터 제대로 우려줬어요.^^

전문가 조언

육수 보관법

한 김 식힌 후 모유 저장팩 혹은 육수팩에 적당량을 담아 냉동실에 보관해요(큐브에 넣어서 보관도 가능).

보관기간

- 냉장 : 3일 이내(원래 5일~1주일 정도 보관해서 쓰기도 하지만 어린 아기가 먹는 육수라서 최대한 신선할 때 사용했어요)
- 냉동 : 3주 이내

소고기 · 단호박 · 양배추죽

중기 이유식도 어려운 듯하지만 만드는 방법은 같아요. 첫 메뉴여서 아기가 좋아할 달달한 단호박과 소화하기 편한 양배추를 넣어줬어요. 중기 이유식의 농도는 4~8배죽 정도로 하는데, 처음이라 7배죽으로 시작했고요. 농도는 아기 반응을 보고 차근차근 조절해주세요.

조리시간 및 모드

죽 모드 1시간

사용재료

쌀가루	60g
소고기	50g
단호박	40g
양배추	40g
물/육수 (소고기 or 채소)	420ml

만드는 양

520g

농도

7배죽

1 쌀가루는 미리 30분 정도 물에 불려 주세요.

2 소고기를 삶아 익힌 후 손질해 먹기 좋은 크기로 갈아주세요.

3 단호박은 잘게 다져 준비해주세요.

4 양배추는 연한 잎 부분만 데쳐 곱게 다져 준비해주세요.

5 준비한 재료와 육수를 모두 밥솥에 넣어주세요.

6 죽 모드로 1시간 돌려주세요.

7 완성되면 잘 저어서 골고루 섞어주세요. 덩어리진 고기는 스패튤러로 으깨서 섞어주면 잘 풀려요.

8 그릇에 먹을 분량만큼 담아 냉장(냉동) 보관해요.

첫 번째 중기 이유식이므로 아기에게 먹여보고 농도와 재료의 입자 크기를 조절해주세요. 여러 번 시행착오를 겪게 될 거예요. 인내심을 갖고 내 아기에게 딱 맞는 농도와 입자 크기를 찾아보세요.

소고기단호박양배추죽은 영양과 맛 두 가지를 모두 잡은 이유식이에요. 소고기 냄새 때문에 소고기 이유식을 싫어하는 아기들도 단호박의 달달한 맛으로 맛있게 먹을 수 있어요. 믹서기에 갈 때 소고기 삶은 물(육수)을 넣어서 갈아주면 더 깊은 맛을 느낄 수 있어요.

닭안심 · 당근 · 청경채죽

하루 두 끼를 해야 하니 소고기 이유식과 더불어 닭고기 이유식도 자주 만나게 돼요. 닭고기와 궁합이 좋은 당근, 청경채를 사용해봤어요. 저는 두 번째 이유식부터는 6배죽으로 했어요.

조리시간 및 모드

죽 모드 1시간

사용재료

쌀가루	60g
닭안심	50g
당근	30g
청경채	30g
물/육수 (닭고기 or 채소)	360ml

만드는 양

400~500g

농도

6배죽

1 쌀가루는 미리 30분 정도 물에 불려주세요.

2 닭고기를 삶아 익힌 후 손질해 먹기 좋은 크기로 갈아주세요.

3 당근은 생당근 그대로 다져서 준비해 주세요.

4 청경채는 한 번 데친 후 갈아서 준비해주세요.

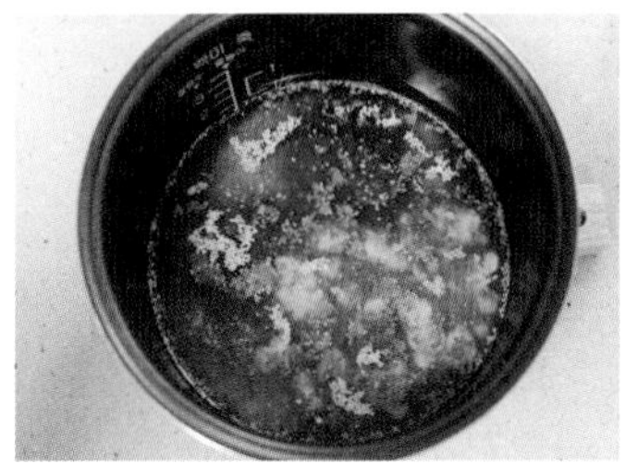

5 준비한 재료와 육수를 모두 밥솥에 넣어주세요.

6 죽 모드로 1시간 돌려주세요.

7 완성되면 잘 저어서 골고루 섞어주세요. 덩어리진 고기는 스패튤러로 으깨서 섞어주면 잘 풀려요.

8 그릇에 먹을 분량만큼 담아 냉장(냉동) 보관해요.

TIP 큐브를 사용한 밥솥 이유식이에요. 재료만 미리 손질해두면 정말 편하게 이유식을 만들 수 있어요.

성질이 찬 청경채는 체질상 몸이 냉한 아기가 먹으면 위장 장애 및 설사와 같은 부작용이 발생할 수 있어요. 몸이 냉한 아기가 청경채를 섭취하려면 살짝 기름을 두르고 볶은 후 이유식을 만들면 성질을 덜 차갑게 만들 수 있으니 참고하세요.

대구살 · 청경채 · 완두콩죽

첫 흰살 생선으로 많이 먹이는 대구살은 이유식용으로 많이 쓰이기 때문에 구하기도 쉽고, 부드러워 아기들도 잘 먹어요. 저희 딸은 중기 이유식 전에 완두콩을 한 번 먹여보고 알레르기가 없어 같이 사용했는데, 콩을 먹여보지 않았거나 완두콩에 알레르기가 있는 아기들은 다른 재료(렌틸콩, 서리태 등과 같은 콩 종류나 비슷한 색을 내줄 청경채나 케일)로 대체해서 사용하세요.

조리시간 및 모드

죽 모드 1시간

사용재료

쌀가루	60g
대구살	50g
완두콩	15g
청경채	30g
물/육수 (채소 or 다시마)	350ml

만드는 양

400~500g

농도

6배죽

1 쌀가루는 미리 30분 정도 물에 불려주세요.

2 대구살은 해동한 뒤 잘게 다져 준비해주세요.

3 완두콩은 끓는 물에 데쳐 껍질을 벗긴 후 콩만 으깨서 준비해주세요.

4 청경채는 한 번 데친 후 갈아서 준비해주세요.

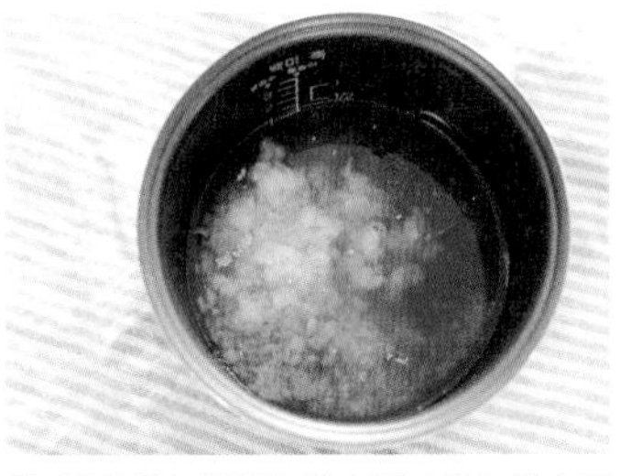

5 준비한 재료와 육수를 모두 밥솥에 넣어주세요.

6 죽 모드로 1시간 돌려주세요.

7 완성되면 잘 저어서 골고루 섞어주세요.

8 그릇에 먹을 분량만큼 담아 냉장(냉동) 보관해요.

대구는 지방 함유량이 적고 고단백 식품으로 원기회복에 좋고, 각종 비타민이 함유되어 눈 건강, 감기예방에 도움을 줍니다. 이유식에는 흰살 생선으로 가장 많이 쓰이는데, 감칠맛이 적어 계속 먹이면 아이가 싫증을 낼 수도 있어요.

소고기·표고버섯·양배추·애호박죽

영양가가 많은 표고버섯을 넣어 소고기죽을 만들었어요. 표고는 특유의 향이 있어 너무 많은 양을 넣으면 아기가 먹지 않을 수도 있어요. 혹시 안 먹을까봐 달달한 양배추와 애호박을 동반시켰어요. 인공적인 단맛이 아닌 채소 천연의 맛이니 걱정 말고 과하지 않을 정도로만 넣어주세요.

조리시간 및 모드

죽 모드 1시간

사용재료

쌀가루	60g
소고기	50g
표고버섯	15g
양배추	30g
애호박	25g
물/육수 (소고기 or 채소)	360ml

만드는 양

400~500g

농도

6배죽

1 쌀가루는 미리 30분 정도 물에 불려주세요.

2 소고기를 삶아 익힌 후 손질해 먹기 좋은 크기로 갈아주세요.

3 표고버섯은 갓만 잘라 익히지 않은 그대로 곱게 다져주세요.

4 양배추는 연한 잎 부분만 데쳐 곱게 다져 준비해주세요.

5 애호박은 익히지 않은 상태로 껍질만 벗겨내고 다져 준비해주세요.

6 준비한 재료와 육수를 모두 밥솥에 넣어주세요.

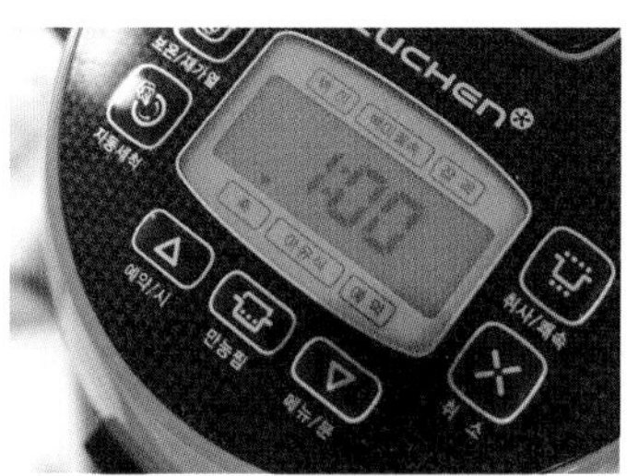

7 죽 모드로 1시간 돌려주세요.

8 완성되면 잘 저어서 골고루 섞어주세요. 덩어리진 고기는 스패튤러로 으깨서 섞어주면 잘 풀려요.

9 그릇에 먹을 분량만큼 담아 냉장(냉동) 보관해요.

생표고버섯을 햇볕에 말리는 과정에서 비타민D가 생기므로 맛이나 영양적으로 따져볼 때 마른 표고버섯을 사용하는 것도 좋아요. 마른 표고버섯은 젖은 행주로 닦은 뒤 미지근한 물에 불려 사용하세요.

대구살 · 감자 · 당근 · 치즈죽

첫 대구살 이유식, 성공하셨나요? 새로운 맛이라 잘 먹었을 수도 있고 생선 특유의 냄새에 민감한 아기라면 잘 안 먹을 수도 있어요. 흰살 생선은 꼭 먹어야 하는 영양소이기 때문에, 혹시나 안 먹을 땐 고소한 치즈를 같이 넣어주세요. 데운 후 먹기 전에 퐁당 넣어주면 사르르 녹아요.

조리시간 및 모드

죽 모드 1시간

사용재료

쌀가루	60g
대구살	50g
당근	20g
감자	30g
아기 치즈	1/4장
육수 (채소 or 다시마)	350ml

만드는 양

400~500g

농도

6배죽

1 쌀가루는 미리 30분 정도 물에 불려주세요.

2 대구살은 해동한 뒤 잘게 다져 준비해주세요.

3 당근은 익히지 않은 상태로 잘게 다져주세요.

4 감자는 익히지 않은 상태로 찬물에 담가 전분을 빼고 잘게 다져 준비해주세요.

TIP 갈변 방지를 위해 마지막에 준비하는게 좋아요.

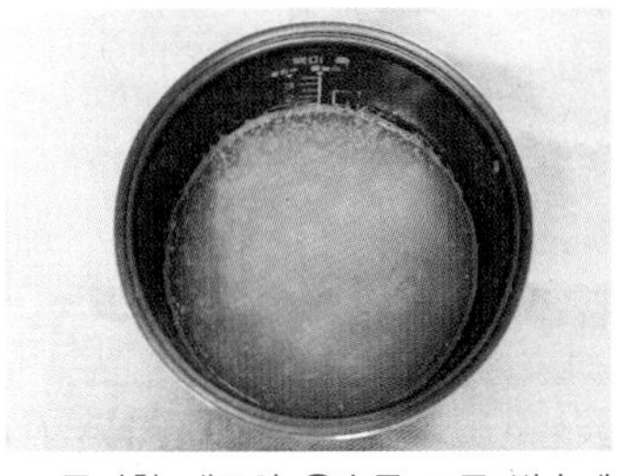

5 준비한 재료와 육수를 모두 밥솥에 넣어주세요.

6 죽 모드로 1시간 돌려주세요.

7 완성되면 잘 저어서 골고루 섞어주세요.

8 그릇에 먹을 분량만큼 담아 냉장(냉동) 보관해요.

9 먹기 전에 아기 치즈를 반장이나 1/4장 정도 올려서 주세요. 따뜻하게 데운 죽 위에 올려놓으면 사르르 녹아요. 전자레인지에 돌릴 때 같이 돌려도 돼요.

전문가 조언

흰살 생선인 대구와 감자, 치즈는 궁합이 좋아요. 흰살 생선의 비린내를 잡기 위해선 마늘, 생강, 정종을 넣어 삶거나 마늘즙 또는 양파즙에 재워서 구운 후 사용하면 돼요. 하지만 아직은 조심스러운 중기 이유식이므로 양파즙으로만 비린내를 잡아도 충분해요.

소고기·양배추·아욱·표고버섯죽

아욱과 표고는 궁합이 아주 좋아요. 소고기 대신 새우와 함께 만들면 더 좋은 메뉴이긴 한데, 새우는 후기 이유식부터 쓰기 때문에 이땐 소고기를 사용했어요.

조리시간 및 모드

죽 모드 1시간

사용재료

쌀가루	60g
소고기	50g
양배추	30g
아욱	20g
표고버섯	10g
물/육수 (소고기 or 채소)	350ml

만드는 양

400~500g

농도

6배죽

1 쌀가루는 미리 30분 정도 물에 불려 주세요.

2 소고기를 삶아 익힌 후 손질해 먹기 좋은 크기로 갈아주세요.

3 양배추는 잎 부분만 데쳐 잘게 다져 주세요.

4 아욱은 잎 부분만 소금에 빡빡 씻어 한 번 숨을 죽인 다음 물에 데친 후 다져서 준비해주세요.

5 표고버섯은 갓 부분만 잘라 익히지 않은 상태로 잘게 다져 준비해주세요.

6 준비한 재료와 육수를 모두 밥솥에 넣어주세요.

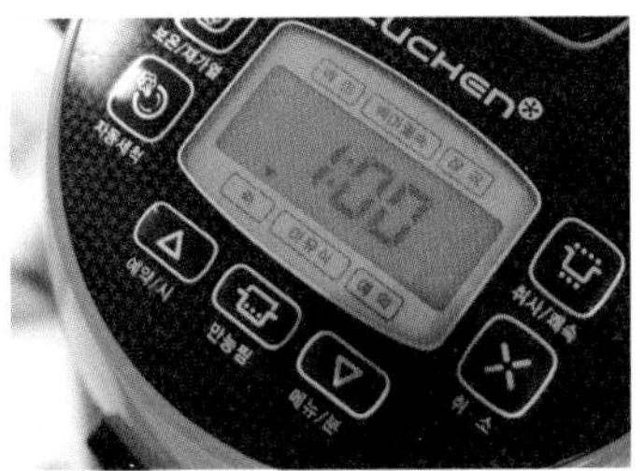

7 죽 모드로 1시간 돌려주세요.

8 완성되면 잘 저어서 골고루 섞어주세요. 덩어리진 고기는 스패튤러로 으깨서 섞어주면 잘 풀려요.

9 그릇에 먹을 분량만큼 담아 냉장(냉동) 보관해요.

아욱은 씻을 때 살살 씻는게 아니라 주물러 치대며 씻어야 쓴맛이 우러나고 풋내도 안 나요. 아욱의 풋내는 익혀도 남을 수 있어 아기들이 싫어할 수 있어요. 줄기가 아주 억센 것은 버리고 줄기의 껍질을 벗긴 뒤 아욱을 치댈 때 물 대신 쌀뜨물을 부으면 맛이 더 부드러워져요.

BABY FOOD RECIPE | **07** 중기 이유식

대구살 · 애호박 · 시금치 · 새송이버섯죽

이번엔 세 가지 재료 모두 아기들이 잘 먹는 무난한 재료예요. 앞의 표고, 아욱죽 같은 향이 있는 재료를 오전 이유식으로 주었다면, 오후 이유식은 무난한 재료로 이루어진 이유식으로 주었어요.

조리시간 및 모드

죽 모드 1시간

사용재료

쌀가루	60g
대구살	50g
애호박	35g
시금치	30g
새송이버섯	15g
물/육수 (채소 or 다시마)	360ml

만드는 양

400~500g

농도

6배죽

1 쌀가루는 미리 30분 정도 물에 불려주세요.

2 대구살은 해동한 뒤 잘게 다져 준비해주세요.

3 시금치는 잎 부분만 데친 후 잘게 다져주세요.

4 애호박은 익히지 않은 상태로 껍질만 벗겨 잘게 다져주세요.

5 새송이버섯은 익히지 않은 상태로 갓 부분만 잘게 다져서 준비해주세요.

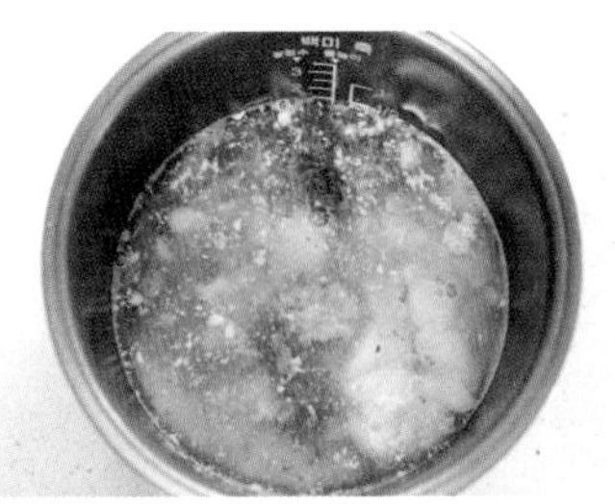

6 준비한 재료와 육수를 모두 밥솥에 넣어주세요.

7 죽 모드로 1시간 돌려주세요.

8 완성되면 잘 저어서 골고루 섞어주세요. 덩어리진 대구살은 스패튤러로 으깨서 섞어주면 잘 풀려요.

9 그릇에 먹을 분량만큼 담아 냉장(냉동) 보관해요.

종류에 따라 다른 풍미와 맛을 가진 버섯. 가을이면 향과 맛이 더 풍부해지는 버섯은 고단백, 저칼로리 식품으로 콜레스테롤을 줄이고 면역력을 높여줍니다. 또한 뼈를 튼튼하게 해 이유식 식재료로 좋아요. 향이 강하지 않은 버섯으로 시작해 점차 향이 짙은 버섯을 추가하는 것이 좋아요.

닭고기 · 청경채 · 부추 · 애호박 · 감자죽

닭고기와 청경채는 궁합이 아주 좋은 재료랍니다. 청경채는 구하기도 쉽고 별다른 향도 없어 이유식에 많이 쓰여 큐브로 대량 생산해두었어요. 부추 또한 닭고기와 궁합이 좋다고 합니다. 거기에 무난한 재료인 애호박과 감자를 같이 넣어서 끓인 이유식이에요.

조리시간 및 모드

죽 모드 1시간

사용재료

쌀가루	60g
닭고기	50g
청경채	25g
애호박	30g
부추	15g
감자	20g
물/육수 (닭고기 or 채소)	360ml

만드는 양

400~500g

농도

6배죽

1 쌀가루는 미리 15분 정도 물에 불려주세요.

2 닭고기는 끓는 물에 삶아 익힌 후 곱게 갈아 준비해주세요.

3 청경채는 잎 부분만 살짝 데쳐 잘게 다져주세요.

4 애호박은 껍질만 돌려 깎아 잘게 다져 준비해주세요.

5 부추는 깨끗이 씻어 부드러운 잎 쪽만 잘게 다져 사용해요. 향에 민감한 아기라면 살짝 데쳐서 사용해주세요. 단, 많이 익히면 질겨질 수 있으니 곱게 다져주세요.

6 감자는 익히지 않은 상태로 찬물에 담가 전분을 빼고 잘게 다져 준비해주세요.

TIP 갈변 방지를 위해 마지막에 준비하는 게 좋아요.

7 준비한 재료와 육수를 모두 밥솥에 담고 죽 모드로 1시간 돌려주세요.

8 완성되면 잘 저어서 골고루 섞어주세요. 덩어리진 고기는 스패튤러로 으깨서 섞어주면 잘 풀려요.

9 그릇에 먹을 분량만큼 담아 냉장(냉동) 보관해요.

부추는 비타민A, C가 함유되어 있고 각종 무기질과 철이 풍부한 슈퍼푸드 중 하나입니다. 봄 부추는 인삼보다 좋다는 말이 있을 정도랍니다. 하지만 향이 강한 재료라 한 번 데쳐주면 향을 줄일 수는 있으나, 예민한 아기들은 이유식을 거부할 수도 있으니 한 번 먹여보고 안 먹는다면 후기에 다시 도전해 보세요.

호박고구마·연두부죽

이번 메뉴는 메인 재료 없이 호박고구마와 부드러운 연두부만 넣어서 만든 죽이에요. 이유식을 잘 안 먹으려 할 때나 아파서 입맛이 없을 때 한 번씩 만들어주세요. 다만 입천장으로 으깨는 게 서툰 아기라면 고구마를 꼭 쪄서 넣어주세요.

조리시간 및 모드

죽 모드 1시간

사용재료

중기 이유식 쌀가루	40g
고구마	40g
연두부	100g
물/육수 (채소 or 다시마)	320g

만드는 양

300~350g

농도

8배죽
(특식 개념으로 약간 묽게 했어요.)

1 쌀가루는 미리 30분 정도 물에 불려 주세요.

2 연두부는 끓는 물에 살짝 데쳐 으깨서 준비해주세요.

3 호박고구마는 잘게 다져 준비해주세요(호박고구마 대신 밤고구마도 좋아요).

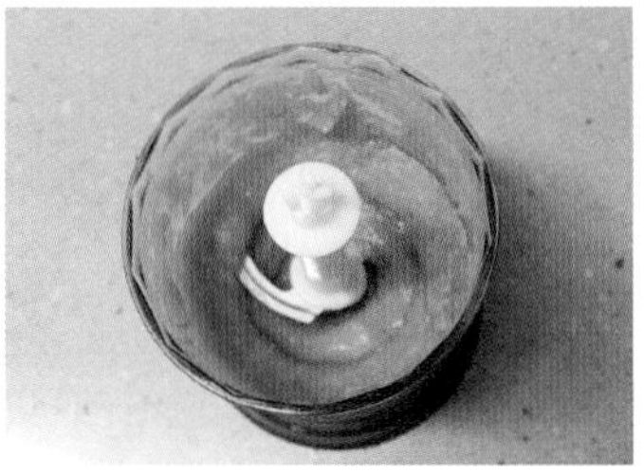

4 단, 입자를 잘 못 먹거나 생고구마의 향에 예민한 아기라면 찜기에 찐 후 갈아 준비해주세요.

5 준비한 재료와 육수를 모두 밥솥에 넣어주세요.

6 죽 모드로 1시간 돌려주세요.

7 완성되면 잘 저어서 골고루 섞어주세요. 찐 고구마는 잘 섞어서 풀어줘야 뭉치지 않고, 연두부는 잘 으깨줘야 해요.

8 그릇에 먹을 분량만큼 담아 냉장(냉동) 보관해요.

TIP 아기가 이유식을 잘 먹지 않을 때 특식으로 해주기 좋은 이유식이에요. 여기에 치즈를 넣어줘도 좋아요. 고구마는 다져서 죽 모드로 돌리면 입천장으로 으깨서 먹을 수 있을 정도의 식감이 되는데, 그걸 싫어하는 아기들은 고구마를 찐 후 넣어줘야 잘 먹어요.

베타카로틴이 풍부한 고구마를 이용해 고구마연두부죽, 고구마완두콩죽 등을 만들면 좋아요. 베타카로틴은 바이러스성 질환 예방에 도움이 되는 것으로 알려져 있답니다. 고구마 외에 베타카로틴이 풍부한 단호박이나 당근 등을 활용해도 좋아요.

대구살 · 당근 · 양배추 · 애호박죽

대구살 이유식은 흰살 생선이 들어가다 보니 늘 색감이 약간 밋밋해요. 당근같이 색이 선명한 채소를 넣어주면 알록달록 더 보기 좋아요. 실제로도 이유기 아기들에게 알록달록한 색감이 좋다고 해요. 한창 색감을 알아가는 개월 수이기도 하고, 알록달록하면 더 흥미를 느낀다고 합니다.

조리시간 및 모드

죽 모드 1시간

사용재료

쌀가루	60g
대구살	50g
당근	20g
양배추	30g
애호박	30g
물/육수 (채소 or 다시마)	360ml

만드는 양

400~500g

농도

6배죽

1 쌀가루는 미리 30분 정도 물에 불려주세요.

2 대구살은 해동한 뒤 잘게 다져 준비해주세요.

3 당근은 익히지 않은 상태로 잘게 다져 준비해주세요.

4 양배추는 연한 잎 부분만 데쳐 곱게 다져 준비해요.

5 애호박은 껍질만 깎고 익히지 않은 상태로 다져서 준비해주세요.

6 준비한 재료와 육수를 모두 밥솥에 넣어주세요.

7 죽 모드로 1시간 돌려주세요.

8 완성되면 잘 저어서 골고루 섞어주세요. 덩어리진 대구살은 스패튤러로 으깨서 섞어주면 잘 풀려요.

9 그릇에 먹을 분량만큼 담아 냉장(냉동) 보관해요.

당근은 다른 채소에 비해 소화가 잘 안 되는 편이니, 잘게 다지거나 소화력이 약한 아기라면 당근 대신 소화가 잘 되는 잎채소로 대체하는 것도 좋아요.

소고기·미역·단호박·표고버섯죽

이번 이유식에는 처음으로 미역을 사용해보았어요. 미역은 7개월 쯤이면 먹여도 되는 재료고, 해조류지만 알레르기 반응이 많지 않아서 많이 쓰는 이유식 재료예요. 처음 도전하기도 하고 특히 바다에서 나는 재료여서 혹시 모를 거부를 대비해서 또 단호박과 함께 했어요.

조리시간 및 모드

죽 모드 1시간

사용재료

쌀가루	60g
소고기	50g
미역	20g
단호박	35g
표고버섯	10g
물/육수 (소고기 or 채소)	360ml

만드는 양

400~500g

농도

6배죽

1 쌀가루는 미리 15분 정도 물에 불려주세요.

TIP 중기 중반쯤 되면 쌀을 조금만 불려줘도 잘 먹을 거예요. 도전해 보세요. 점점 밥 먹는 연습을 해야 하니까요!

2 소고기는 끓는 물에 삶아 익힌 후 곱게 갈아 준비해주세요.

3 마른 미역을 물에 불려 찬물에 깨끗이 씻은 뒤 믹서에 곱게 갈아 준비해요.

TIP 처음 먹는 해조류라 다지기보다는 아주 곱게 갈아 줬어요.

4 단호박은 잘게 다져 준비해주세요.

5 표고버섯은 갓 부분만 곱게 다져 준비해요.

6 준비한 재료와 육수를 모두 밥솥에 넣어주세요.

7 죽 모드로 1시간 돌려주세요.

8 완성되면 잘 저어서 골고루 섞어주세요. 덩어리진 고기는 스패튤러로 으깨서 섞어주면 잘 풀려요.

9 그릇에 먹을 분량만큼 담아 냉장(냉동) 보관해요.

말린 표고버섯은 미역이 가진 높은 칼슘을 잘 흡수할 수 있도록 도와주기 때문에 영양면에서 궁합이 아주 좋아요. 마른 미역을 손질할 때에는 줄기를 제거하고 잎 부분만 찬물에 불려 깨끗이 씻어주세요.

BABY FOOD RECIPE | 12 중기 이유식

소고기·단호박·당근·청경채죽

어느 정도 중기 이유식에 익숙해지면 슬슬 농도를 조절해보세요. 책에서는 6배죽으로 유지했는데 저는 1, 2번째 이유식을 제외하고는 4배죽, 5배죽으로 만들어줬어요. 익숙한 재료로 만드는 날은 입자를 조금 더 크게 하거나 농도를 조절해보는 등 무언가 '시도'해보기 좋은 날이에요.

조리시간 및 모드

죽 모드 1시간

사용재료

쌀가루	60g
소고기	50g
청경채	25g
당근	20g
단호박	20g
물/육수 (소고기 or 채소)	360ml

만드는 양

400~500g

농도

6배죽

1 쌀가루는 미리 15분 정도 물에 불려주세요.

2 소고기는 끓는 물에 삶아 익힌 후 잘게 다져주세요.

3 청경채는 잎 부분만 물에 살짝 데쳐 곱게 다져주세요.

4 당근은 날것 그대로 잘게 다져주세요.

5 단호박도 익히지 않은 상태로 잘게 다져 준비해주세요.

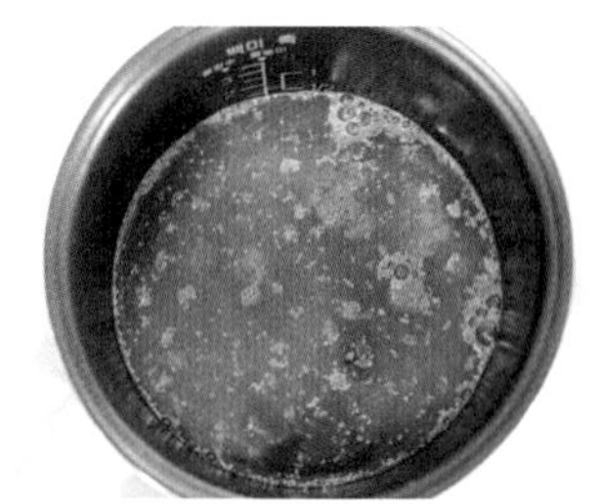

6 준비한 재료와 육수를 모두 밥솥에 넣어주세요.

7 죽 모드로 1시간 돌려주세요.

8 완성되면 잘 저어서 골고루 섞어주세요. 덩어리진 고기는 스패튤러로 으깨서 섞어주면 잘 풀려요.

9 그릇에 먹을 분량만큼 담아 냉장(냉동) 보관해요.

전문가 조언

청경채는 사계절 내내 쉽게 구입할 수 있는 채소 중 하나이며, 이유식 초기단계부터 먹일 수 있는 대표적인 채소예요. 칼슘, 나트륨 등 각종 미네랄과 비타민C나 카로틴이 풍부해서 피부에도 좋고 치아나 골격발육에도 좋으니 궁합이 잘 맞는 재료와 함께 다양한 이유식을 만들어보세요.

닭고기・찹쌀・양배추・브로콜리죽

쌀과 찹쌀을 함께 섞어서 사용해봤어요. 식감이 더 쫀득쫀득하고 차져요. 약간 닭죽과 같은 느낌이 나도록 닭고기 이유식엔 찹쌀을 종종 섞어서 만들어 줬어요. 브로콜리는 좋은 재료지만 거의 맛이 안 나니 약간의 단맛을 내는 양배추와 함께 사용했어요.

조리시간 및 모드

죽 모드 1시간

사용재료

쌀가루	30g
찹쌀	30g
닭고기	50g
양배추	35g
브로콜리	30g
물/육수 (닭고기 or 채소)	360ml

만드는 양

400~500g

농도

6배죽

1 쌀가루는 미리 15분 정도 물에 불려 주세요.

2 찹쌀은 20분 정도 불려 물을 탈탈 털어낸 후 믹서기에 툭툭 끊 듯이 분쇄했어요. 쌀의 1/3 크기 정도로요.

3 닭고기는 끓는 물에 삶아 익힌 후 곱게 갈아 준비해주세요.

4 양배추는 잎 부분만 쪄서 곱게 다져 주세요.

5 브로콜리는 송이 부분만 깨끗하게 씻어 한 번 데친 후 다져서 준비해주세요.

6 준비한 재료와 육수를 모두 밥솥에 넣어주세요.

7 죽 모드로 1시간 돌려주세요.

8 완성되면 잘 저어서 골고루 섞어주세요. 덩어리진 고기는 스패튤러로 으깨서 섞어주면 잘 풀려요.

9 그릇에 먹을 분량만큼 담아 냉장(냉동) 보관해요.

전문가 조언

이유식을 시작하면 아기들의 변은 많이 달라집니다. 묽은 변이 아닌 되직한 변으로요. 위가 튼튼해지는 양배추와 소화가 쉬운 찹쌀로 속편한 이유식을 만들어주세요. 평소에 섬유질이 많은 양배추나 잎채소로 만든 이유식은 변비를 예방해 줘요.

BABY FOOD RECIPE | 14 중기 이유식

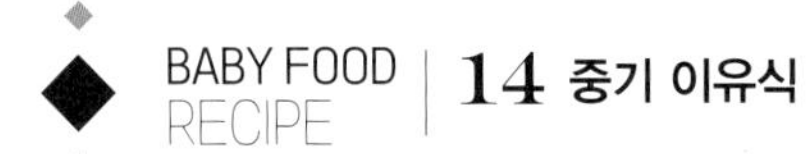

대구살 · 애호박 · 알배추 · 새송이버섯죽

고소하고 단맛을 내는 알배추도 이유식 재료로 좋아요. 특히 알배추를 구하기 쉬운 겨울에는 청경채, 애호박, 당근, 단호박이 지겨울 무렵 참신한 이유식 재료가 되곤 해요.

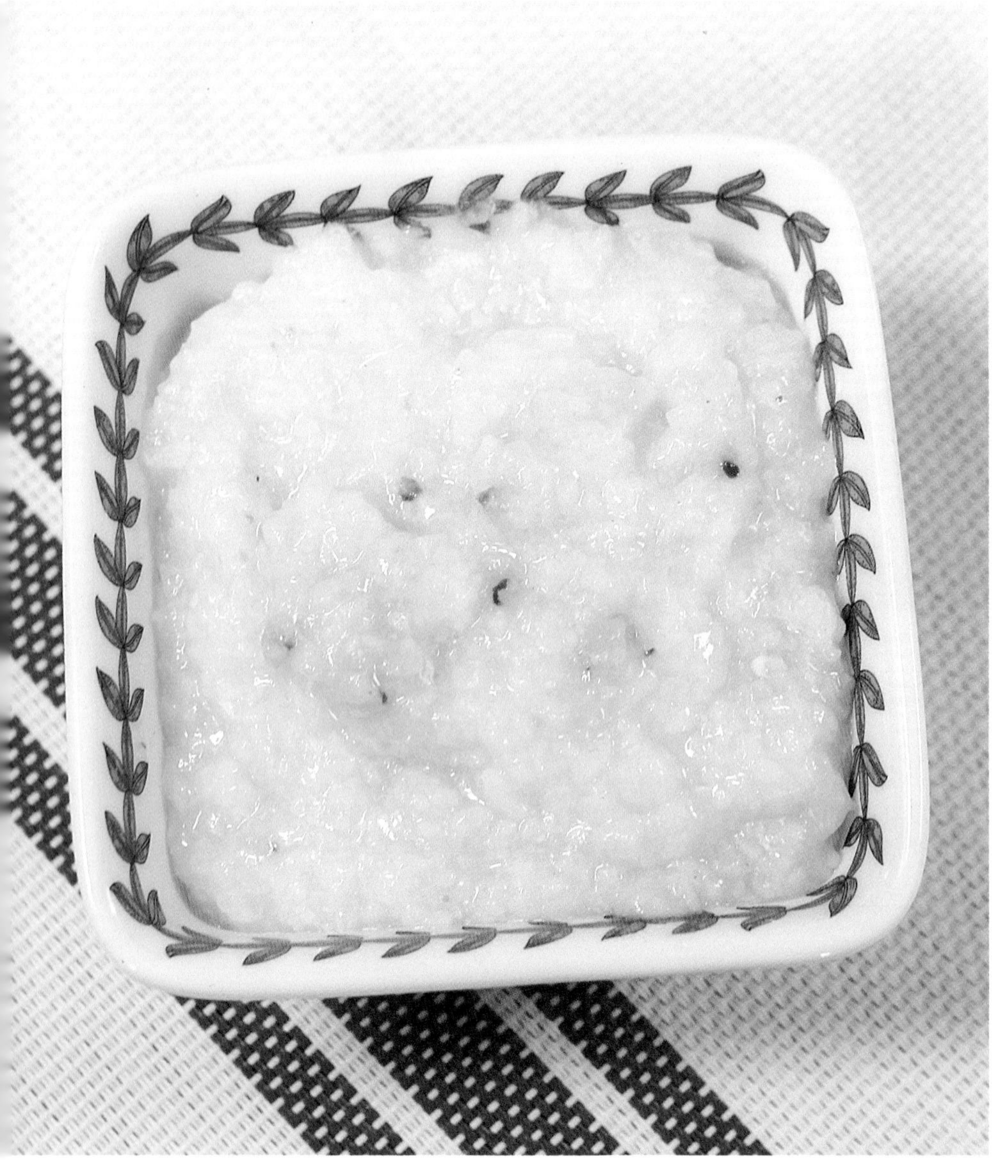

조리시간 및 모드

죽 모드 1시간

사용재료

쌀가루	60g
대구살	50g
알배추	25g
새송이버섯	15g
애호박	20g
물/육수 (채소 or 다시마)	360ml

만드는 양

400~500g

농도

6배죽

1 쌀가루는 미리 15분 정도 물에 불려주세요.

2 대구살은 해동된 상태로 잘게 다져 준비해주세요.

3 알배추는 잎 부분만 살짝 데쳐 곱게 다져 사용해요.

4 새송이버섯은 익히지 않은 상태로 갓 부분만 잘게 다져서 준비해주세요.

TIP 기둥 부분도 잘 먹는다면 중기 이유식부터 전체를 사용해주세요.

5 애호박은 껍질만 돌려 깎아 잘게 다져 준비해주세요.

6 준비한 재료와 육수를 모두 밥솥에 넣어주세요.

7 죽 모드로 1시간 돌려주세요.

8 완성되면 잘 저어서 골고루 섞어주세요. 덩어리진 대구살은 스패튤러로 으깨서 섞어주면 잘 풀려요.

9 그릇에 먹을 분량만큼 담아 냉장(냉동) 보관해요.

전문가 조언

대구살과 알배추를 이용한 이유식은 아기 속을 편안하게 해주는 이유식이에요. 아기가 변비나 설사로 고생하거나 장에 가스가 찼다면 대구살과 알배추를 이용한 이유식을 만들어 먹이면 좋아요.

닭고기·당근·감자·완두콩·새송이버섯죽

완두콩 껍질을 까는 과정이 조금 귀찮긴하지만 완두콩 이유식을 만들어주면 입이 마중나오면서까지 잘 받아먹어 여러 번 만들어줬어요. 아이가 유독 좋아하는 재료가 있다면 자주 만들어주세요.

조리시간 및 모드

죽 모드 1시간

사용재료

쌀가루	60g
닭고기	50g
당근	20g
완두콩	20g
감자	30g
새송이버섯	30g
물/육수 (닭고기 or 채소)	360ml

만드는 양

400~500g

농도

6배죽

1 쌀가루는 미리 15분 정도 물에 불려주세요.

2 닭고기는 끓는 물에 삶아 익힌 후 곱게 갈아 준비해주세요.

3 새송이버섯은 익히지 않은 상태로 갓 부분만 잘게 다져 준비해주세요.

4 당근은 익히지 않은 상태 그대로 잘게 다져 준비해주세요.

5 완두콩은 끓는 물에 데쳐 껍질을 벗긴 후 콩만 으깨서 준비해주세요.

6 감자는 익히지 않은 상태로 찬물에 전분을 뺀 후 잘게 다져 준비해주세요.

TIP 갈변 방지를 위해 마지막에 준비하는 게 좋아요.

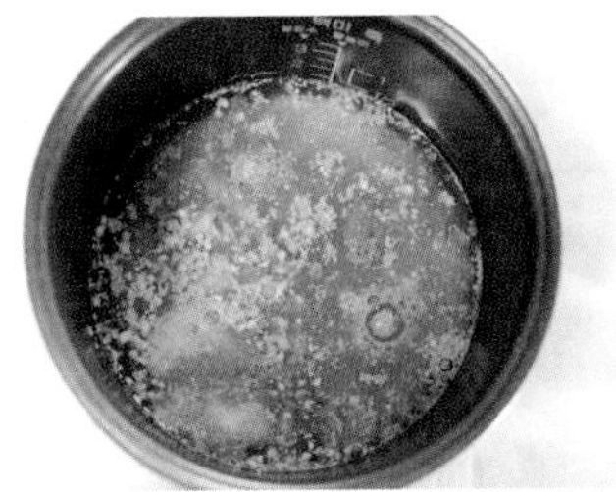

7 준비한 재료와 육수를 모두 밥솥에 담아 죽 모드로 1시간 돌려주세요.

8 완성되면 잘 저어서 골고루 섞어주세요. 덩어리진 고기는 스패튤러로 으깨서 섞어주면 잘 풀려요.

9 그릇에 먹을 분량만큼 담아 냉장(냉동) 보관해요.

아기에게 콩 알레르기가 없다면 완두콩은 초기부터 먹여도 좋아요. 완두콩은 소화가 잘 되고 장에도 좋아 설사로 고생하는 아이에게 좋아요. 완두는 물에 씻어 끓는 물에 부드럽게 삶고, 으깬 뒤에 체에 한 번 걸러주세요. 그래야 완두 껍질을 완벽하게 제거할 수 있답니다.

닭고기·비트·새송이버섯·감자·콜리플라워죽

비트는 구하기도 쉽고 예쁜 색을 내는 재료입니다. 비트는 오래 익힐수록 붉은 빛이 사라지기 때문에 재료를 푹 익히는 밥솥 이유식에서는 붉은 색을 찾아볼 수 없답니다.

조리시간 및 모드

죽 모드 1시간

사용재료

쌀가루	60g
닭고기	50g
비트	30g
새송이버섯	20g
감자	30g
콜리플라워	25g
물/육수 (닭고기 or 다시마)	360ml

만드는 양

400~500g

농도

6배죽

1 쌀가루는 미리 15분 정도 물에 불려주세요.

2 닭고기는 끓는 물에 삶아 익힌 후 곱게 갈아 준비해주세요.

3 비트는 껍질을 벗긴 뒤 끓는 물에 데친 후 잘게 다져 사용해주세요.

4 새송이버섯은 익히지 않은 상태로 갓 부분만 잘게 다져서 준비해주세요.

5 콜리플라워는 송이 부분만 깨끗이 씻어 끓는 물에 데친 후 잘게 다져 사용해주세요.

6 감자는 쪄서 매셔로 으깨거나 갈아서 준비해주세요.

7 준비한 재료와 육수를 모두 밥솥에 담고, 죽 모드로 1시간 돌려주세요.

8 완성되면 잘 저어서 골고루 섞어주세요. 덩어리진 고기는 스패튤러로 으깨서 섞어주면 잘 풀려요.

9 그릇에 먹을 분량만큼 담아 냉장(냉동) 보관해요.

닭고기는 소고기보다 소화가 쉬워 중요한 단백질 식재료입니다. 비트는 철분과 엽산이 풍부해 빈혈과 변비에 도움을 주고, 질산염이 풍부해 혈관과 혈액에 도움을 준답니다. 닭고기는 비트에 모자란 단백질을 보충해주어 영양소를 상호보완해주는 찰떡궁합 이유식 재료라고 할 수 있어요.

BABY FOOD RECIPE | 17 중기 이유식

소고기·양파·양송이버섯·양배추죽

집에서 소고기를 구워먹을 때 양파와 양송이를 같이 구웠어요. 근데 아직 먹기는 이른데 딸이 침을 꿀꺽 삼키면서 저희 먹는 걸 쳐다보더라구요. 그럼 이 조합을 이유식에 넣어서 해주면 어떨까해서 개발한 메뉴예요. 여기에 소화가 잘 되도록 고기와 찰떡궁합인 양배추를 추가했답니다.

조리시간 및 모드

죽 모드 1시간

사용재료

쌀가루	60g
소고기	50g
양파	20g
양송이버섯	15g
양배추	30g
물/육수 (소고기 or 채소)	360ml

만드는 양

400~500g

농도

6배죽

1 쌀가루는 미리 15분 정도 물에 불려주세요.

2 소고기는 끓는 물에 삶아 익힌 후 곱게 갈아 준비해주세요.

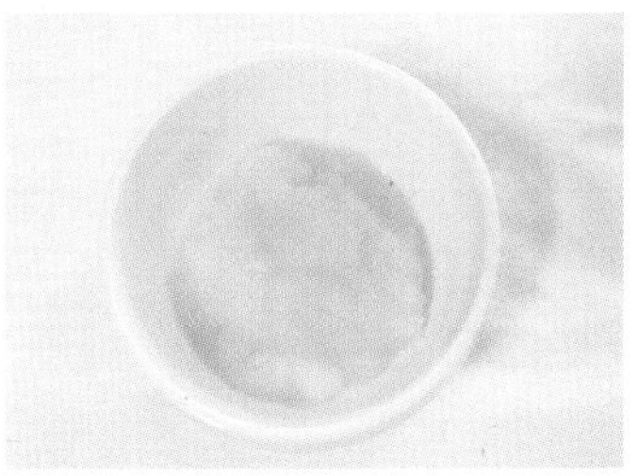

3 양파는 찬물에 10분 정도 담가 매운 내를 빼고 곱게 갈아 준비해주세요. 양파 향에 예민한 아기는 끓는 물에 살짝 삶은 후 다져주세요.

4 양송이버섯은 기둥만 떼고 잘게 다져 사용해주세요.

5 양배추는 잎 부분만 쪄서 곱게 다져 준비해주세요.

6 준비한 재료와 육수를 모두 밥솥에 넣어주세요.

7 죽 모드로 1시간 돌려주세요.

8 완성되면 잘 저어서 골고루 섞어주세요. 덩어리진 고기는 스패튤러로 으깨서 섞어주면 잘 풀려요.

9 그릇에 먹을 분량만큼 담아 냉장(냉동) 보관해요.

양송이는 무농약버섯이라고 해도 표면을 만지면 묻어 나오는 게 있어요. 버섯은 물에 씻으면 향과 맛이 날아가버리니 가급적이면 이물질만 닦아내고 그대로 사용하는 것이 좋은데, 아기가 먹을 이유식에 사용할 재료이니 깨끗하게 씻은 후 버섯의 껍질 가장 겉부분을 한 겹 벗겨내 주는 것도 하나의 방법이에요.

찹쌀·닭고기·애호박·청경채·콜리플라워죽

닭고기에는 찹쌀이 아주 잘 어울려요. 여기에 청경채, 늘 무난한 애호박, 그리고 부드러운 식감을 가진 콜리플라워도 함께 넣어줬어요.

조리시간 및 모드

죽 모드 1시간

사용재료

쌀가루	30g
찹쌀	30g
닭고기	50g
애호박	30g
청경채	25g
콜리플라워	20g
물/육수 (닭고기 or 채소)	360ml

만드는 양

400~500g

농도

6배죽

1 쌀가루는 미리 15분 정도 물에 불려주세요.

2 찹쌀은 20분 정도 불려 물을 탈탈 털어낸 후, 믹서기에 툭툭 끊 듯이 분쇄했어요. 쌀의 1/3 크기 정도로요.

3 닭고기는 끓는 물에 삶아 익힌 후 곱게 갈아 준비해주세요.

4 콜리플라워는 송이 부분만 깨끗이 씻어 끓는 물에 데친 후 잘게 다져 준비해주세요.

5 청경채는 잎 부분만 살짝 데친 후 잘게 다져주세요.

6 애호박은 껍질만 돌려 깎아 잘게 다져주세요.

7 준비한 재료와 육수를 모두 밥솥에 담고 죽 모드로 1시간 돌려주세요.

8 완성되면 잘 저어서 골고루 섞어주세요. 덩어리진 고기는 스패튤러로 으깨서 섞어주면 잘 풀려요.

9 그릇에 먹을 분량만큼 담아 냉장(냉동) 보관해요.

찹쌀은 멥쌀에 비해 따뜻한 성질을 가지고 있어서 위장이 차서 소화가 잘 되지 않는 사람들에게 좋아요. 특히, 찹쌀은 기와 혈을 보해주는 음식에 넣어 먹으면 더더욱 좋은데, 그 대표적인 예가 삼계탕이에요. 우리 아기들은 삼계탕 대신 닭고기와 찹쌀을 이용한 이유식을 만들어 먹이면 좋겠지요.

소고기·달걀 노른자·알배추·브로콜리죽

달걀 흰자는 알레르기를 유발할 수 있어 아직 먹이지 않지만, 노른자는 얼마든지 먹여도 괜찮아요. 노른자를 이유식에도 넣어주면 특유의 부드러운 식감과 고소한 맛으로 거부하지 않고 아주 잘 먹을거예요.

조리시간 및 모드

죽 모드 1시간

사용재료

쌀가루	60g
소고기	60g
달걀 노른자	20g
알배추	30g
브로콜리	30g
물/육수 (소고기 or 채소)	480ml

만드는 양

400~500g

농도

6배죽

1 쌀가루는 미리 15분 정도 물에 불려 주세요.

2 소고기는 끓는 물에 삶아 익힌 후 곱게 갈아 준비해주세요.

3 달걀은 완숙으로 삶아 노른자만 으깨서 준비해주세요.

TIP 으깰 때 물이나 육수를 아주 살짝 넣어주면 으깨기 쉬워요.

4 알배추는 잎 부분만 살짝 데쳐 곱게 다져 사용해주세요.

5 브로콜리는 송이 부분만 깨끗하게 씻어 끓는 물에 데쳐 다져서 준비해주세요.

6 준비한 재료와 육수를 모두 밥솥에 넣어주세요.

7 죽 모드로 1시간 돌려주세요.

8 완성되면 잘 저어서 골고루 섞어주세요. 덩어리진 고기는 스패튤러로 으깨서 섞어주면 잘 풀려요.

9 그릇에 먹을 분량만큼 담아 냉장(냉동) 보관해요.

달걀은 영양이 풍부하지만 식품 알레르기가 있거나 아토피성 피부염을 앓고 있는 아기라면 주의해서 먹여야 해요.

아귀살 · 무 · 콩나물 · 부추죽

아귀살은 7개월 무렵부터 먹을 수 있는 흰살 생선인데다 대구살보다 더 부드러워 잘 먹었어요. 무, 콩나물, 미나리를 넣고 아귀탕을 끓이면 정말 시원한데 미나리는 강한 향 때문에 아직 먹기가 어려우니 부추로 대체했어요. 콩나물은 이른 듯하지만, 꼬리 따고 머리 따고 잘게 다져주면 충분히 먹을 수 있어요.

조리시간 및 모드

죽 모드 1시간

사용재료

쌀가루	60g
아귀살	50g
무	20g
콩나물	20g
부추	15g
물/육수 (채소 or 다시마)	360ml

만드는 양

400~500g

농도

6배죽

1 쌀가루는 미리 15분 정도 물에 불려주세요.

2 아귀살은 해동된 상태로 잘게 다져 준비해주세요.

TIP 아귀는 소량만 구하기도 힘들고 손질하기도 어려워 손질 제품을 구매해서 사용했어요.

무는 물기를 많이 머금고 있으므로 평소보다 물 양을 살짝만 줄여줘도 괜찮아요.

3 무는 끓는 물에 푹 삶은 다음 물기를 최대한 빼고 곱게 다지거나 갈아서 사용해주세요.

4 콩나물은 머리와 꼬리를 떼고 끓는 물에 데친 후 잘게 다져 사용해주세요.

5 부추는 깨끗이 씻어 부드러운 잎 쪽만 잘게 다져 사용해요.

6 준비한 재료와 육수를 모두 밥솥에 넣어주세요.

7 죽 모드로 1시간 돌려주세요.

8 완성되면 잘 저어서 골고루 섞어주세요. 덩어리진 고기는 스패튤러로 으깨서 섞어주면 잘 풀려요.

9 그릇에 먹을 분량만큼 담아 냉장(냉동) 보관해요.

전문가 조언

무는 감기를 예방할 뿐만 아니라, 열이 날 때, 기침이 나거나 목이 아플 때도 도움이 돼요. 겨울철 필수 이유식 재료인 무로 아기에게 달달하고 부드러운 이유식을 만들어주세요.

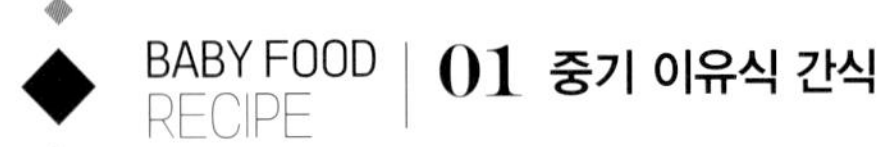
BABY FOOD RECIPE | 01 중기 이유식 간식

달걀 노른자 무침

이 메뉴는 제가 먹고 자란 간식이에요. 친정엄마가 전수해주신 레시피인데, 달걀 노른자를 먹을 수 있는 개월 수가 되었으니 영양 가득한 달걀을 처음 맛보여주기 좋아요. 아기도 평소 먹던 죽이 아닌 부드러운 달걀 노른자의 식감과 멸치 육수의 감칠맛 덕분에 아주 잘 먹을 거예요.

필요한 조리도구

냄비

사용재료

물	300ml
달걀 노른자	1알
다시멸치	3마리
건새우	3마리
다시마 작은 것	1/2조각

1 가장 시간이 오래 걸리는 달걀을 먼저 삶을 거예요. 달걀은 물에 한 번 헹궈 껍질에 남아 있는 이물질을 제거한 후 15분 정도 삶아 완숙으로 만들어주세요.

2 달걀을 삶을 동안 멸치 육수를 우려내요. 멸치 3마리(큰 것), 건새우 3마리(작은 것), 다시마 1/2조각을 준비해주세요.

TIP 염분이 걱정되면 물에 한 번 헹궈서 사용해주세요.

3 물 300ml에 육수재료들을 모두 넣고 센 불에 팔팔 끓여주세요. 한 번 끓으면 중약불로 낮춰 불순물을 걷어가며 5분 정도 더 끓여주세요.

TIP 물이 끓으면 다시마는 건져주세요.

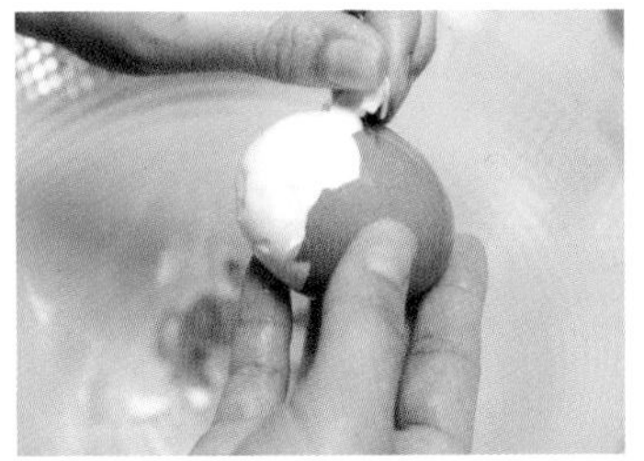

4 달걀이 다 익으면 빨리 찬물에 담가 식힌 후 껍질을 벗겨야 껍질이 잘 벗겨져요. 노른자만 분리해주세요.

5 멸치 육수 3큰술 정도에 달걀 노른자를 넣어 으깬 후 식혀서 먹이면 돼요. 너무 묽은 것보다는 살짝 되직한 농도가 좋아요.

6 남은 멸치 육수는 밀폐용기에 담아뒀다 계속 쓸 수 있어요. 달걀 노른자만 삶아서 냉장고에 있던 육수와 섞으면 뜨겁지 않아 바로 먹일 수 있어요.

TIP 냉장보관 동절기 5일, 하절기 3일(아기가 먹는 거니 좀 더 빨리 사용해주세요).

달걀, 멸치 육수에 대한 고찰

저는 식재료를 좀 과감하게 사용하는 엄마예요. 블로그에 이 레시피를 올리고 가장 많이 받은 질문 중 하나가 멸치를 벌써 먹여도 되냐, 달걀을 벌써 먹여도 되냐였어요. 달걀노른자는 7개월부터 먹여도 돼요. 그리고 멸치나 건새우, 다시마 같은 해산물에 대해서는 의견이 분분하지만 저는 제가 먹고 자랐기 때문에 제 딸에게도 먹였어요. 대신 육수에서 짠기를 조금 뺀 후 아주 연하게 감칠맛만 내는 정도로 사용했어요. 두부에게 이 간식을 7개월 때 처음 먹여봤는데 전혀 문제없이 잘 먹었어요. 하지만 혹시 알레르기가 있는 아기가 있을 수도 있으니 조금씩 먹여보고 증상이 없다면 또 먹이도록 합니다. 재료는 엄마가 선택하는 게 답이에요.

BABY FOOD RECIPE | 02 중기 이유식 간식

단호박 감자 샐러드

포실포실 찐 감자를 부드럽게 으깨서 먹는 감자 샐러드는 어른이 먹어도 참 맛있죠. 아직 마요네즈를 먹지 못하는 우리 아기들에게는 모유나 분유를 넣고 먹을 수 있는 채소를 작게 다져 익힌 후 만들어줄 거예요.

필요한 조리도구

밥솥, 냄비(선택)

사용재료

감자	1/2알
단호박	1/8조각
아기 마요네즈	조금
브로콜리	10g

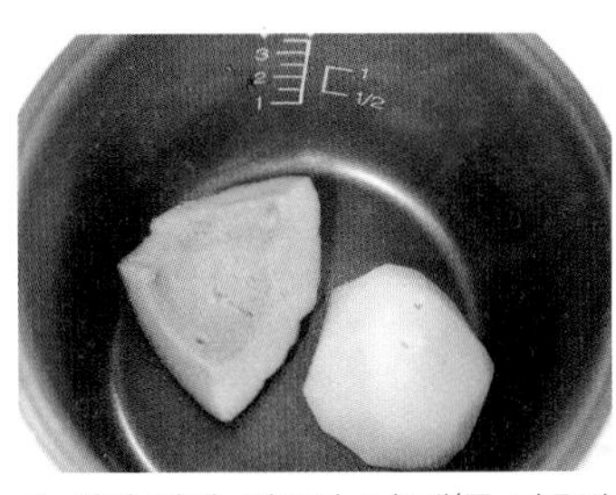

1 감자 반개, 단호박 1/8개(큰 단호박 기준)를 껍질 벗겨 준비한 후 푹 쪄주세요. 저는 밥솥 만능찜 20분으로 쪘어요.

2 브로콜리를 한 송이 정도 데쳐 아주 곱게 다져주세요.

TIP 브로콜리가 없으면 집에 있는 다른 채소로 대체 가능해요.

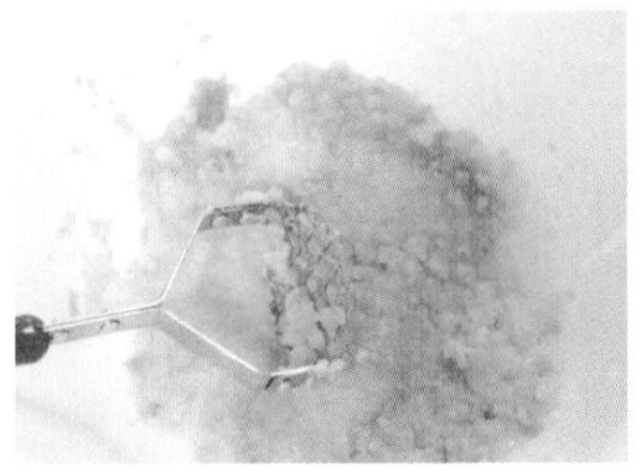

3 감자와 단호박이 잘 익으면, 꺼내서 매셔로 곱게 으깨주세요.

4 다져놓은 브로콜리와 아기 마요네즈를 섞어서 버무리면 완성!(404p 참조)

TIP 아기 마요네즈가 없다면 분유물이나 모유를 2~3큰술 정도 넣어서 부드럽게 해주면 돼요.

동글동글 작게 뭉쳐서 아이가 직접 손으로 집어먹을 수 있도록 만들어도 좋아요.

여름부터 초가을에 걸쳐 수확하는 감자는 분이 많이 나는 것을 이용해야 맛있어요. 으깨 놓았을때 질척하게 엉기는 감자라면 익힌 단호박이나 양파 등의 야채를 다져 넣고 섞어 단맛이 나도록 해주면 좋아요.

연두부 달걀찜

입안에서 부드럽게 넘어가 아기들이 참 좋아하는 간식이에요. 영양가도 있고 식감도 부드러워 인기 만점인 영양 간식이랍니다.

필요한 조리도구

밥솥 혹은 냄비

사용재료

재료	분량
다시마 육수	5큰술
달걀 노른자	1개
연두부	2큰술

1 연두부는 크게 두 큰술 떠서 준비하세요.

2 달걀은 노른자만 분리해 준비해주세요.

3 연두부는 수저나 매셔로 곱게 으깬 다음 부드러운 식감을 위해 체에 한 번 걸러주세요.

TIP 이 과정은 생략해도 좋아요!

4 으깬 연두부에 달걀 노른자와 다시마 육수를 넣고 잘 섞어주세요(다시마 육수 내는 법 188P 참고).

5 중탕 가능한 유리용기에 연두부 달걀물을 반쯤 담고 랩을 씌워주세요.

6 찜기를 먼저 끓여 한 김 오르게 한 뒤에, 그릇을 찜기에 넣고 중약불에서 10분 정도 쪄주세요.

TIP 뜨거운 김에 화상을 입을 수 있으니 조심하세요!

7 먹을 만큼 그릇에 담고, 나머지는 냉장고에 넣어두면 다음날까지 전자레인지에 데워서 먹어도 괜찮아요.

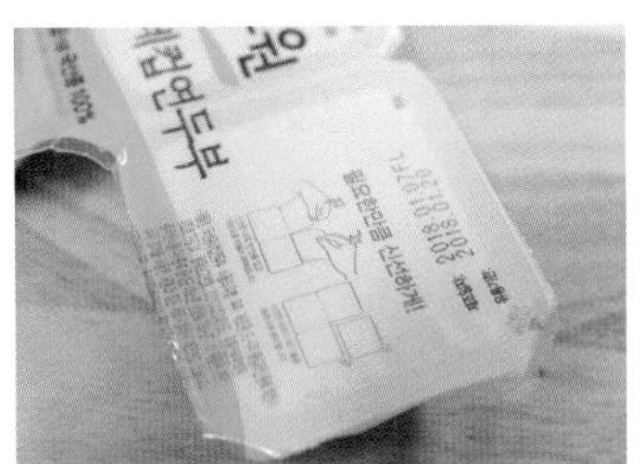

TIP 한 컵씩 분리되어 있는 연두부를 사면 경제적이에요. 하나씩 쓰면 적당해요! 저는 사다놓고 매일매일 연두부로 다양한 간식을 해줬어요.

TIP 밥솥으로도 할 수 있어요! 만능찜 모드로 15~20분 돌려주세요. 그렇지만 중탕으로 하는 게 더 부드러워요.

아보카도 바나나 퓨레

아보카도는 요즘 일상식단에 많이 오르고 있는 과일이에요. 맛은 호불호가 갈리기도 하지만 우리 아기가 여러 식재료를 경험해볼 수 있도록 한 번 도전해 봤어요. 남은 아보카도는 명란젓과 곁들여 아보카도 명란 비빔밥으로 만들어 엄마, 아빠가 맛있게 드세요.

필요한 조리도구

믹서기

사용재료

아보카도	1/2개
바나나	1개
분유	50ml

껍질이
초록빛이 돌 때는
상온에서 며칠 두면
자연스레 갈색 빛으로
변하는데 그때가 가장 잘
익은거예요! 아보카도
손질법은 60P를
참고하세요.

1 아보카도는 반드시 후숙이 잘 된 것을 사용해주세요.

2 바나나도 잘 익은 것으로 준비하고 양 끝을 떼어낸 후 잘게 잘라주세요.

3 손질한 아보카도를 믹서기에 넣을 크기로 잘라주세요.

4 분유는 미지근한 물에 50ml 정도만 타 주세요. 그냥 갈면 뻑뻑해요.

5 믹서기에 준비한 재료를 모두 넣고 부드럽게 갈아주세요.

6 아기가 무른 식감을 좋아한다면 분유(모유) 혹은 물을 조금 더 넣고 갈아도 좋아요.

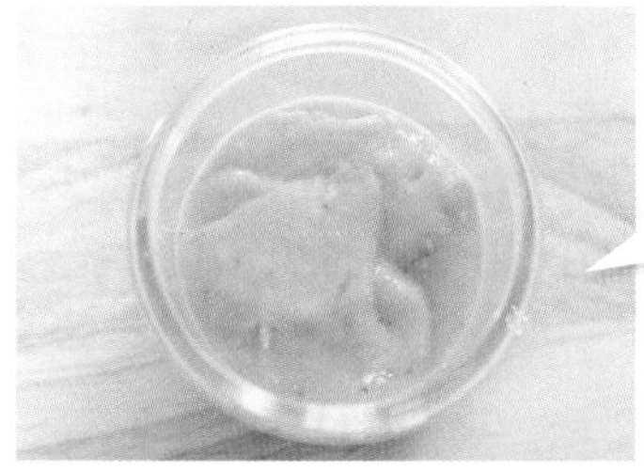

7 남은 건 냉장고에 뒀다가 먹여도 되지만 갈변되기 쉬우니 바로 먹이는 게 제일 좋더라고요.

아기가
아보카도의 향을
좋아하지 않는다면
바나나를 더
넣어주세요.

숲의 버터 또는 과일의 보석이라고 불리는 영양 많은 아보카도는 열대기후에서 잘 자라는 대표적인 후숙과일로 바나나와 함께 비타민과 미네랄이 많아요. 부드러운 질감이라 이유식하는 아기들 간식으로 주기 좋으나 맛이 약간 호불호가 갈릴 수 있어요. 베타카로틴이 풍부한 당근과도 궁합이 좋으니 당근을 곱게 간 후 퓨레에 같이 섞어줘도 좋아요.

치즈볼

6개월이 되면 아기들이 치즈를 조금씩 접하기 시작해요. 아직 간이 안 된 음식을 먹는 아기들에게 짭쪼름하고 고소한 치즈는 신세계랍니다. 조금씩 떼서 주면 오물오물 잘 먹어요. 그냥 줘도 좋지만 색다른 간식으로 만들어 봤어요.

필요한 조리도구

전자레인지

사용재료

아기 치즈	1장
종이호일	

1 아기 치즈를 16등분해주세요.

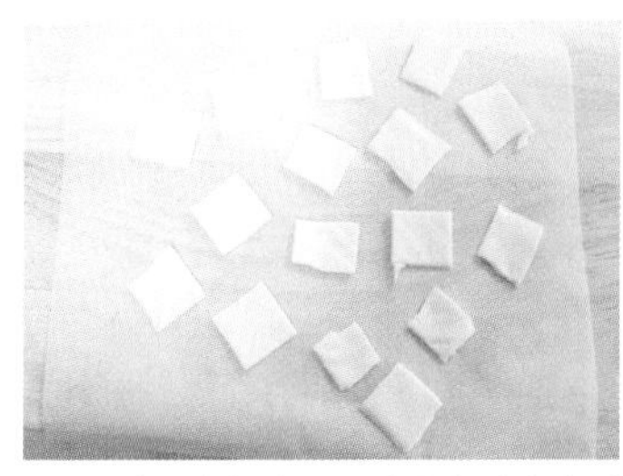

2 종이호일에 치즈를 나란히 나란히 배열해주세요. 간격을 두고 배열해야 붙지 않아요.

3 전자레인지에 2분 정도 데워주세요.

4 전자레인지 위치에 따라 부풀어 오르지 않는 부분도 있으니 잘된 것은 빼고 나머지만 모아 다시 좀 더 돌려주면 좋아요.

5 그냥 두면 눅눅해지니 만든 건 가급적 그날 소진해주고, 많이 만들었을 경우에는 소분해서 냉동 보관해주세요.

돌 지나면
기본 두서너 장은
해야 되더라고요.
순식간에 사라지는
간식이에요!

단호박, 고구마, 달걀 노른자 등을 활용한 치즈볼도 아기 간식으로 좋으니, 아기가 좋아하는 식재료들을 이용하여 다양한 치즈볼을 만들어주세요.

BABY FOOD

RECIPE

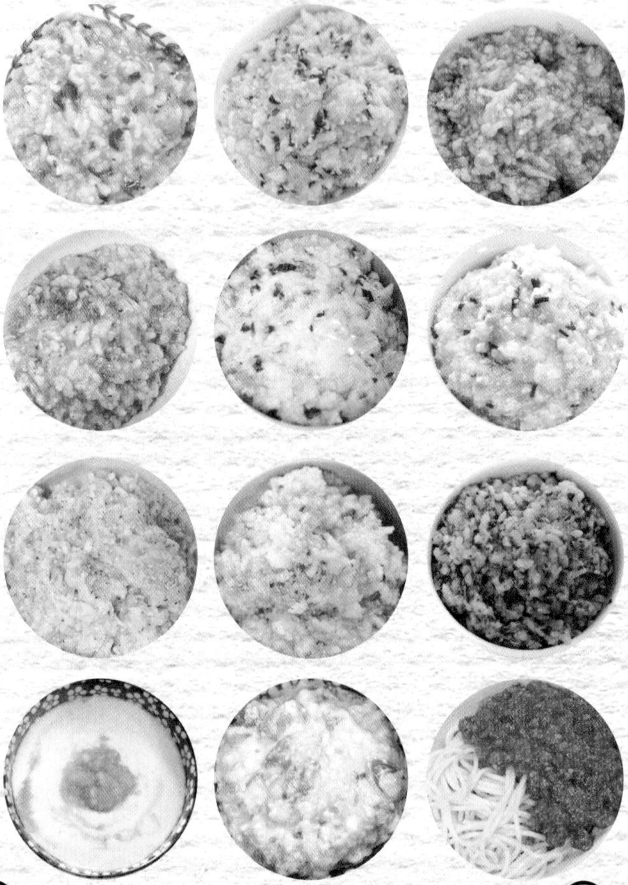

PART 04

후기 이유식
(생후 9~10개월)

아주 묽은 미음에서 살짝 되직했던 죽을 넘어 이제 무른밥을 먹을 시기가 왔어요. 이유식의 최종 목표는 바로 '밥'이에요. 밥을 먹기 위해 무른 죽으로 워밍업을 하고 다양한 반찬을 먹기 위해 다양한 식재료를 경험해요. 세 번째 이유식 단계인 후기 이유식은 이제 이유식을 점차 마무리해가는 단계로 거의 '밥'에 가까운 무른밥을 먹도록 도와줄 거예요. 후기 이유식 후반부터 빠른 아기들은 흰밥을 먹기도 해요. 이제 더 다양한 식재료로 먹이기도, 만들기도 더 재밌어지는 후기 이유식을 시작해볼까요?

하루 세끼, 후기 이유식 시작하기

1 밥을 먹기 전 마지막 워밍업 단계!

엄마

중기 이유식에서 하루 두 끼 챙기기 많이 힘드셨나요? 그런데 이제는 하루 세끼예요! 여기서 좌절하고 배달 이유식을 알아보기도 하지만 후기 이유식 배달은 굉장히 비싸서 다시 한 번 마음을 잡고 시작하게 됩니다. 그런데 중기 이유식이 손에 익었다면, 후기 이유식은 더 쉬워요. 재료를 다지는 것도 좀 더 크게 다져도 되고 재료 큐브, 육수만 대량 생산해 놓는다면 미리 만들어 냉동실에 두고 데워주면 되니 정말 편해요. 초기처럼 아기가 농도에 민감해 하지도 않고, 오히려 더 만들기가 쉬웠어요. 무엇보다 다양한 식재료를 사용할 수 있어 더 요리하는 거 같다고나 할까요? 중기 이유식은 이것저것 다시 익혀야 할 것이 많아 번거로웠지만, 후기 이유식은 중기 이유식에 재료만 몇 개 더 넣고, 양만 좀 더 늘리고 물만 좀 적게 넣으면 돼요. 또 간만 더하면 어른이 먹어도 손색이 없답니다.

아기

이제 묽은 죽 대신 조금 무른밥을 먹을 준비가 됐을까요?

보통 중기 이유식이 5~7배죽 정도였다면, 이젠 3~4배죽 정도로 좀 더 밥 형태에 가까운 '무른밥'을 먹어야 해요. 하지만 늘 제가 얘기하듯 시기에 대한 정답은 없어요. 후기 이유식을 할 때가 되었어도, 아기가 아직 큰 입자나 되직한 농도에 헛구역질을 하거나 소화를 잘 못시키는 것 같으면 농도와 재료 크기는 천천히 조절해주고 재료만 다양하게 섭취할 수 있게 해주세요. '왜 우리아기는 아직도 무른 죽만 먹으려 할까요?'라고 조급해 하지 마세요.

2 중기 이유식과 달라지는 점

◎ 쌀가루 대신 쌀을 쓰기 시작해요.

초기, 중기 이유식 모두 쌀가루를 이용해 이유식을 만들었어요. 하지만 후기 이유식용 쌀가루는 거의 판매하고 있지 않아요. 이제 온전한 '쌀'을 먹여도 되기 때문이에요! 우리 아기들은 중기 이유식부터 살짝 큰 입자의 쌀가루를 먹기 시작했고, 이젠 쌀을 먹을 수 있어요. 혹시나 걱정된다면 쌀을 한 시간 정도 푹 불린 다음 만들어주세요.

◎ 수유 & 이유식 비율, 양, 횟수

이유식 〉 수유, 하루 세끼를 챙겨요.

미음과 죽을 지나 이제 무른밥 단계까지 왔어요. 밥 먹는 그날이 얼마 남지 않았으니 이제 수유를 서서히 더 줄이고 밥 세끼를 연습하는 단계예요. 점점 수유보다 이유식 비중이 더 늘어나고 있어요.

하루 세끼, 어른 식사 시간에 맞춰주세요.

하루 세끼는 어른 식사 시간에 맞춰 함께 먹는 게 좋다고 해 최대한 맞춰 먹였어요. 그 습관이 유아식까지 이어지니 좋은 것 같더라고요. 물론 엄마는 내 밥 챙기랴 동시에 아기 밥도 먹여야 되니 힘들긴 하지만, 일정한 시간에 맞춰먹는 식사습관을 키워주는 게 좋아요.

하루 종일 먹이다 끝났던 후기 이유식

하루 세끼 만만치 않아요. 거기다 중간중간 수유도 해야 하고 간식도 먹여야 하고. 앉아서 먹이는 것도 최소 15~20분, 길게는 30~40분도 걸리니 먹이고 치우고 나면 또 간식 시간 또 먹이고 치우면 식사 시간, 뒤돌면 수유 시간. 정말 힘든 스케줄이지만 몸에 익숙해지면 힘든지도 모르고 그냥 지나가더라고요.

밥솥 사용 시간, 모드

중기 이유식과 같이 죽 모드 1시간으로 완성해요.

재료의 다양성

후기 이유식에 들어오면 사용할 수 있는 재료 선택의 폭이 확 넓어져요. 사실 이것저것 시도해보기도 하고, 아기가 알레르기가 없는 체질이라 먹이면 안 된다는 재료들도 한 번씩 먹여보곤 했어요. 달걀 흰자, 갑각류 등 알레르기의 위험성이 높다고 알려진 재료들이 아니고서는 조금씩 먹여보았어요. 특히 새우, 전복, 연어 등 해산물을 좀 더 먹여볼 수 있다는 게 좋았어요.

밥솥 칸막이를 활용할 경우 메뉴를 어떻게 구성하면 좋을까요?

밥솥 칸막이를 사용하면 서로 다른 메뉴를 한꺼번에 만들 수 있습니다. 아이에게 각 끼니마다 서로 다른 메뉴를 먹일 수 있도록 구성하였습니다. 참고로 활용하세요.

▶ 소고기 · 당근 · 시금치 · 애호박 · 무른밥 ▶ 닭고기 · 밤 · 잣 · 대추 · 무른밥 ▶ 새우살 · 잔멸치 · 파래 · 양파 · 무른밥	▶ 소고기 · 감자 · 비트 · 알배추 · 무른밥 ▶ 닭고기 · 아보카도 · 양파 · 브로콜리 · 무른밥 ▶ 전복채소죽
▶ 소고기 · 브로콜리 · 단호박 · 양송이버섯 · 무른밥 ▶ 닭고기 · 아스파라거스 · 케일 · 치즈 · 감자 · 무른밥 ▶ 연어 · 새우살 · 아보카도 · 청경채 · 양파 · 무른밥	▶ 소고기 · 새우살 · 단호박 · 청경채 · 무른밥 ▶ 찹쌀 · 닭고기 · 당근 · 애호박 · 양파 · 부추 · 무른밥 ▶ 대구살 · 시금치 · 당근 · 팽이버섯 · 무른밥
▶ 소고기 · 사과 · 양파 · 케일 · 적채 · 무른밥 ▶ 닭고기 · 새우살 · 옥수수 · 감자 · 양파 · 무른밥 ▶ 대구살 · 표고버섯 · 부추 · 양배추 · 바지락 · 무른밥	▶ 소고기 · 새우 · 리조또 ▶ 닭고기 · 단호박 · 아욱 · 순두부 · 무른밥 ▶ 관자살 · 미역 · 양파 · 당근 · 양배추 · 무른밥
▶ 소고기 · 브로콜리 · 단호박 · 양송이버섯 · 무른밥 ▶ 닭고기 · 시금치 · 청경채 · 표고버섯 · 무른밥 ▶ 대구살 · 매생이 · 애호박 · 콩나물 · 무른밥	

두부 엄마가 겪은 이유식 거부의 원인과 해결책

1 입자와 농도가 안 맞아서

후기 이유식 책들이나 칼럼을 보면 후기 이유식은 사방 4~5mm의 입자 크기를 권장해요. 근데 우리 아기는 5mm는 절대 못 먹었어요. 그럼 또 초록창에 후기 이유식 입자를 검색해보곤 했죠. 근데 또 너무 작게 주면 구강구조 발달이 늦어질 수 있다, 이런 말들을 보고 불안해 정석대로 5mm 크기로 다져서 줍니다. 아기는 오물거리다 낼름 뱉어내 버려요. 책은 책이고, 레시피는 레시피일 뿐이에요. 권장 사항일 뿐인거죠. 이유식 거부의 이유 중 가장 큰 비중을 차지하는 게 바로 아기가 원하는 입자와 농도를 찾지 못해서라고 생각해요.

솔루션 두부 엄마는 이렇게 했어요.

▶천천히 줬어요.

두부는 돌 지나서까지 한참 더 죽을 먹었어요. 맨밥이 싫었나봐요. 그러다 어느 날 갑자기 밥을 먹기 시작하더라고요. 아이가 준비가 될 때까지 기다려 주는 게 우선이라고 생각해요. 친정 엄마도 자꾸 유동식만 먹어 어쩌냐 걱정하셨지만, 그렇다고 안 먹는 무른밥을 줄 수는 없으니까요. 일단 먹이는 게 중요했어요.

▶시판 이유식을 먹여봤어요.

중기 이유식으로 넘어갈 때, 너무 많은 시행착오를 겪었어요. 안 그래도 부드러운 미음만 먹으려고 해서 계속 초기 이유식만 먹이다 7개월 다 되어 중기 이유식에 도전했는데 계속 헛구역질을 하고 못 먹는 거예요. '아! 어쩌지' 고민만 하면서 미음만 먹이다가, 어느 날 외출했을 때 시판 이유식을 먹여봤더니 너무 잘 먹는 거예요. 그리고 제가 같이 먹어보며 입천장으로 으깨보고 '아, 이 정도 무르기는 먹는구나'라고 생각하고는 최대한 비슷하게 만들어줬더니 너무 잘 먹더라고요. 저는 '시판 이유식은 무조건 먹이기 싫다!' 이런 고정관념을 가지고 있었는데 그 시판 이유식이 없었다면 아마 이유식을 중단했을지도 몰라요. 아마 이 책도 세상에 나오지 못했겠죠?

2 장난이 치고 싶어서(feat. 투레질 혹은 뱉기)

웩웩 거리거나 소화를 못 시켜서 거부하는 것과는 달리 엄마를 빤히 쳐다보며 푸르르~. 이유식 파편에 많이들 맞아보셨죠? 혹은 떠먹여주는 족족 메롱하면서 뱉어내기. 인내심 많은 할머니들도 화나게 하는 미운짓들. 저는 하루 두 끼씩 열흘, 총 스무 끼를 투레질에 당하며 온 사방으로 튀어나오는 이유식 파편들을 묵묵히 다 닦아냈어요. 그러다가 열흘째는 진짜 화가 나서 먹지말라며 수저를 내팽개치고 말았어요. 너무 안 먹어서 이곳저곳 옮겨 다니면서 먹이느라 스무 번을 소파, 바닥, 식탁, 거실장, 장난감 등 매끼마다 닦아내다보니 제 인내심에도 한계가 왔었나봐요. 그래도 화를 내면 안 됐는데 저도 사람인지라…. 그때 이유식을 잠깐 중단했어요.(양심 고백)

이 모든 일들은 바로 이 녀석의 장난에서 비롯되는 거더라고요. 두부는 두어 달 그러다가 말았어요. 지금에서야 두어 달이라고 표현하지만 그땐 지옥 같은 시간들이었죠. 아기가 안 먹으니 너무 걱정, 혼을 내도 못 알아들으니 답답. 이건 시간이 해결해주길 기다려야 하더라고요. 스스로가 재미 없어질 때까지….

솔루션 두부 엄마는 이렇게 했어요.

▶최대한 집중을 시켜주세요.

거부기에는 이유식 한 번 제대로 먹이기가 너무 힘들었어요. 딸랑이, 장난감, 심지어 친정에 있는 강아지까지 동원해봤지만 소용 없었어요. 한 숟가락이라도 더 먹이려면 뱉어낼 틈 없이 엄마가 앞에서 깨방정을 떨어주세요. 그럼 투레질할 틈이 없더라고요. 한 입 먹이면서 '까꿍!' 하고 떠먹여주기도 하고요(대신 아기가 깔깔 웃느라 입을 활짝 벌렸다고 그때 이유식을 섣불리 넣어주진 마세요! 목에 걸릴 수도 있어요. 저는 방긋 웃을 땐 타이밍 봐가며 잘 밀어 넣었어요.). 이유식 시간이 즐겁게 느껴질 수 있도록 엄마가 해줄 수 있는 최선을 다해 주세요.

▶잘 먹는 친구와 함께 먹여보세요.

두부는 거부기를 제외하고는 최고의 이유식 파트너로 여기저기 많이 불려 다녔어요. 누가 봐도 잘 먹을 것 같은 포스에 '두부는 이렇게 잘 먹네! 친구도 먹는데 너도 먹어 보자'하며 잘 안 먹는 친구들 상대로 이유식은 '이렇게 먹는거다'를 많이 보여주고 다녔어요. 더 웃긴 건 거부기에도 옆에 친구가 있으면 '난 원래 잘 먹었다'는 듯이 이유식을 싹 비웠어요. 아기들 심리가 그렇대요! 옆에 친구가 있으면 더 잘 먹고, 같이 먹으면 안 먹던 친구도 따라 먹게 되고요. 엄마도 덜 힘들고요. 이 방법도 좋은 방법이에요. 친구의 이유식을 나눠 먹어보기도 하며 다른 재료도 먹여볼 수 있고요! 공동육아 구역은 늘 옳아요.

▶잘 먹다가 투레질을 하거나 뱉으면 바로 치웠어요.

물론 엄마의 마음으로 쉽지는 않아요. 한 숟갈만 더, 애타는 마음으로 떠먹이다가 또 뱉어내면 화가 나고…. 이럴 땐 그냥 쿨하게 '아, 이제 먹기 싫구나'라고 생각하고 치우세요. 이것 또한 하나의 해결책이 될 수 있다고 하더라고요. 유아기에 식사예절 가르칠 때 많이 하는 방법이에요. 후기 이유식 때는 눈치도 있고 말귀도 알아들으니 슬슬 가르쳐야 해요. 한 숟갈이라도 더 먹이고 싶지만 좀 더 단호해질 필요도 있더라고요.

▶기다렸어요(최후의 보루).

'투레질 해 봐야 별 재미도 없고 자꾸 혼만 나는구나'라고 느껴서 아기 스스로 그만할 때까지 참았어요. 한 2~3주 이유식을 중단했어요. 사실 좋은 방법은 아니에요. 하지만 오만가지 방법을 다 써도, 매일 이삭 줍는 여인처럼 허리 숙이고 방바닥이나 주변에 튄 것을 닦아내는 것이 너무 힘들었어요. 육아 스트레스가 쌓여 지쳐서 울기도 했지만 말도 안 통하는 아기를 상대로 할 수 있는 게 없더라고요. 농도나 입자, 재료의 맛이 문제가 아니라면 뱉어내고 뿜어내는 건 그냥 단지 재밌어서 하는 거라 어쩔 수 없어요. 이 역시 시간이 답이더라고요.

3 다른 아기와 비교하지 마세요. 육아는 마이웨이

솔루션 두부 엄마는 이렇게 했어요.

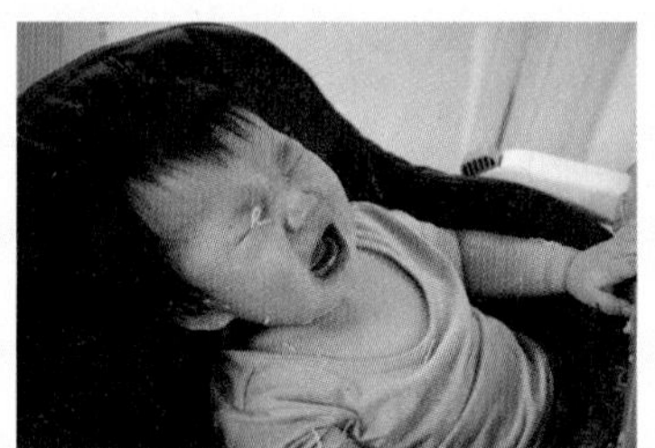

저희 딸은 중기 이유식 후반, 후기 이유식으로 넘어가기 직전에 이유식 거부가 심했어요. 아기가 안 먹어 애먹는 엄마들의 하소연을 들어보면 '두부는 잘 먹는데 우리아기는 왜 이렇게 안 먹을까요?' 하며 많이 속상해 하세요. 그러면서 나에 대한 자책, 그리고 '힘들게 만들었는데 넌 왜 안 먹니'의 원망으로 발전해요. 저도 해봤는데 그건 스스로를 나락으로 내모는 일이더라고요. 그리고 다른 친구는 여러 재료를 잘 먹는데 우리아기는 왜 조금만 향이 달라도 안 먹을까. 힘들게 만든 이유식을 버릴 때마다 화도 나죠. 그 맘 저도 잘 알아요. 그럴 때마다 '우리 00이는 이 재료가 싫었구나. 엄마가 다음에는 좋아하는 재료로 해줄게'라며 내려놓아야 해요. 다른 아기와 비교한다고 내 아이가 달라지진 않잖아요. 그냥 속만 상해요. 물론 극도로 힘든 육아기에 이런 마인드 컨트롤이 쉽지 않아요. 저도 마인드 컨트롤에 실패했던 적이 있었는데 지금 생각해보면 아기한테 너무 미안해요. 아시다시피 육아는 나 자신을 내려놓아야 해요. 아기가 먹고 안먹고의 해답은 엄마의 수많은 시행착오 끝에 찾을 수 있어요. 잘 먹는 아이, 살이 많이 오르는 다른 집 아이를 보며 너무 속상해 마세요. 그 또한 시간이 해결해 주더라고요. 힘내세요.

4 다른 아이들보다 조금 느린 것 같아요.

솔루션 두부 엄마는 이렇게 했어요.

저는 전체적으로 한발 느린 아기를 키우다보니 늘 그 스트레스가 꼬리표처럼 따라다녔어요. 비교를 안 하려고 해도 걱정이 되는 건 사실이더라고요. 두부는 특히 우량아라 몸이 무거워 겁이 많은지 모든 대근육 발달에서 뒤처졌고, 먹는 것도 느렸어요. 다른 친구들이 모두 후기 이유식을 시작했을 때도 두부는 아직 무른 죽을 먹고 있었으니까요. 다만 재료에 대한 소화는 빨랐어요. 어떤 특이한 재료를 넣어줘도 거의 다 받아먹었어요. 그럼에도 걱정이 많았어요. 이러다가 밥도 못 먹는 게 아닌가, 계속 이렇게 유동식만 먹으면 구강구조 발달에 이상이 있는 건 아닐까. 지금 생각해보면 굉장히 부질없는 걱정이었더라고요. 아기들은 1~2개월 늦는 것으로 발달에 이상이 있진 않아요. 다만 씹는 게 좀 더딜 뿐이고, 이가 덜 나서 그럴 수도 있어요. 아기는 아직 큰 재료를 먹을 준비가 덜 됐는데 엄마는 이미 책에 나온대로 후기 이유식을 큰 입자로 주고 있다면 당연히 이유식 거부가 오겠죠? 제가 늘 파트 초반에 강조하듯, 아기가 준비가 되었는지 그게 가장 중요해요. 영아기에 느린 아기들도 돌 지나면 다들 비슷비슷해지니 너무 걱정마세요.^^

5 너무 안 먹어요, 이유식 잠깐 중단하면 안 되나요?

솔루션 두부 엄마는 이렇게 했어요.

이유식을 중단하면 영양소 결핍, 영양불균형 등의 문제를 초래할 수 있어 가급적이면 중단을 추천하지 않아요. 위에서도 언급했듯 먹지 않고 모조리 뱉어내는 아이를 케어하기를 열흘. 이유식 시간이 두려워지고 이유식에서 오는 스트레스 때문에 남은 육아에까지 큰 지장을 미치게 되니 안 되겠더라고요. 그래서 안 뱉어낼 때까지 기다렸어요. 두부가 이유식을 한창 거부할 땐 중기 이유식 말 즈음이었어요. 그때는 수유의 비율이 더 크고 너무 스트레스 받느니 며칠 쉬라는 주변 선배들의 말을 듣고 이유식 중단을 했지만, 맘 한구석이 불편해서 두부를 으깨서 줘보기도 하고, 혹시 철분 결핍이 올까 고기를 부드럽게 삶아 갈아서 떠먹여주기도 했어요. 치즈로 칼슘 보충도 하고 과일도 먹이고요. 이땐 모유와 수유가 주식이라고 생각할 때라 조금 마음 편하게 중단할 수 있었던 것 같아요. 그렇게 일주일 정도 쉬니 저도 마음이 조금 편안해졌고 스트레스가 풀렸어요. 그때부터 부드러운 미음으로 시작해 다시 조금씩 주기 시작했는데, 한 2주 지나니 잘 먹더라고요. 밥이 주식이 되는 유아식 시기에는 유아식을 중단한다는 건 곧 밥을 굶긴다는 얘기가 되니 중단하면 안 되지만, 이유식 때는 엄마가 너무 힘들면 며칠 쉬어보세요. 엄마가 이유식 때문에 극도로 예민해져 있으면 그 영향이 아이에게 가 영양불균형보다 더 안 좋은 상황을 초래할 수도 있어요. 단, 이 방법은 제가 앞에서 설명한 해결 방법들을 모두 동원해보고 정 안될 때 마지막 카드로 쓰세요.

Q&A

후기 이유식

Q 후기 이유식으로 넘어오고 나서 헛구역질을 해요.

A 쌀 입자가 달라져서 적응 기간이 필요해요. 쌀을 2~3등분한 쌀가루를 먹다가, 이제 온전한 쌀을 먹다보니 입자가 조금 커져서 익숙하지 않아 그래요. 한 끼 한 끼 먹이다보면 헛구역질하는 빈도도 조금 줄어들 거예요. 혹시 다 토하거나 소화를 제대로 못 시키는 것 같으면 쌀가루를 조금 더 먹여도 괜찮아요.
성격이 조심스럽거나 겁이 많고, 적응이 조금 느린 아기들이라면 입자를 삼키고 씹는 것에 대해서도 겁이 많아 다른 친구들보다 조금 느릴 수 있어요. 그럴 때는 후기 이유식을 단계별로 진행해도 좋아요. 굳이 1, 2단계를 나누지는 않더라도 처음 한 3~4번은 쌀만 바꿔주고 입자는 중기 형태로 진행하고 쌀에 익숙해지면 입자를 조금씩 크게 늘려주는 방법으로요. 아기가 쉽게 적응할 수 있도록 점차적으로 도와주는 게 가장 중요해요!

Q 후기 이유식에 사용하는 큐브 사이즈는 얼마가 적당한가요?

A 후기에는 아무래도 양이 많아지니 20~30ml의 작은 큐브를 사용하면 큐브를 2개씩 사용해야 하는 경우도 생겨요. 저는 그래서 조금 큰 사이즈의 50ml 큐브를 같이 사용했어요(메인 재료는 90~100g씩 사용하니 50ml 큐브로도 2개씩 넣어야 해요.). 메인 재료, 애호박이나 단호박, 양배추, 청경채 같이 많이 넣는 재료들은 용량 큰 큐브를 쓰고 표고버섯, 아욱, 완두콩, 버섯 등 서브 재료들은 작은 큐브를 활용했어요.

Q 후기 넘어오며 이유식을 거부하는데 어쩌죠?

A 첫 번째 질문에 대한 답변처럼 입자가 맞지 않아서 그럴 확률이 높아요. 아기들은 먹기 어렵거나 자기 입맛에 맞지 않는 걸 말할 수 없으니 밀어내거나 거부하는 행동으로 의사표현을 해요. 이럴 땐 여러 방법으로 해결점을 찾아야 해요. 우선 입자를 다시 중기로 돌아가니 잘 먹는다면 그건 입자 크기 문제일 확률이 높고, 그게 아니라면 농도를 조금씩 달리 해봐야 하고 거부하던 날 아이가 싫어하는 향의 재료가 있진 않았는지, 그날 사용한 고기에서 냄새가 나진 않았는지 여러 가지 경우의 수를 놓고 고민해봐야 해요. 저도 잘 먹다가 중기, 후기 한 번씩 거부당한 적이 있어 참 힘들었던 기억이 나요.

Q 밥솥에 한 시간 돌리니 바닥이 눌어 붙어요.

A 30분 정도 지난 후 뚜껑을 열고 한 번 저어주세요! 냉동으로 넣어서 뭉친 고기도 한 번 으깨주고요.

Q 육수냄비는 따로 준비하셨나요?

A 네, 저는 육수 전용 큰 솥을 하나 쓰고 있어요. 후기 이유식 땐 한 번 만들 때 400ml~500ml 정도, 세 가지 만들면 1200~1500ml 정도 사용하게 돼요. 그냥 일반 냄비에 우려내게 되면 양이 적어서 큰 솥을 하나 사서 육수 끓이는 용도로 사용했어요. 유아식에서도 멸치 육수를 가득 내서 냉장고에 넣어두면 온가족이 편리하게 먹을 수 있으니 큰 솥 하나 준비하는 걸 추천해요.

아이 주도 이유식을 시도했어요. 주무르고 노느라 정신이 없었지만 스스로 만지고 집어먹는 것이 정말 재미있었어요.

Q 후기 이유식 들어와서 변비가 더 심해져요.

A 중기 이유식 때 소고기를 많이 먹기 시작하면서 변비끼가 늘 있었는데, 후기 이유식에도 고기 양이 늘어나니 변이 더 되직해져 땀을 뻘뻘 흘리더라고요. 그럴 때 저는 고기 양을 확 낮춰서 주기도 하고, 채소를 더 많이 넣어주기도 했어요. 또, 아침 간식으로 꼭 사과 퓨레를 먹이고 유산균도 같이 먹였어요. 고기 양을 줄여 영양에 문제가 되지 않을까 생각했는데 하루 세끼 중 한 끼 정도만 줄여주고 심한 변비끼가 사라지면 다시 고기 양을 늘려주면 돼요.

Q 레시피에 나와 있는 양보다 늘려서 만들고 싶은데 어떻게 해야 하나요?

A 책에 나와 있는 레시피는 쌀 100g 기준으로 나와 있어요. 실제로 두부가 먹었던 양은 쌀 140g에 고기 120~130g, 변비끼가 있을 땐 80~90g 정도로 조절해서 줬어요. 양이 좀 적다 싶으면 쌀 20~30g, 고기, 채소를 10~15g씩만 각각 늘려줘도 양이 많아질 거예요! 쌀이 늘어나니 육수도 더 부어주고요.

Q 새우는 언제 처음 먹이셨어요?

A 8개월 중후반쯤 처음 먹여봤어요. 원래 새우는 10개월 즈음부터 권장한다고 하는데, 후기 이유식 들어와서 그냥 이것저것 먹여보느라 조금 일찍 먹였는데 알레르기 없이 잘 지나갔어요.

Q 후기 이유식 세끼는 모두 같은 메뉴로 먹이시나요?

A 아니요! 저는 모두 다른 메뉴로 먹였어요. 어쩌다 한 번씩 중복되는 경우도 있긴 했는데, 가급적 매번 다른 메뉴를 꼭 만들어줬어요. 아기들도 하루 세 번 같은 메뉴를 먹으면 질려하더라고요. 영양소 섭취에 있어서도 매끼 다른 재료로 만들어주는 것이 좋으니 조금 번거롭더라도 세끼 다르게 챙겨주시는걸 추천해요. 저는 소고기, 닭고기, 생선(혹은 새우) 이유식으로 번갈아가며 줬어요.

Q 일주일치를 한 번에 만드는지 궁금해요.

A 처음엔 3~4일치만 만들어 그날 먹일 것 빼고 모두 냉동했었는데, 하루 세끼 만만치 않더라고요. 나중엔 5~6일치, 길게는 일주일치도 한 번에 만들어 먹였어요. 바로 만들어 밥솥에서 꺼내 소분하자마자 뜨거운 상태로 급랭시키면 데워서 먹여도 맛이 거의 변하지 않고 좋았어요. 일하는 엄마들이라면 더더욱 이유식 만들어 먹이기 힘든데 주말에 만들어 일주일 냉동시켜둬도 괜찮으니 걱정마세요.

Q 닭고기 이유식에 소고기 육수를 써도 되나요?

A 그냥 맹물 쓰는 것보다는 소고기 육수를 쓰는 게 낫지만, 저는 가급적 닭고기 육수가 없을 땐 채소 육수, 멸치 육수를 사용했어요. 후기 이유식에는 메뉴가 다양해지다보니 채소 육수로 모두 통일해서 쓸 때가 많았던 것 같아요.

Q 생선이나 해산물이 들어간 이유식엔 어떤 육수가 좋을까요.

A 멸치 육수나 채소 육수가 좋아요.

Q 하루 세끼를 하다 보니 패턴 잡기가 어려워요. 도움 좀 주세요.

A 237P에 스케줄 표를 적어뒀어요. 저기서 아이 기상시간, 취침시간에 맞춰 조정하면 되는데, 처음에는 패턴이 잘 안 잡혀요. 그렇다고 계속 불규칙적으로 식사를 하고 엄마가 패턴을 잡아가지 못하면 더더욱 잡기가 힘드니 처음엔 힘들더라도 가급적 그 시간을 지켜서 식사와 간식을 주면 아이도 익숙해질 거예요.

Q 이유식과 분유 텀은 두는 게 낫나요?

A 이건 아이들마다 조금 다른데, 저희 아기는 중기, 후기 모두 30~40분 텀을 두고 먹었어요. 이유식 150을 먹든 200을 먹든, 늘 붙여서 수유를 해줘야 배불러했어요. 천성적으로 뱃구레가 큰 아기라 그런데 한 시간 정도 텀을 두거나 중간에 간식을 먹으면 배불러서 수유를 건너 뛰기도 해요. 그렇게 점점 수유를 끊어가는 게 맞지만, 저는 수유 끊는 걸 실패해서 결국 지금도 세끼 밥 먹고 중간중간에 우유를 꼭 줘야해요. 자기 전에도요(결국 젖병도 두 달 지나 뗐어요.).

Q 하루 세끼 엄마아빠 먹는 시간에 주라고 했는데 도저히 동시 식사가 안 돼요.

A 아기 먹이면서 같이 먹으면 엄마는 제대로 먹기 힘들죠. 그래서 저는 아기를 제시간에 챙겨주고, 저는 국에 말아 후루룩 삼키듯 먹었어요.

Q 밥솥으로 하면 한 메뉴당 1시간, 세 가지 하면 3시간인데 시간이 긴 것 같아요.

A 냄비로 만드는 것에 비해 조리시간은 길어요. 하지만 제가 밥솥 앞에 계속 서 있는 건 아니기 때문에 저는 오히려 시간 활용하기가 편했어요. 미리 만들어 놓은 재료 넣고 버튼 몇 번만 누르면 알아서 만들어주니 그 사이에 청소를 하거나 아기와 놀아주니 훨씬 좋더라고요. 이건 취향 차이인 것 같아요.

Q 이유식 양이 늘어나고 수유량은 줄어드는데 물은 얼마나 어떻게 주셨나요?

A 중기 이유식 후반부터 물을 조금씩 주기 시작했어요. 농도가 점점 되직해지니 중간중간 물을 한 숟갈씩 떠먹여줬어요. 아기가 빨대컵을 잘 빤다면 빨대컵으로 조금씩 줘도 될 것 같아요. 물은 보리차를 연하게 끓여서 미지근하게 줬어요.

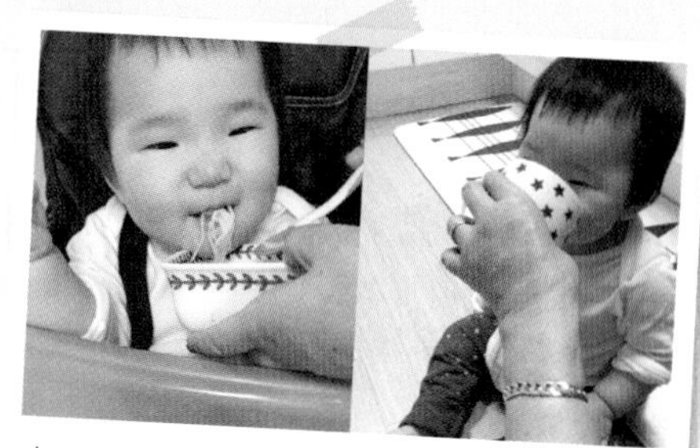

할머니 오시는 날은 이것저것 아무거나 먹는 날! 밀가루 소면도 먹고, 물도 컵으로 처음 먹어봤어요! 엄마는 안된다고 하는데 할머니는 다 괜찮대요! 너무너무 신나요!

Q 물이나 밥 달라는 의사표현은 언제쯤 할까요?

A 저희 아기는 물을 '마'라고 표현하는데 14~15개월쯤(?) 처음 얘기했던 것 같아요. 마를 시작으로 '빠빠', '맘마', '까까'하면서 원하는 걸 얘기하니 한결 수월해져요.

Q 그릇에 주면 자꾸 엎어버려요.

A 후기 이유식 즈음부터 돌 지나서 14~15개월 정도까지 이놈의 밥상 뒤집어엎는 것 때문에 진짜 총체적 난국이었어요. 돌 전까지는 흡착 식판이 통했는데 점점 꾀가 생기니 엄마가 흡착식판 가장자리를 살살 떼는 것을 보고 그걸 그대로 따라해서 엎더라고요. 저는 그래서 그냥 엎더라도 깨지지 않는 플라스틱이나 실리콘 그릇으로 주고, 그릇은 가급적 제가 쥐고 먹였어요. 달라고 울면 숟가락이나 빈 그릇을 주고, 엄마 컨디션 좋은 날엔 국수나 주먹밥을 만들어서 그릇에 신나게 엎고 주무르라고 줬어요. 그리고 바로 욕실행! 결론은, 시간이 지나 엎는 게 재미없어질 때까지 기다려줘야 합니다. 이 시기가 지나니 엎을 생각도 안 해요. 재미없나봐요.

Q 세끼 해 먹이기가 너무 어려워요.

A 후기 이유식 시작하기 전, 하루 세끼로 지레 겁먹기가 쉬워요. 저도 그랬거든요. 두 끼도 힘든데 하루 세 끼 어떻게 해먹이나. 근데 막상 해보니 걱정했던 것보다 훨씬 쉬워요. 오히려 중기보다 사용할 수 있는 재료도 많고, 넣어줄 수 있는 것도 많아서 더 재미있었어요. 하루 날 잡고 2~3주에 한두 번 큐브 만드는 날만 조금 고생하면 세끼 만드는 건 일도 아니에요. 밥솥에 넣고 취사 누르고 솥 씻어서 하나 더, 하루 세 개 뚝딱 만들 수 있어요. 하루 세 개 만들기 힘들면 두 개는 오늘 만들고 하나는 내일 점심쯤 만들어 한 끼는 바로 만든 것 주고 나머지는 냉동시켜도 되고요. 절대 겁먹을 필요도, 어렵다고 생각할 필요도 없어요.

Q 중간중간 간식은 어떤 걸 챙겨주면 좋을까요?

떡뻥 먹방의 현장 (딸입니다.^^)

A 과일을 주기도 하고 여러 재료들을 이용해 요리처럼 만들어주기도 했어요. 후기 이유식엔 먹을 수 있는 게 늘어나 간식으로 줄 것도 많아져 만들 수 있는 게 많았어요. 이유식 레시피 뒤쪽에 간식 레시피들 몇 가지가 있는데, 제가 자주 만들어 주던 간식들이에요. 하지만 하루 세끼 먹이고 수유하고 간식까지 매일 열심히 만들어 먹이진 못했어요. 그냥 사과를 잘라 주기도 하고 바나나를 갈아서 떠먹이기도 하고 쌀떡뻥이랑 쌀과자를 간식으로 주기도 했어요. 스스로 손에 쥐고 먹는 연습도 하고 아기도 너무 좋아했어요. 엄마가 스트레스 받지 않고 체력적으로 허용하는 선에서 챙겨주시면 돼요.

멸치 육수

그동안은 대부분 아기가 먹는 이유식 재료들을 바탕으로 육수를 냈어요. 소고기, 닭고기, 당근, 청경채, 무, 양파 등이요. 후기 이유식 때는 조금 더 과감하게 도전해보세요(물론 아이가 알레르기가 심하면 조심해야 해요!).

육수 중에 가장 기본은 바로 멸치다시마 육수예요. 멸치는 염분이 많은 해산물이라 중기 이유식에는 아주 연하게 간식에 쓰는 정도였는데, 후기 이유식부터는 열심히 썼어요. 돌 이후부터 쓰라는 말도 있던데 이건 엄마의 선택이니 조절해주시면 돼요. 멸치 육수가 따로 간을 하지 않아도 간간한 맛도 나고, 감칠맛도 나서 육수베이스로 쓰기엔 최고예요. 칼슘도 많고요! 또 멸치 육수를 낼 때 새우머리를 넣으면 진한 감칠맛을 내요. 그 밖에도 국물내면 시원하겠다 싶은 재료가 있으면 한 번씩 시도해봐도 좋아요.

재료

물 1500ml

다시마 2조각

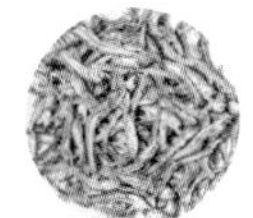

국물용 멸치 20~30마리

큰 양파 1/2개

간장 0.5큰술

표고버섯가루 1큰술(또는 표고버섯 1~2개, 건표고 7~8조각)

1 멸치는 머리와 내장을 제거하여(똥을 따고) 준비해주세요.

TIP 본연의 재료인 멸치를 맛있는 것으로 준비해야 국물도 맛있어요.

2 양파는 껍질을 까고 반으로 잘라서 준비해주세요.

3 표고버섯은 가루, 생표고, 건표고 모두 상관없어요. 저는 이번에는 표고버섯가루 한 큰술을 사용했어요.

4 다시마는 젖은 면보로 한 번 닦아 2조각 준비해주세요.

5 재료를 모두 냄비에 담고 끓여주세요. 팔팔 끓어오르면 다시마는 건져주세요.

친정엄마 비법인데, 간장을 넣으면 색도 진해지고 맛도 간간한게 맛있어요. 어른들이 먹을 때는 간장을 2~3큰술 더 넣어서 국수육수로 만들어먹어도 좋아요.

6 간장 0.5 큰술을 넣어주세요.

7 표고버섯가루(생표고, 건표고)도 1큰술 넣어주세요.

8 15~20분 정도 더 끓여서 진하게 육수를 내주세요. 중간중간 떠오르는 불순물은 걷어내 주세요.

9 체에 걸러 한 김 식힌 뒤, 용기에 넣어 라벨링 후 보관하면 끝.

냉장 1주일

냉동 1개월(육수팩 혹은 모유 저장팩에 넣어서 얼려두세요. 라벨링은 꼭!) 해동 시 냉장에서 해동해도 되고, 실온에서 살짝만 녹인 뒤 모유 저장팩을 잘라 덩어리째로 냄비에 넣어도 무방해요.

소고기·당근·시금치·애호박 무른밥

쌀가루가 아닌 '쌀'을 처음 먹여보기도 하고, 농도도 조금씩 지켜봐야하니 처음엔 기존에 먹여봤던 무난한 재료들을 사용하는 게 좋아요.

조리시간 및 모드

죽 모드 1시간

사용재료

불린 쌀	100g
소고기	90g
당근	35g
시금치	20g
애호박	40g
물/육수	400ml
(소고기 or 멸치 or 채소)	

만드는 양

550~650g

농도

4배죽

1 쌀은 미리 30분 정도 물에 불려주세요.
TIP 무른 식감을 좋아하는 아이라면 좀 더 오래 불려주세요.

2 후기 이유식부터는 익히지 않은 소고기를 바로 밥솥에 넣어줬어요. 잘게 다진 후 핏물을 20~30분 정도 빼고 넣어주세요.

3 애호박은 잘게 다져 준비해주세요.

4 당근도 껍질을 제거한 후 잘게 다져 준비해주세요.

5 시금치는 잎 부분만 데친 후 잘게 다져 주세요.

6 준비한 재료와 육수를 모두 밥솥에 넣어주세요.

7 죽 모드로 1시간 돌려주세요.

8 완성되면 잘 저어서 골고루 섞어주세요. 덩어리진 고기는 스패튤러로 으깨서 섞어주면 잘 풀려요.

9 그릇에 먹을 분량만큼 담아 냉장(냉동) 보관해요.

시금치를 데칠 때는 많은 양의 물에 뚜껑을 열고 데치세요. 물의 양이 많으면 온도가 쉽게 내려가지 않아 빠른 시간에 데칠 수 있고 뚜껑을 열어야 유기산이 휘발되어 선명한 녹색을 유지할 수 있어요. 푸른잎 채소들을 데친 다음에는 바로 찬물에 헹궈야 예쁜 녹색을 유지할 수 있어요.

닭고기·단호박·아욱·순두부 무른밥

순두부를 넣어 부드러운 식감을 극대화시켰어요. 밥 형태의 입자 때문에 아이가 잘 먹지 않는다면 순두부를 활용해보세요.

조리시간 및 모드

죽 모드 1시간

사용재료

불린 쌀	100g
닭안심	90g
아욱	30g
순두부	2큰술(50g)
단호박	40g
물/육수	400ml

(닭고기 or 멸치 or 채소)

만드는 양

550~650g

농도

4배죽

BABY FOOD

1 쌀은 미리 30분 정도 물에 불려주세요. 무른 식감을 좋아하는 아이라면 좀 더 오래 불려주세요.

2 닭고기를 삶아 익힌 후 손질해 먹기 좋은 크기로 갈아주세요.

3 순두부는 잘게 으깨 준비해주세요.

TIP 시판 순두부는 뾰족한 입구만 잘라서 쭉 짜주면 편해요.

4 아욱은 잎 부분만 소금에 빡빡 씻어 숨을 죽이고 물에 데친 후 다져서 준비해주세요.

5 단호박은 쪄서 껍질을 벗긴 후 속을 파내고 살만 잘게 다져주세요.

TIP 향에 민감하지 않은 아기라면 생 단호박을 다져서 넣어줘도 괜찮아요.

6 준비한 재료와 육수를 모두 밥솥에 넣어주세요.

7 죽 모드로 1시간 돌려주세요.

8 완성되면 잘 저어서 골고루 섞어주세요. 덩어리진 고기는 스패튤러로 으깨서 섞어주면 잘 풀려요.

9 그릇에 먹을 분량만큼 담아 냉장(냉동) 보관해요.

두부로 만든 이유식은 6개월 이후부터 가능한데 두부를 곱게 으깨서 먹이거나 저절로 으깨지는 부드러운 연두부를 먹이는 것이 좋아요. 시기에 따라 두부 이유식의 형태도 달라지는데 돌이 가까워오면 덩어리의 질감을 느끼고, 잇몸으로 씹을 수 있도록 두부를 사용하는 것도 좋아요.

MOM'S FOOD

아욱 두부 된장국

1 멸치육수 혹은 쌀뜨물에 된장을 풀어주세요.
2 깨끗이 씻은 아욱과 다진 마늘을 넣고 끓여주세요.
3 15~20분 정도 푹 끓인 다음 청양고추와 대파를 넣으면 완성!

TIP 건새우가 있다면 된장 풀 때 같이 넣어주면 더 맛있어요.

소고기·브로콜리·단호박·양송이버섯 무른밥

새로운 재료는 없지만 늘 영양가득, 채소 3~4가지를 듬뿍 넣어 맛있게 만들어주세요. 버섯은 상대적으로 식감이 부드러워 살짝 크게 넣어봤어요.

조리시간 및 모드

죽 모드 1시간

사용재료

불린 쌀	100g
소고기	90g
브로콜리	40g
단호박	50g
양송이버섯	15g
물/육수	400ml

(소고기 or 멸치 or 채소)

만드는 양

550~650g

농도

4배죽

1 쌀은 미리 30분~1시간 정도 물에 불려주세요.

2 소고기를 잘게 다진 후 핏물을 제거해주세요.

TIP 큰 입자를 잘 먹으면 소고기 다짐육을 사용해도 좋아요.

3 단호박은 쪄서 껍질을 벗긴 후 속을 파내고 살만 잘게 다져주세요.

TIP 향에 민감하지 않은 아기라면 생 단호박을 다져서 넣어줘도 괜찮아요.

4 브로콜리는 송이 부분만 한 번 데친 후 잘게 다져 사용해주세요.

5 양송이버섯은 기둥을 떼고 잘게 다져주세요.

6 준비한 재료와 육수를 모두 밥솥에 넣어주세요.

7 죽 모드로 1시간 돌려주세요.

8 완성되면 잘 저어서 골고루 섞어주세요. 덩어리진 고기는 스패튤러로 으깨서 섞어주면 잘 풀려요.

9 그릇에 먹을 분량만큼 담아 냉장(냉동) 보관해요.

대구살·매생이·애호박·콩나물 무른밥

매생이는 푹 익히면 아주 부드러워져 아이들이 먹기에도 부담 없고, 영양도 풍부해 이유식 재료로 좋아요.

조리시간 및 모드

죽 모드 1시간

사용재료

불린 쌀	100g
대구살	70g
건조매생이	1g(불린 매생이 10g)
애호박	50g
콩나물	30g
물/육수 (멸치 or 채소)	400ml

만드는 양

550~650g

농도

4배죽

BABY FOOD

1 쌀은 미리 30분~1시간 정도 물에 불려주세요.

2 대구살은 해동한 뒤 잘게 다져 준비해주세요.

3 애호박은 껍질만 벗긴 채로 잘게 다져 준비해주세요.

4 콩나물은 머리와 꼬리를 떼고 데친 후 잘게 다져주세요.

5 매생이는 건조매생이 한 블럭을 사용했는데, 물에 불린 매생이라면 깨끗이 씻어서 한 꼬집 정도만 사용해요.

6 준비한 재료와 육수를 모두 밥솥에 넣어주세요.

7 죽 모드로 1시간 돌려주세요.

8 완성되면 잘 저어서 골고루 섞어주세요. 덩어리진 대구살은 스패튤러로 으깨서 섞어주면 잘 풀려요.

9 그릇에 먹을 분량만큼 담아 냉장(냉동) 보관해요.

다시마, 김, 미역 등 바다에서 나는 해조류는 무기질과 섬유질이 풍부하지만 소화가 어렵다는 단점이 있어요. 해조류의 무기질은 체내 흡수가 어려워 흡수를 돕는 비타민이나 단백질이 풍부한 식품과 함께 섭취해야 하니 이유식 조리 시 꼭 참고해주세요.

MOM'S FOOD

매생이 콩나물국

1 멸치육수를 내고 콩나물을 다듬어요.
2 콩나물국 끓이듯 육수에 콩나물, 다진 마늘, 대파를 넣고 끓여주세요.
3 한소끔 끓어오르면 매생이를 넣고 끓여주세요.
4 청양고추를 넣고 한소끔 더 끓여 마무리!

닭고기·아스파라거스·케일·치즈·감자 무른밥

후기 이유식이 익숙해질 무렵 새로운 재료인 아스파라거스와 케일을 넣어봤어요. 또, 고소한 맛을 위해 치즈도 같이 넣어주니 맛있게 잘 먹었답니다.

조리시간 및 모드

죽 모드 1시간

사용재료

불린 쌀	100g
닭고기	90g
아스파라거스	30g
케일	30g
감자	40g
아기 치즈	1장
물/육수	400ml

(닭고기 or 멸치 or 채소)

만드는 양

550~650g

농도

4배죽

1 쌀은 미리 30분~1시간 정도 물에 불려주세요.

2 닭고기를 삶아 익히고 손질하여 먹기 좋은 크기로 갈아주세요.

3 감자는 쪄서 매셔로 으깨거나 갈아서 준비해주세요.

4 아스파라거스는 껍질을 한 겹 벗기고 끓는 물에 데친 후 잘게 다져주세요.

5 케일은 잎만 살짝 데쳐 잘게 다져 준비해주세요. 케일은 이유식마다 넣어주면 감칠맛을 내주어 큐브로 많이 만들어뒀어요.

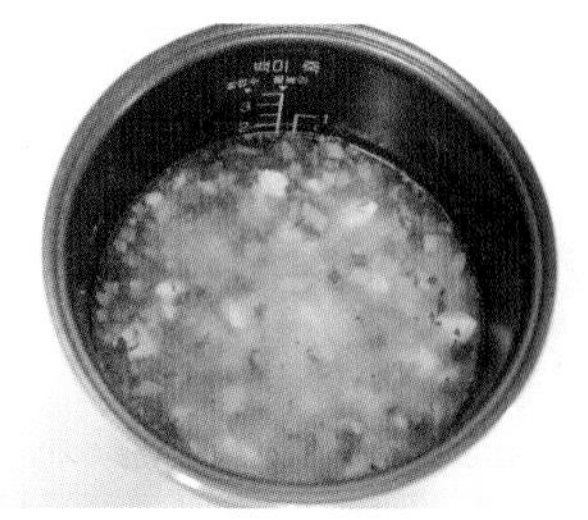

6 준비한 재료와 육수를 모두 밥솥에 넣어주세요.

7 죽 모드로 1시간 돌려주세요.

8 완성되면 잘 저어서 골고루 섞은 후 그릇에 분량만큼 담아 냉장(냉동) 보관해요.

9 아기 치즈는 먹기 전에 1/3장, 혹은 1/2장씩 넣어주세요.

TIP 전자레인지에 돌릴 때 같이 넣어주면 잘 녹아요.

아스파라거스는 줄기가 연하고 굵은 것, 절단 부위가 길지 않은 것, 잎의 녹색이 진하고 싱싱한 것, 줄기에 수염 뿌리가 나와 있지 않은 것이 좋으니 구입할 때 꼼꼼히 따져 골라주세요. 아스파라거스는 특별한 향이 없고 식감도 푹 익히면 부드러운 편이라 이유식에 넣기 좋아요.

MOM'S FOOD

닭고기 아스파라거스 감자 볶음

1 손질한 닭을 허브솔트나 소금으로 밑간해주세요.
2 아스파라거스는 길게 자르고, 감자는 채썰어주세요.
3 감자 → 닭고기 → 아스파라거스 순으로 기름에 볶으면 완성!

TIP 간은 소금이나 굴소스로 해주세요.

소고기·감자·비트·알배추 무른밥

중기 이유식에 처음 사용해본 비트를 다시 넣었어요. 고소한 감자와 달큰한 알배추를 함께 넣어 맛있는 이유식이에요.

조리시간 및 모드

죽 모드 1시간

사용재료

불린 쌀	100g
소고기	90g
감자	40g
비트	30g
알배추	40g
물/육수	400ml

(소고기 or 멸치 or 채소)

만드는 양

550~650g

농도

4배죽

BABY FOOD

1 쌀은 미리 30분~1시간 정도 물에 불려주세요.

2 소고기를 잘게 다진 후 핏물을 제거해주세요.

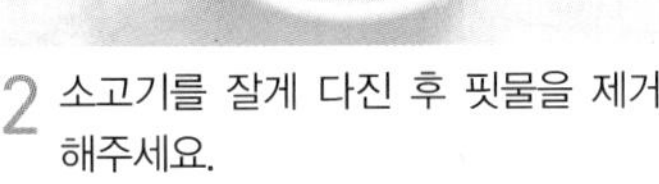

TIP 큰 입자를 잘 먹으면 소고기 다짐육을 핏물 빼고 넣어주세요.

3 감자는 쪄서 매셔로 으깨거나 갈아서 준비해주세요.

4 비트는 껍질을 제거한 후 잘게 다져 준비해주세요.

5 알배추는 잎 부분만 끓는 물에 데쳐 잘게 다져 사용해요.

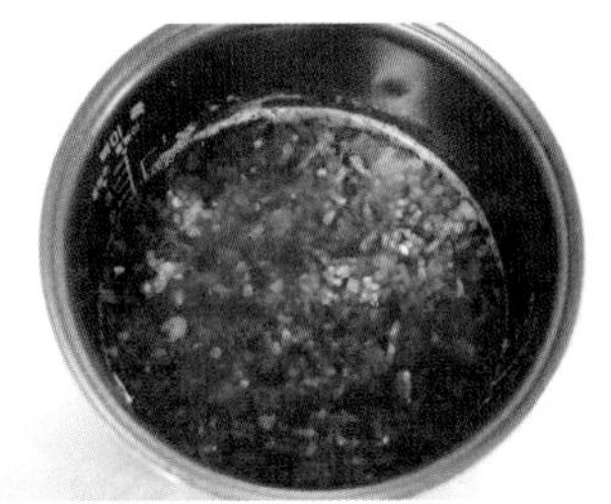

6 준비한 재료와 육수를 모두 밥솥에 넣어주세요.

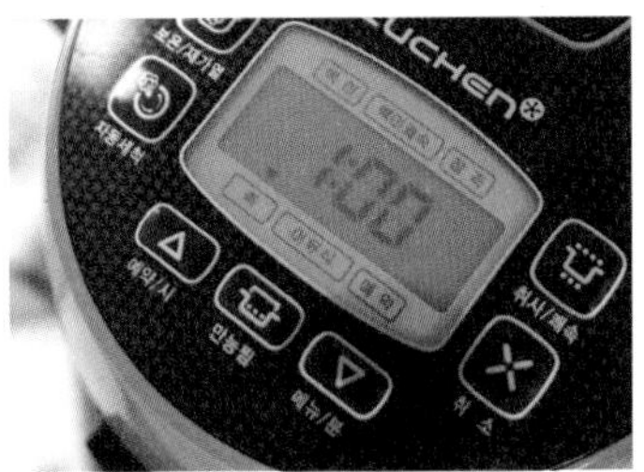

7 죽 모드로 1시간 돌려주세요.

8 완성되면 잘 저어서 골고루 섞어주세요. 덩어리진 고기는 스패튤러로 으깨서 섞어주면 잘 풀려요.

9 그릇에 먹을 분량만큼 담아 냉장(냉동) 보관해요.

전문가 조언

비트는 당근이나 시금치와 마찬가지로 냉장고에 오래 보관할수록 질산염 수치가 올라가 변비를 유발할 수 있으니 구입 후 바로 먹는 게 가장 좋아요.

MOM'S FOOD

비트 무 피클

1 무와 비트를 깍둑깍둑 잘라주세요(무와 비트의 비율은 3:1 정도로).
2 설탕, 식초, 물=1:1:2 비율로 담고 소금을 조금 넣어 팔팔 끓여주세요.
3 끓여둔 절임물을 무와 비트에 부어주면 색감이 예쁜 무피클이 완성돼요.(냉장 보관 후 3일 후부터 드시면 돼요.)

TIP 피클링 스파이스가 있으면 더 좋아요.

관자살 · 미역 · 양파 · 당근 · 양배추 무른밥

흰살 생선에 익숙해졌다면 해산물에 도전을 해 볼까요? 관자살은 시중에 이유식용으로 깔끔하게 손질되어 나오는 것을 사용했는데 말랑말랑한 식감에 아기가 잘 먹더라고요.

조리시간 및 모드

죽 모드 1시간

사용재료

불린 쌀	100g
관자살	100g
불린 미역	20g
양파	40g
양배추	40g
당근	40g
물/육수 (멸치 or 채소)	400ml

만드는 양

550~650g

농도

4배죽

BABY FOOD

1 쌀은 미리 30분~1시간 정도 물에 불려주세요.

2 관자살은 찬물에 짠기를 한 번 씻어주고 아기가 먹기 좋은 크기로 다져주세요.

3 미역은 깨끗이 씻은 후 불려 아주 잘게 다지거나, 믹서에 갈아주세요.

4 양파는 찬물에 담가 아린맛을 한 번 뺀 후 잘게 다져주세요.

5 양배추는 잎 부분만 찜기에 쪄서 곱게 다져주세요.

6 당근은 껍질을 제거한 후 잘게 다져 준비해주세요.

7 준비한 재료와 육수를 모두 밥솥에 담아 죽 모드로 1시간 돌려주세요.

8 완성되면 잘 저어서 골고루 섞어주세요. 덩어리진 재료는 스패튤러로 으깨서 섞어주면 잘 풀려요.

9 그릇에 먹을 분량만큼 담아 냉장(냉동) 보관해요.

저지방, 고단백의 관자살은 생각보다 질기기 때문에 아주 곱게 잘 다져야 해요. 또, 익힐수록 질겨지니 익힌 다음 믹서기에 갈면 아기가 부담 없이 먹을 수 있으니 참고하세요.

MOM'S FOOD

관자미역국

1 냄비에 참기름을 두르고 불린 미역을 볶다가 물을 넣어 끓여주세요.(끓으면 중약불에서 20~30분 정도 더 끓여요.)
2 미역국이 다 끓으면 관자를 넣고 2~3분 정도 더 끓여주면 완성!
3 국간장이나 소금으로 간을 해주세요.(액젓도 OK)

TIP 관자는 오래 끓이면 질겨지므로 먹기 직전에 넣어 끓여주세요.

찹쌀·닭고기·당근·애호박·양파·부추 무른밥

약간 닭죽 느낌으로 만든 닭고기 이유식이에요. 네 가지 채소를 넣어서 영양듬뿍, 찹쌀을 넣어 더 잘 먹었어요.

조리시간 및 모드

죽 모드 1시간

사용재료

불린 찹쌀	100g
닭고기	90g
애호박	30g
당근	20g
양배추	30g
부추	20g
물/육수	400ml

(닭고기 or 멸치 or 채소)

만드는 양

550~650g

농도

4배죽

BABY FOOD

1 찹쌀은 미리 30분~1시간 정도 물에 불려주세요.

2 닭고기는 삶아 익힌 후 손질해 먹기 좋은 크기로 갈아주세요.

3 애호박은 껍질만 벗긴 채로 잘게 다져 준비해주세요.

4 양파는 찬물에 담가 아린맛을 한 번 뺀 후 잘게 다져 사용해주세요.

5 당근은 껍질을 제거한 후 잘게 다져 준비해주세요.

6 부추는 부드러운 잎 부분만 30초 정도 데쳐 잘게 다져주세요.

TIP 생부추를 넣으면 향이 너무 강하니 아주 살짝만 데쳐주세요.

7 준비한 재료와 육수를 모두 밥솥에 담아 죽 모드로 1시간 돌려주세요.

8 완성되면 잘 저어서 골고루 섞어주세요. 덩어리진 고기는 스패튤러로 으깨서 섞어주면 잘 풀려요.

9 그릇에 먹을 분량만큼 담아 냉장(냉동) 보관해요.

MOM'S FOOD

엄마 아빠용 닭죽

1 채소의 입자를 조금 더 크게, 닭고기는 결대로 찢어서 만들면 엄마, 아빠도 맛있게 드실 수 있어요.
2 간은 소금으로 해주세요.

소고기·사과·양파·케일·적채 무른밥

아기가 변비가 심해 소고기 이유식에 사과를 함께 넣었어요. 양파와 케일을 넣으면 감칠맛이 살아나요. 적채 대신 양배추를 사용해도 좋아요.

조리시간 및 모드

죽 모드 1시간

사용재료

불린 쌀	100g
소고기	90g
양파	20g
케일	30g
적채	20g
사과	30g
물/육수	400ml

(소고기 or 멸치 or 채소)

만드는 양

550~650g

농도

4배죽

BABY FOOD

1 쌀은 미리 30분~1시간 정도 물에 불려주세요.

2 소고기를 잘게 다진 후 핏물을 제거해주세요.

TIP 큰 입자를 잘 먹으면 소고기 다짐육을 핏물 빼고 넣어주세요.

3 양파는 찬물에 담가 아린맛을 한 번 뺀 후 잘게 다져 사용해주세요.

4 케일은 잎 부분만 데쳐 잘게 다져주세요.

5 적채는 양배추 손질하듯 쪄서 곱게 다져주세요.

6 사과는 껍질을 깎고 곱게 갈아서 준비해주세요.

TIP 사과는 갈아두면 금방 갈변되지만, 먹는 데 지장은 없어요.

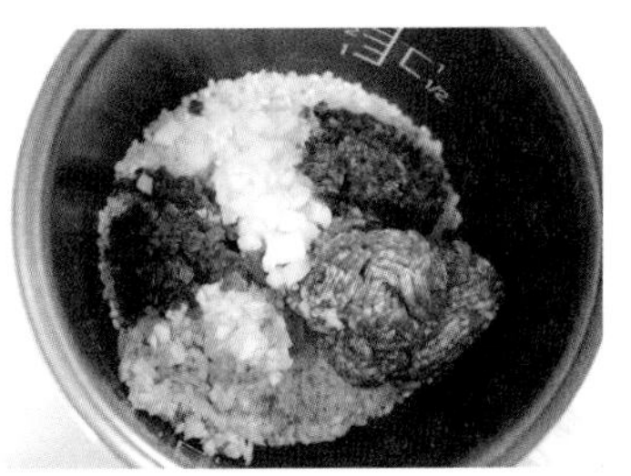

7 준비한 재료와 육수를 모두 밥솥에 담아 죽 모드로 1시간 돌려주세요.

8 완성되면 잘 저어서 골고루 섞어주세요. 덩어리진 고기는 스패튤러로 으깨서 섞어주면 잘 풀려요.

9 그릇에 먹을 분량만큼 담아 냉장(냉동) 보관해요.

케일의 줄기는 너무 억세고, 줄기 쪽의 향이 더욱 강해서 초기 이유식에는 사용하지 않는 편이고, 죽 모드 쯤 들어가서 푹 익혀야 특유의 생야채 향이 사라지고 달달한 감칠맛이 나니 후기 이유식에 활용하는 것이 좋아요.

MOM'S FOOD

사과 케일 쥬스

1 사과 1개, 케일(4~5장), 요구르트(150ml)를 준비합니다.
2 케일은 잎만 사용하고, 사과는 껍질을 깎아주세요.
3 믹서기에 케일, 사과, 요쿠르트를 넣고 갈아주면 끝!
TIP 당근, 바나나를 함께 넣어 갈아도 좋아요.

닭고기·시금치·청경채·표고버섯 무른밥

초록색 채소와 표고버섯을 넣은 영양밥이지만 아기들은 조금 심심해할 수 있어요. 잘 안 먹으면 치즈 한 장 올려주는 것도 좋아요.

조리시간 및 모드

죽 모드 1시간

사용재료

불린 쌀	100g
닭고기	90g
시금치	30g
청경채	30g
표고버섯	20g
물/육수	400ml

(닭고기 or 멸치 or 채소)

만드는 양

550~650g

농도

4배죽

BABY FOOD

1 쌀은 미리 30분~1시간 정도 물에 불려주세요.

2 닭고기는 삶아 익힌 후 손질해 먹기 좋은 크기로 갈아주세요.

3 시금치는 잎 부분만 데쳐 잘게 다져 사용해주세요.

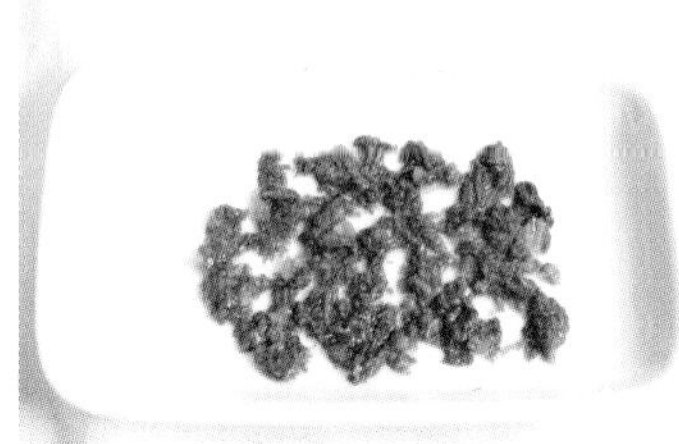

4 청경채는 후기 이유식부터 줄기까지 모두 사용했어요. 살짝 데친 뒤 잘게 다져서 질기지 않게 해주세요.

5 표고버섯은 갓 부분만 잘게 다져서 준비해주세요.

6 준비한 재료와 육수를 모두 밥솥에 넣어주세요.

7 죽 모드로 1시간 돌려주세요.

8 완성되면 잘 저어서 골고루 섞어주세요. 덩어리진 고기는 스패튤러로 으깨서 섞어주면 잘 풀려요.

9 그릇에 먹을 분량만큼 담아 냉장(냉동) 보관해요.

닭고기는 맛이 담백해 다양한 야채를 넣어서 이유식을 만들 수 있어요. 야채의 각종 비타민이 닭고기의 풍부한 철분과 단백질의 체내 흡수를 돕기 때문에 아기 성장에 좋아요. 특히, 밤, 팽이버섯, 브로콜리는 최고의 궁합을 자랑하니 닭고기 이유식을 좋아하는 아기라면 꼭 만들어 주세요.

MOM'S FOOD

시금치 고추장 무침

1 손질한 시금치를 끓는 물에 굵은 소금을 넣고 살짝 데쳐주세요.
2 찬물에 헹궈 물기를 꼭 짜주세요.
3 고추장 1, 고춧가루 0.5, 간장 0.5, 올리고당 1, 다진 마늘 0.5, 참기름 1, 통깨 0.5(시금치 한 단 기준)을 넣고 무쳐주세요.

대구살·시금치·당근·팽이버섯 무른밥

팽이버섯은 알레르기를 잘 일으키는 재료는 아니지만 무난한 재료들을 사용할 때 처음 넣어서 테스트 해줬어요.

조리시간 및 모드

죽 모드 1시간

사용재료

불린 쌀	100g
대구살	90g
시금치	40g
당근	40g
팽이버섯	20g
물/육수 (멸치 or 채소)	400ml

만드는 양

550~650g

농도

4배죽

BABY FOOD

1 쌀은 미리 30분~1시간 정도 물에 불려주세요.

2 대구살은 해동한 뒤 잘게 다져 준비해주세요.

3 시금치는 잎 부분만 데쳐 잘게 다져 사용해주세요.

4 당근은 껍질을 제거한 후 잘게 다져 준비해주세요.

5 팽이버섯은 잘게 다져 준비해주세요.

6 준비한 재료와 육수를 모두 밥솥에 넣어주세요.

7 죽 모드로 1시간 돌려주세요.

8 완성되면 잘 저어서 골고루 섞어주세요. 덩어리진 대구살은 스패튤러로 으깨서 섞어주면 잘 풀려요.

9 그릇에 먹을 분량만큼 담아 냉장(냉동) 보관해요.

전문가 조언

알레르기가 없는 아기라면 후기 이유식에서 생선의 질감과 맛을 느껴보는 것도 좋은데요. 생선 스튜나 찜통에 쪄 먹여도 좋고, 산뜻한 사과소스를 이용한 간식도 좋아요. 생선에는 없는 비타민이 풍부한 식품과 함께 먹여 영양 섭취에 도움이 될 수 있도록 해주세요.

MOM'S FOOD

팽이버섯전

1 팽이버섯의 밑동이 뭉쳐있도록 손가락으로 자른 후 소금과 후추로 간을 해주세요.
2 밀가루(부침가루)를 골고루 뿌린 후 계란물을 입혀 구워주세요.
3 계란물에 쪽파를 잘게 잘라 함께 부치면 예쁜 색감을 표현할 수 있어요.

TIP 팽이버섯과 각종 채소(당근, 양파, 부추 등), 크래미(베이컨)를 잘게 잘라 계란물에 부쳐도 좋아요.

닭고기·아보카도·양파·브로콜리 무른밥

아보카도는 고소한 맛에 좋아하는 아기도 있고 느끼한 맛 때문에 싫어하는 아기도 있다고 해요. 몸에 좋은 재료니 꼭 도전해보세요.

조리시간 및 모드

죽 모드 1시간

사용재료

불린 쌀	100g
닭고기	90g
아보카도	25g
브로콜리	30g
양파	30g
물/육수	400ml

(닭고기 or 멸치 or 채소)

만드는 양

550~650g

농도

4배죽

BABY FOOD

1 쌀은 미리 30분~1시간 정도 물에 불려주세요.

2 닭고기는 삶아 익힌 후 손질해 먹기 좋은 크기로 갈아주세요.

3 아보카도는 손질 후 먹기 좋은 크기로 다져서 준비해주세요.

4 브로콜리는 송이 부분만 한 번 데쳐 잘게 다진 후 사용해주세요.

5 양파는 찬물에 담가 아린맛을 한 번 빼고 잘게 다져 준비해주세요.

6 준비한 재료와 육수를 모두 밥솥에 넣어주세요.

7 죽 모드로 1시간 돌려주세요.

8 완성되면 잘 저어서 골고루 섞어주세요. 덩어리진 고기는 스패튤러로 으깨서 섞어주면 잘 풀려요.

9 그릇에 먹을 분량만큼 담아 냉장(냉동) 보관해요.

아기가 먹는 이유식 재료라 농약 성분이 의심되서 식재료를 유기농으로 구입하는 엄마들도 있는데 아보카도는 껍질이 단단한 편이라 잔류 농약 걱정 없이 먹을 수 있는 과일 중 하나입니다. 당분 함량이 낮고 비타민이 풍부한 데다가 농약 걱정도 없으니 아기 이유식 재료로도 훌륭합니다.

MOM'S FOOD

아보카도(과카몰리) 카나페

1 볼에 다진 양파와 손질한 아보카도를 넣어 매셔를 이용하여 곱게 으깨주세요.
2 라임즙(레몬즙) 1큰술, 소금, 후춧가루를 약간 넣어 섞어주세요.
3 달지 않은 크래커 위에 숟가락으로 올려주세요.
4 슬라이스한 방울토마토와 칵테일 새우를 위에 올려주면 멋진 간식 완성!

TIP 420P의 '아보카도 명란비빔밥'을 만들어 먹어도 좋아요.

소고기·새우살·단호박·청경채 무른밥

앞으로 유아식에서도 자주 사용하게 될 새우, 드디어 처음 넣어봤어요. 처음 사용하는 재료이고 알레르기가 있을 수도 있으니 익숙한 재료들과 함께 사용했어요. 저는 8개월 중후반쯤 처음 먹였는데, 알레르기가 걱정되는 분들은 후기 이유식 후반에 시작해도 돼요.

조리시간 및 모드

죽 모드 1시간

사용재료

불린 쌀	100g
소고기	60g
새우살	30g
청경채	50g
단호박	40g
물/육수	400ml

(소고기 or 멸치 or 채소)

만드는 양

550~650g

농도

4배죽

BABY FOOD

1 쌀은 미리 30분~1시간 정도 물에 불려주세요.

2 소고기를 잘게 다진 후 핏물을 제거해주세요.

3 새우살은 살짝 데쳐 잘게 다진 후 준비해주세요.

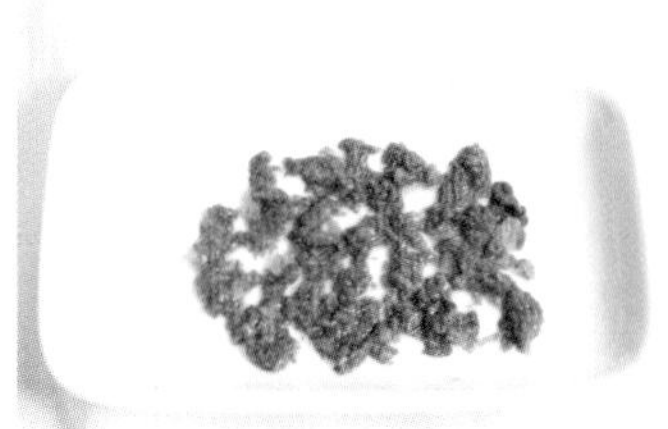

4 청경채는 한 번 데쳐 잘게 다진 후 준비해주세요.

5 단호박은 쪄서 껍질을 벗긴 후, 속을 파내고 살만 잘게 다져주세요.

TIP 향에 민감하지 않은 아기라면 생 단호박을 다져서 넣어도 괜찮아요.

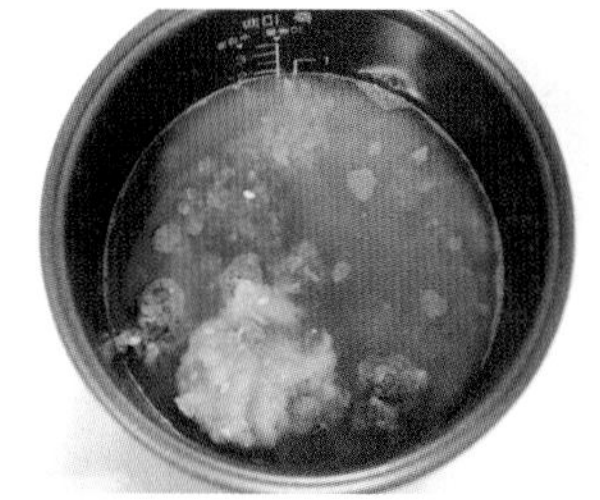

6 준비한 재료와 육수를 모두 밥솥에 넣어주세요.

7 죽 모드로 1시간 돌려주세요.

8 완성되면 잘 저어서 골고루 섞어주세요. 덩어리진 고기는 스패튤러로 으깨서 섞어주면 잘 풀려요.

9 그릇에 먹을 분량만큼 담아 냉장(냉동) 보관해요.

전문가 조언

새우는 자체 염분이 많아 데치기 전에 물에 담가놓는 것이 좋아요. 새우는 알레르기를 일으키는 성분이 있어서 가능하면 돌 이후에 먹이는 게 안전하나 자주 먹이는 것이 아니고 한 번에 적은 양을 주는 정도라면 후기 이유식에도 가능해요. 대신 잘게 다지거나 곱게 갈아서 조금씩 먹여본 뒤 알레르기 반응이 없으면 섭취하도록 해요.

MOM'S FOOD

새우 파래 잔멸치 주먹밥

1 손질한 파래를 소금과 설탕(올리고당)을 살짝 넣고 버무려주세요.
2 잔멸치는 팬에 볶아 비린내를 날려 준비해주세요.
3 따뜻한 밥에 무친 파래와 잔멸치, 참기름을 넣고 버무린 다음 모양을 잡아주세요.

TIP 모자란 간은 간장이나 소금, 설탕으로 맞춰주세요. 잔멸치볶음이 있으면 따로 볶지말고 넣어주셔도 돼요. 대신 간은 덜 하셔야 해요.

새우살·잔멸치·파래·양파 무른밥

새우살에 잔멸치, 파래까지 넣어 바다향 가득한 이유식이에요. 아기도 색다른 맛에 신기해 하고 좋아한답니다.

조리시간 및 모드

죽 모드 1시간

사용재료

불린 쌀	100g
새우살	80g
잔멸치	30g
파래	20g
양파	40g
물/육수 (멸치 or 채소)	400ml

만드는 양

550~650g

농도

4배죽

1 쌀은 미리 30분~1시간 정도 물에 불려주세요.

2 새우살은 살짝 데친 후 잘게 다져 준비해주세요.

3 잔멸치는 분쇄기나 믹서기에 곱게 갈아서 사용해주세요.

4 파래는 깨끗이 씻어 잘게 다져 준비해주세요.

5 양파는 찬물에 담가 아린맛을 한 번 빼고 잘게 다져 준비해주세요.

6 준비한 재료와 육수를 모두 밥솥에 넣어주세요.

7 죽 모드로 1시간 돌려주세요.

8 완성되면 잘 저어서 골고루 섞어주세요. 덩어리진 새우살은 스패튤러로 으깨서 섞어주면 잘 풀려요.

9 그릇에 먹을 분량만큼 담아 냉장(냉동) 보관해요.

멸치는 건강에 아주 좋지만, 자체 염분이 있기 때문에 후기 이유식에 사용하는 게 좋아요. 이물질이 있을 수 있기 때문에 물에 잘 씻어주고, 물에 담궈 1시간 정도 짠맛을 빼주는 것도 좋아요. 물기가 있는 멸치는 프라이팬에 살짝 볶아 수분을 증발시켜주면 깨끗하고 더욱 고소한 멸치 이유식을 만들 수 있답니다.

MOM'S FOOD

굴소스 잔멸치 볶음&주먹밥

1 마른 팬에 잔멸치를 중불에서 볶아 수분과 비린내를 날려준 뒤 체에 받쳐 탈탈 털어주세요.(이렇게 하면 타지 않고 깔끔해요.)
2 달군 팬에 기름을 두르고 슬라이스한 마을을 넣고 볶다가 마늘이 노릇해지면 잔멸치를 넣어 살살 볶아 주세요.
3 굴소스를 넣고 조금 더 볶다가 불을 끈 후 올리고당을 넣어 버무려주세요.(굴소스는 조금만 넣어야 짜지 않아요.)

TIP 마지막에 꿀과 참기름, 통깨를 넣어주면 더 맛있어요.

TIP 완성된 잔멸치 볶음에 밥을 비빈 후 모양 틀로 찍어주거나 주물주물해서 모양을 만들어 먹어요.

대구살·표고버섯·부추·양배추·바지락 무른밥

흰살 생선 대구살에 식감 좋은 바지락을 넣어 만든 이유식이에요. 그동안 소고기, 닭고기만 먹어 지루했을텐데 엄마도 아기도 새로운 재료가 생겨 참 좋아요.

조리시간 및 모드

죽 모드 1시간

사용재료

불린 쌀	100g
대구살	50g
바지락	30g
표고버섯	15g
부추	40g
양배추	30g
물/육수 (멸치 or 채소)	400ml

만드는 양

550~650g

농도

4배죽

BABY FOOD

1 쌀은 미리 30분~1시간 정도 물에 불려주세요.

2 대구살은 해동한 뒤 잘게 다져 준비해주세요.

3 바지락은 찬물에 헹궈 짠기를 뺀 뒤, 살짝 데친 후 잘게 다져 준비해주세요.

4 표고버섯은 갓 부분만 잘게 다져서 준비해주세요.

5 부추는 부드러운 잎 부분만 30초 정도 데쳐 잘게 다져주세요.

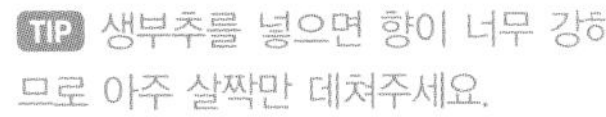

TIP 생부추를 넣으면 향이 너무 강하므로 아주 살짝만 데쳐주세요.

6 준비한 재료와 육수를 모두 밥솥에 넣어주세요.

7 죽 모드로 1시간 돌려주세요.

8 완성되면 잘 저어서 골고루 섞어주세요. 덩어리진 재료는 스패튤러로 으깨서 섞어주면 잘 풀려요.

9 그릇에 먹을 분량만큼 담아 냉장(냉동) 보관해요.

바지락과 같은 조개류는 데칠 때 쌀뜨물을 이용하면 특유의 비린내가 없어지고, 육수로 사용할 경우 국물이 훨씬 더 진하게 우러나와요. 쌀뜨물은 쌀을 세 번째 씻은 물로 준비해야 더욱 진하고 구수한 육수를 얻을 수 있어요.

MOM'S FOOD

표고버섯 부추 바지락전

1 표고버섯, 부추, 바지락, 자투리 야채를 다져주세요.
2 부침가루에 달걀을 넣고 야채와 함께 섞어주세요.
3 프라이팬에 노릇노릇 부쳐내면 완성!
4 초간장(진간장 1, 식초 1, 물 0.5, 고춧가루 0.3)을 만들어 찍어드세요.

16 후기 이유식

닭고기·새우살·옥수수·감자·양파 무른밥

이번엔 닭고기와 새우살의 조합이에요. 새우 is 뭔들, 어디에 넣어줘도 잘 먹어요. 옥수수도 처음 사용해 봤어요. 토독토독 씹히는 새로운 식감에 아기도 좋아해요.

조리시간 및 모드

죽 모드 1시간

사용재료

불린 쌀	100g
닭고기	60g
새우살	30g
옥수수	30g
양파	40g
감자	50g
물/육수	400ml

(닭고기 or 멸치 or 채소)

만드는 양

550~650g

농도

4배죽

BABY FOOD

1 쌀은 미리 30분~1시간 정도 물에 불려주세요.

2 닭고기는 삶아 익힌 후 손질해 먹기 좋은 크기로 갈아주세요.

3 옥수수는 쪄서 믹서기로 아주 곱게 갈아주세요.

4 양파는 찬물에 담가 아린맛을 한 번 빼고 잘게 다져 준비해주세요.

5 감자는 쪄서 매셔로 으깨거나 갈아서 준비해주세요.

6 새우살은 살짝 데친 후 잘게 다져 준비해주세요.

7 준비한 재료와 육수를 모두 밥솥에 담아주세요.

8 죽 모드로 1시간 돌린 후, 완성되면 잘 저어서 골고루 섞어주세요.

9 그릇에 먹을 분량만큼 담아 냉장(냉동) 보관해요.

옥수수의 거친 질감을 싫어하는 아기는 옥수수의 껍질을 까서 조리하는 것이 좋고, 후기 이유식이니 믹서기에 간 후 체에 한 번 내려주는 것도 좋아요. 옥수수는 나이아신이 부족해 옥수수만 주식으로 먹을 경우 균형 잡힌 영양소를 섭취할 수 없으니 우유나 치즈, 달걀 등을 함께 활용한 간식으로 만들어주면 아기의 영양에 도움이 돼요. 또한 삶거나 찌는 등의 조리를 하면 항산화 성분이 더 생성되니 참고하세요.

MOM'S FOOD

코울슬로

1 양배추, 당근은 채 썰고 양파, 피망은 잘게 다져주세요.(피망 생략 가능)
2 채소에 소금을 약간 뿌려 20분 정도 재워놓은 후 면보에 짜서 채소의 수분을 뺀 다음 옥수수를 담아주세요.
3 마요네즈 4, 설탕 1.2~1.5, 식초 1, 후추 약간, 허니머스터드 1, 레몬즙 2(생략 가능)를 넣어 소스를 만들 후 버무리면 완성!

연어·새우살·아보카도·청경채·양파 무른밥

후기 이유식부터 사용할 수 있는 연어로 만든 이유식이에요. 연어와 아보카도의 조합은 굉장히 부드러운 맛을 내지만 아기 입맛에 따라 느끼하다고 느낄 수도 있어요. 아보카도를 별로 좋아하지 않는다면, 양배추, 애호박 등 보편적으로 사용되는 다른 재료로 대체해도 좋아요.

조리시간 및 모드

죽 모드 1시간

사용재료

불린 쌀	90g
연어살	50g
새우살	40g
아보카도	25g
청경채	30g
양파	30g
물/육수 (멸치 or 채소)	400ml

만드는 양

550~650g

농도

4배죽

BABY FOOD

1 쌀은 미리 30분~1시간 정도 물에 불려주세요.

2 연어는 손질된 냉동 제품을 사용했어요. 해동시킨 후 먹기 좋게 잘게 다져주세요.

3 새우살은 살짝 데친 후 잘게 다져 준비해주세요.

4 아보카도는 손질 후 먹기 좋은 크기로 다져서 준비해주세요.

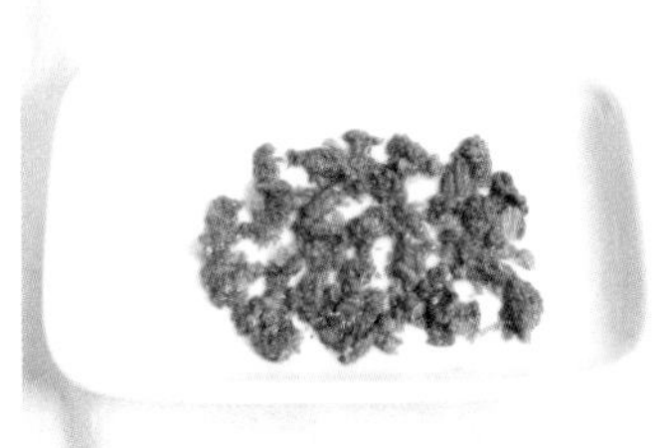

5 청경채는 한 번 데쳐 잘게 다져 준비해주세요.

6 양파는 찬물에 담가 아린맛을 한 번 뺀 후 잘게 다져 사용해주세요.

7 준비한 재료와 육수를 모두 밥솥에 담고 죽 모드로 1시간 돌려주세요.

8 완성되면 잘 저어서 골고루 섞어주세요. 덩어리진 재료는 스패튤러로 으깨서 섞어주면 잘 풀려요.

9 그릇에 먹을 분량만큼 담아 냉장(냉동) 보관해요.

특별한 알레르기가 없는 생후 10개월 이후의 아기는 기름 함유량이 많은 연어, 참치, 삼치같은 붉은살 생선을 먹여도 좋아요. 연어는 다른 생선에 비해 비타민A, D가 많고 질감이 부드러우며 비리지 않아서 이유식 재료로 다양하게 활용할 수 있어요. 활동량이 많아 열량 소모가 큰 시기이므로 고단백 식품인 연어로 우리 아기들의 체력 소모를 보충해 주세요.

MOM'S FOOD

연어스테이크

1 해동한 연어에 올리브유를 바르고 소금, 후추로 간을 해주세요. 레몬즙이나 라임즙이 있으면 뿌려주세요.
2 30분 정도 숙성시켜주세요.
3 달궈진 팬에 올리브유를 넉넉히 두르고 연어를 앞뒤로 갈색빛이 나도록 구워줍니다. 속까지 다 익혀주세요.
4 시판 타르타르 소스가 없으면 양파, 피클, 물엿 또는 올리고당 1, 마요네즈 4, 허니머스타드소스 1, 레몬즙 약간 넣어 소스를 만들어 드세요.

TIP 가니시로 자투리 채소, 청경채, 양파, 버섯, 브로콜리 등을 같이 볶아 곁들이면 좋아요.

BABY FOOD RECIPE | 18 후기 이유식

닭고기·밤·잣·대추 무른밥

의외의 조합으로 만들 때 냄새는 좀 요상한데, 고소한 맛에 잘 먹는 이유식이에요. 밤과 잣, 대추가 들어가 있어 영양만점이랍니다.

조리시간 및 모드

죽 모드 1시간

사용재료

불린 쌀	100g
닭고기	90g
대추	20g
잣	20g
밤	50g
물/육수	400ml

(닭고기 or 멸치 or 채소)

만드는 양

550~650g

농도

4배죽

BABY FOOD

1 쌀은 미리 30분~1시간 정도 물에 불려주세요.

2 닭고기를 삶아 익힌 후 손질해 먹기 좋은 크기로 갈아주세요.

3 대추는 반을 갈라 씨를 빼고 데친 후 과육만 준비해주세요.

4 잣은 곱게 갈아서 준비해주세요.
TIP 잣은 식감이 단단해서 잘게 다지기보다는 물을 조금 넣고 곱게 가는 게 아기들이 먹기 편해요.

5 밤은 삶아서 부드럽게 으깨주세요.
TIP 아기용 맛밤을 사용해도 좋아요.

6 준비한 재료와 육수를 모두 밥솥에 넣어주세요.

7 죽 모드로 1시간 돌려주세요.

8 완성되면 잘 저어서 골고루 섞어주세요. 덩어리진 고기는 스패튤러로 으깨서 섞어주면 잘 풀려요.

9 그릇에 먹을 분량만큼 담아 냉장(냉동) 보관해요.

달콤한 대추는 입맛을 돋워줘 닭고기와 대추를 이용한 이유식은 아기가 입맛을 잃었거나, 기운이 없을 때 만들어주면 좋은 보양 이유식이에요. 대추는 위장기능을 좋게 하고 속을 편하게 하며 신경을 안정시키는 효능이 있어 닭고기와 아주 잘 어울리며, 허약한 기를 보강하고 폐와 기관지를 이롭게 작용시켜 몸을 따뜻하게 해 아기가 감기에 걸렸을 때도 도움이 돼요.

MOM'S FOOD

밤스프

1 양파를 잘게 썰어 버터에 갈색이 나도록 충분히 볶아주세요.
2 1에 찐 밤과 물을 넣어 함께 끓여준 후 믹서에 곱게 갈아주세요.
3 2에서 완성한 우유와 치즈를 넣고 한 번 더 끓여주면 완성!

TIP 으깬 밤과 모유(분유)를 넣어 약불에서 끓여주면 아기도 맛있게 먹을 수 있어요.
(모유나 분유의 양은 아이의 취향에 맞게 조절해주세요.)

BABY FOOD RECIPE | 19 후기 이유식

소고기 새우 리조또

밥솥으로 만드는 리조또예요. 아직 생우유를 못 먹는 돌 전 아기들이지만, 분유와 치즈로도 충분히 고소한 리조또를 만들 수 있어요. 리조또는 유아식까지 정말 잘 먹는 메뉴니 꼭 만들어보세요.

조리시간 및 모드

죽 모드 1시간

사용재료

불린 쌀	100g
소고기	60g
새우	30g
남은 자투리 채소	100g 정도
물/육수 (멸치 or 채소)	350ml
분유물	50~60ml
아기 치즈	1장

만드는 양

550~650g

농도

4배죽

BABY FOOD

1 쌀은 미리 30분~1시간 정도 물에 불려주세요.

2 소고기를 잘게 자른 후 핏물을 제거해주세요.

3 새우살은 살짝 데친 후 잘게 다져 준비해주세요.

4 냉장고에 있는 각종 채소들을 잘게 다져주세요. 저는 당근, 양파, 애호박, 양송이버섯을 사용했어요.

5 준비한 소고기, 새우와 채소 그리고 육수를 모두 밥솥에 넣어주세요.

6 죽 모드로 1시간 돌려주세요.
TIP 중간에 한 번 섞어주세요.

7 20분 정도 남았을 때, 분유물 50~60ml와 아기 치즈 1장을 넣고 다시 뚜껑을 닫아주세요.

8 완성되면 잘 저어서 골고루 섞어주세요.

9 그릇에 먹을 분량만큼 담아 냉장(냉동) 보관해요.

후기 이유식은 된죽에서 시작해 무른밥 형태로 만들어 먹이는 것이 좋아요. 리조또는 부드러운 된죽 형태이기 때문에 이유식으로 좋아요.

MOM'S FOOD

소고기 새우 볶음밥

1 다져서 손질된 채소를 팬에 볶아주세요.
2 소고기도 같이 볶아주세요.
3 새우는 마지막에 볶고 밥을 넣은 다음, 굴소스나 소금으로 간을 해주세요.

BABY FOOD RECIPE | **20** 후기 이유식

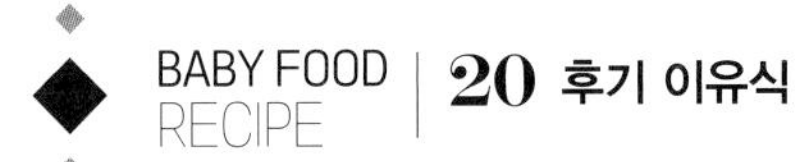

전복 채소죽

영양듬뿍 전복죽. 전복죽은 초보 주부들에게 은근 어려운 메뉴 중 하나인데, 이것도 밥솥으로 완성할 수 있어요.

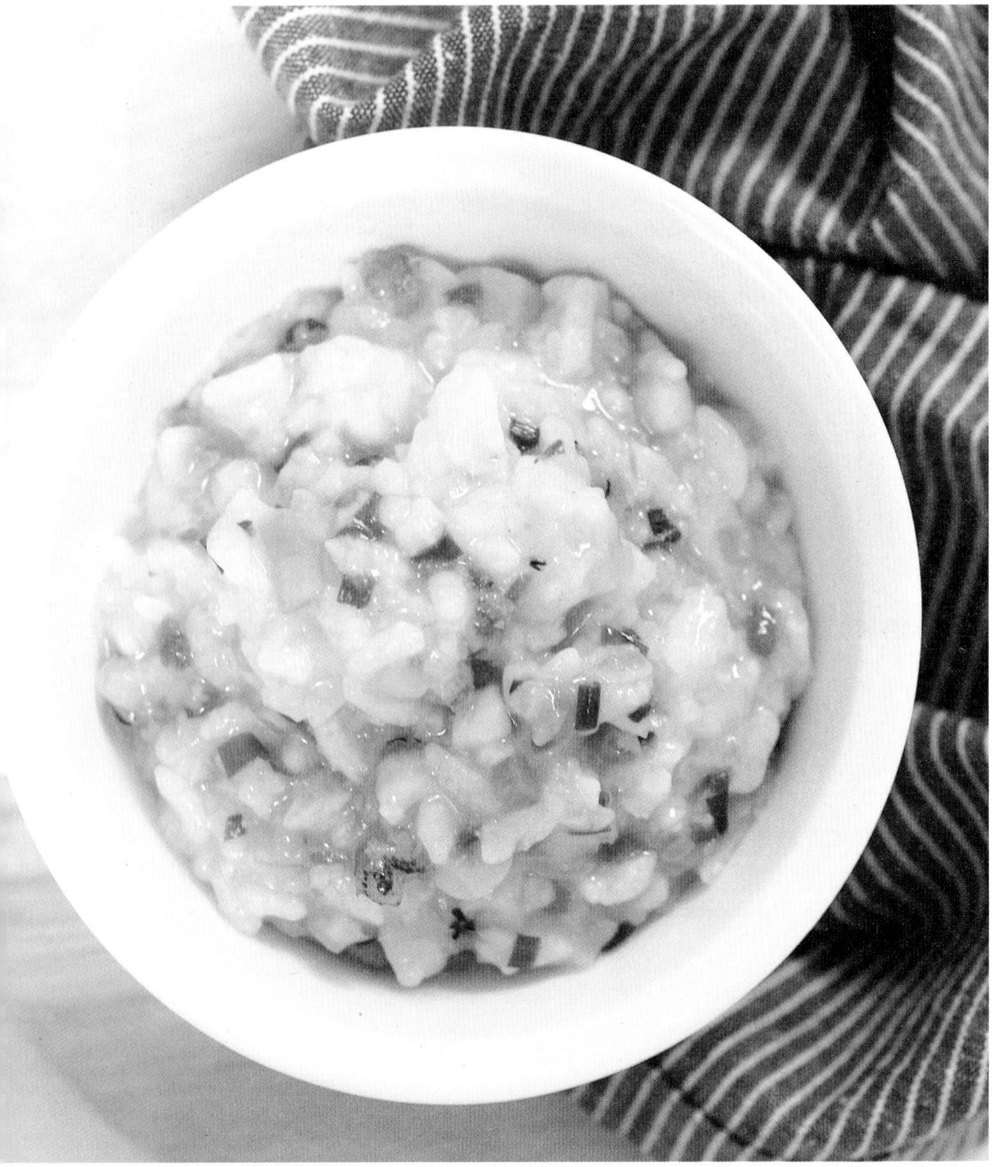

조리시간 및 모드

죽 모드 1시간

사용재료

쌀	70g
찹쌀	30g
전복	80g
표고버섯	10g
당근	15g
부추	10g
애호박	20g
물/육수 (멸치 or 채소)	400ml

만드는 양

550~650g

농도

4배죽

BABY FOOD

1 쌀을 분량만큼 물에 40분~1시간 불려주세요.

2 찹쌀도 쌀의 절반만큼 준비해 30분 정도 불려주세요.

3 전복은 손질해 먹기 좋은 크기로 잘라주세요(전복 손질법 102P 참고).

4 표고버섯은 갓 부분만 먹기 좋게 잘라서 준비해주세요.

5 당근, 애호박, 부추도 잘게 다져 준비해주세요.

6 준비한 재료와 육수를 모두 밥솥에 넣어주세요.

7 죽 모드로 1시간 돌려주세요. 완성되면 잘 저어서 골고루 섞어주세요.

8 그릇에 먹을 분량만큼 담아 냉장(냉동) 보관해요. 먹기 전에 참기름을 한 방울 섞어서 주면 아기가 더 잘 먹어요.

전문가 조언

전복은 단백질, 비타민 외에도 미역과 다시마 등 해초를 뜯어 먹고 살아 칼슘, 인 등 무기질이 풍부해요. 전복죽은 대표적인 어패류 죽으로 고단백 음식이며 맛과 영양적으로도 다른 해산물보다 뛰어나답니다. 전복의 향과 맛으로도 고소함을 느낄 수 있지만 더욱 감칠맛나는 이유식을 원한다면 전복을 참기름에 살짝 볶아서 조리해 보세요.

MOM'S FOOD

전복죽

아이가 먹을 전복채소죽에 소금이나 간장으로 간을 하면 엄마도 맛있게 먹을 수 있어요.

TIP 손질하고 남은 전복의 내장을 버리지 말고 전복죽에 추가해도 좋아요.

사과 요거트

변비에 좋은 사과 요거트예요. 플레인 요거트에 곱게 간 사과를 섞어서 만들면 되는데요. 만들기도 쉽고 아기도 잘 먹는 간식이에요. 주로 오전 간식으로 주면 좋아요.

조리시간

5~10분

사용재료

무설탕 플레인 요거트	작은 것 1통
사과	1/4쪽

만드는 양

1번 먹는 분량

BABY FOOD

1 플레인 요거트를 그릇에 담아주세요.

2 사과는 껍질을 벗긴 뒤, 믹서에 아주 곱게 갈아주세요.

TIP 물을 조금 넣고 갈면 더 잘 갈려요.

3 플레인 요거트 위에 사과를 갈아 올려주면 끝이에요.

TIP

- 사과는 갈면 금방 갈변되긴 하지만 신경쓰지 않아도 돼요.
- 같은 방법으로 바나나, 멜론, 블루베리, 딸기 등 다양한 과일을 얹어주세요.
- 요거트 한 통을 다 못 먹는 아기들은 반 통씩 만들어서 주세요.

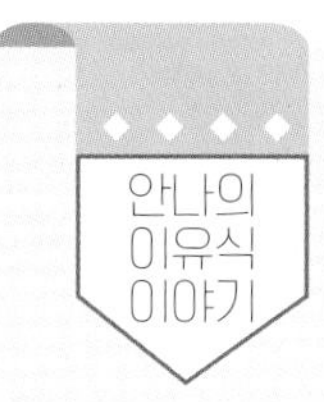

이유식을 하는 동안 변비 예방하기

1. 장내 유익균 활성화를 위해 유산균을 꾸준히 먹여주세요.
2. 변비가 심할 때는 이유식에 넣는 육류 양을 일시적으로 줄이고, 채소를 추가해주세요.
3. 중간중간 사과나 요거트 등이 들어간 간식을 주세요.
4. 자기 전 배 마사지, 자전거 타기 등 장을 활발하게 하는 운동을 시켜주세요.
5. 변비가 너무 심해질 때는 병원을 방문해 의사선생님과 상담을 해주세요.

아기가 입맛이 없어서 이유식을 잘 먹지 않을 때는 여러 가지 재료를 이용한 이유식보다는 입맛을 자극할 수 있는 한 가지 재료로 만든 이유식이 더 효과적인데, 그중 가장 좋은 재료가 사과예요. 사과의 달짝지근한 맛과 풍미는 아기의 식욕을 자극시킬 수 있답니다.

MOM'S FOOD

사과게맛살 샐러드

1 사과와 게맛살을 한 입 크기로 잘라주세요.
2 마요네즈, 설탕, 식초를 1:1:1 비율로 섞어서 드레싱을 만들어주세요.
3 1과 2를 잘 버무려주세요. 다른 과일이 있으면 같이 넣어도 좋아요.

방울토마토 연두부 스크램블 에그

토마토 치즈 스크램블 에그에 영양만점 연두부를 추가했어요. 부드러운 식감 덕에 먹기도 편하고, 간식이지만 영양을 듬뿍 담아 챙겨줄 수 있어요. 토마토는 익히면 훨씬 더 영양이 풍부해진다고 하니, 약간의 기름과 함께 익혀줬어요.

조리시간

10분

사용재료

방울토마토	4~5개
연두부	2큰술
달걀 노른자	1개
아기 치즈	1/2장

만드는 양

1~2번 먹는 분량

BABY FOOD

1 방울토마토는 깨끗이 씻은 뒤, 일자로 칼집을 살짝 내주세요.

2 끓는 물에 칼집 낸 방울토마토를 넣고 10~15초만 데친 후 껍질을 벗겨주세요.

3 껍질을 벗긴 토마토는 아기가 먹기 편하도록 잘게 잘라서 준비해주세요.

4 달걀은 노른자만 분리한 후 물 3큰술을 넣고 곱게 풀어주세요.

5 연두부는 2큰술 크게 떠서 준비해주세요.

6 달군 팬에 기름을 살짝 두르고 토마토를 먼저 익혀주세요.

TIP 기름은 포도씨유, 현미유, 올리브유 등을 사용하면 돼요.

7 토마토가 숨이 죽으면, 달걀물을 붓고 젓가락으로 휘저어가며 익혀주세요.

8 달걀이 반쯤 익으면, 연두부를 잘게 부셔서 넣고 같이 한 번 볶아주세요.

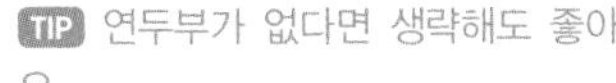

TIP 연두부가 없다면 생략해도 좋아요.

9 다 익으면 불을 끄고 잔열로 아기 치즈 반장을 올려 녹인 뒤 접시에 담아주세요.

연두부는 조리 전에 살짝 데치거나 물에 담가두었다가 사용하면 더 부드러워져요. 또, 토마토와 방울토마토는 영양적인 측면에서 큰 차이가 없으니 다양하게 활용하도록 해요. 어른들은 토마토에 설탕을 뿌려드시기도 하는데 설탕은 토마토 속 비타민 흡수를 방해하니 피해주세요.

MOM'S FOOD

엄마, 아빠용 토달볶

1 큰 토마토는 1/8등분, 방울토마토는 통째로 사용해요.
2 어른들은 토마토 껍질도 먹으니까 굳이 데치지 않아도 돼요.
3 버터나 기름에 토마토를 볶다가 계란을 풀어 함께 볶아주세요.
4 모자란 간은 케첩으로 해주면 완성!

BABY FOOD RECIPE | 03 후기 이유식 간식

아기 감자전

후기 이유식 단계가 되면 스스로 집어먹고 싶어 하는 아기들의 욕구 때문에 핑거푸드로 만들어줄 수 있는 간식을 많이 찾곤 해요. 고소한 감자를 곱게 갈아 노릇노릇 구워 작게 잘라주면 참 잘 먹어요. 아기들에겐 신세계일 거예요.

조리시간

40분

사용재료

감자	2개
식용유	조금

만드는 양

1번 먹는 분량

BABY FOOD

1 감자는 깨끗이 씻어 껍질을 벗겨주세요.

2 감자를 강판에 갈거나 믹서기에 곱게 갈아 체에 받쳐 전분과 건더기를 분리해주세요.

3 30분 정도 두면 체 아래로 전분이 가라앉아요.

4 물은 따라버리고 전분만 남겨주세요.

5 체에 걸러두었던 감자에 전분을 섞어주세요.

6 달군 팬에 기름을 두르고 섞어놓은 감자전 반죽을 한입 크기로 구워주세요.

7 구워진 감자전은 키친타월에 기름기를 한 번 제거한 후 먹이면 돼요.

감자는 깨끗하고 반들반들한 것보다는 검은 흙이 묻어 있는 것이 햇감자일 가능성이 높아요. 제철감자가 나오는 초여름엔 훌륭한 이유식 재료예요.

MOM'S FOOD

애호박 감자전

1 강판에 간 감자에 애호박을 채 썰어 섞고 소금으로 간을 한 후 프라이팬에 구워주세요.
2 청양고추를 잘게 다져서 넣어주면 매콤하게 먹을 수 있어요.
TIP 양파, 부추, 당근 등도 채 썰어 넣어도 좋아요.

분유빵

아기들이 먹는 분유로 만드는 빵이에요. 전자레인지 하나로 간단하게 만들 수 있고 촉촉한 식감 덕분에 아기들이 참 좋아하는 간식이에요.

조리시간

10분

사용재료

분유	5큰술
물	2큰술
달걀 노른자	1알

만드는 양

1번 먹는 분량

1 볼에 분유 5큰술, 따뜻한 물 2큰술을 넣고 잘 풀어주세요.

TIP 분유를 탈 때처럼 따뜻한 물에 잘 풀어줘야 뭉치지 않아요.

2 잘 풀어진 분유물에 달걀 노른자를 넣고 잘 섞어주세요.

전자레인지 사용이 가능한 그릇인지 꼭 확인해주세요!

3 랩으로 그릇을 감싸고 구멍을 송송 뚫어준 후 전자레인지에 넣고 2~3분 정도 돌려주세요.

4 아기가 먹기 좋게 잘라서 주세요.

전문가 조언

전자레인지에 익히는 분유빵은 높은 온도로 인해 영양소가 파괴될 염려가 있으므로 주식이 아닌 간식으로만 먹이는 게 좋아요. 분유빵을 모든 월령의 아기에게 먹여도 되는 것은 아니예요. 분유빵에는 달걀 노른자가 들어가므로 생후 8개월 이후부터 먹일 수 있지만, 간혹 달걀 노른자에도 알레르기 반응을 보이는 아기가 있으니 이유식으로 먼저 먹여본 뒤 만들어주는 게 안전해요.

토마토 미트소스 스파게티

후기 이유식부터 국수나 스파게티 면을 조금씩 줘어요. 토마토와 양파, 소고기 등 아기들이 모두 먹을 수 있는 재료들로 토마토소스를 만들어 진밥에 올려줘도 좋고, 소면이나 스파게티 면에 올려서 잘게 잘라 간식으로 줘도 좋아요.

조리시간

40분

사용재료

토마토	2개
소고기 다짐육	3큰술
양파	2큰술
식용유	조금
올리고당	1큰술
파스타면(혹은 소면)	조금
물	1/3컵~반컵

만드는 양

1번 먹는 분량

1 토마토는 깨끗이 씻어 꼭지를 따고 열십자로 칼집을 낸 후 끓는 물에 1분 정도만 살짝 데쳐주세요.

TIP 열십자로 칼집을 내서 데치면 껍질을 벗기기 쉬워요.

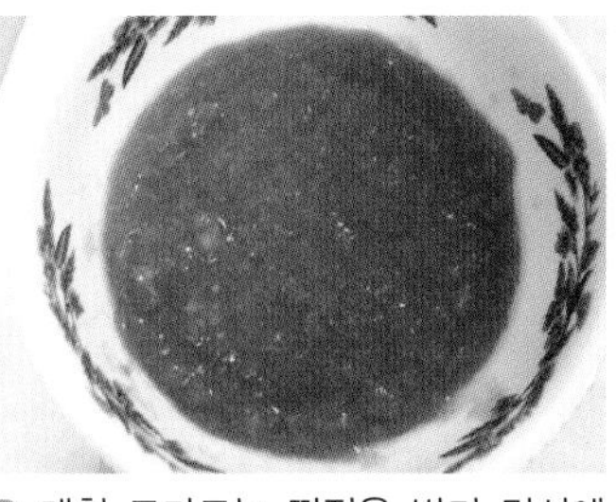

2 데친 토마토는 껍질을 벗겨 믹서에 갈아주세요.

TIP 믹서에 갈지 않고 숟가락으로 으깨도 되는데, 아기들이 아직 어리니 먹기 편하게 갈아주세요.

3 소고기는 잘게 다져(다짐육 사용 가능) 핏물을 20분 정도 빼주세요.

4 양파는 다져서 준비해주세요.

5 달군 냄비에 식용유를 두르고 양파를 먼저 달달 볶아요.

6 양파가 노르스름해지면 소고기를 넣어 같이 볶아주세요.

7 소고기의 핏물이 가시면 삶아서 껍질을 벗겨둔 토마토를 넣고 마구 으깬 뒤 물(1/3컵~반컵)을 넣고 약불에 저어가며 끓여주세요.

8 걸쭉하게 끓여지면 올리고당을 한 스푼 넣고 한소끔 더 끓여주세요.

TIP 완료기 즈음부터는 소금을 조금 넣으면 더 맛있어요.

9 소면, 파스타 혹은 쌀국수 등 면을 삶아 위에 소스를 끼얹어주세요. 남은 소스는 냉장보관(2~3일)하거나 냉동보관(1~2주)해요.

스파게티면은 글루텐 함량이 높은 밀가루를 이용해 만드니, 아기들은 돌 이후에 먹는 게 좋아요. 보통 스파게티는 심이 약간 씹히는 상태로 삶지만 소화력이 약한 우리 아기들에게 먹일 때는 부드럽도록 충분히 익히는 게 중요해요.

MOM'S FOOD

치즈 오븐 토마토 미트소스 스파게티

아이용으로 만든 스파게티를 오븐 용기에 담은 후 모짜렐라 치즈, 슬라이스 치즈를 얹어 오븐에 돌려주면 완성!

TIP 부족한 간은 소금으로 해주세요.

BABY FOOD

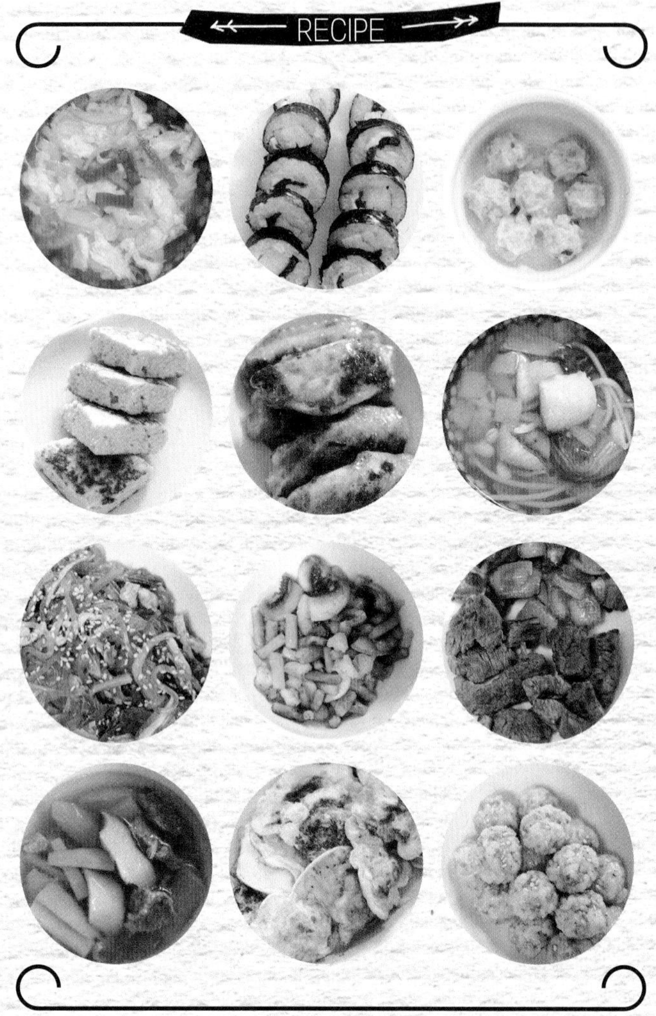

PART 05

완료기 이유식

(생후 11개월~)

우리 아기가 엄마와 마주앉아 밥 먹을 날이 점점 가까워지고 있어요. 초기, 중기, 후기를 지나 이제 완료기 이유식이에요. 후기 이유식부터 이미 진밥을 조금씩 먹고 있는 아기도 있을 거예요. 후기 이유식을 거부하는 아기들 중 밥을 주면 먹는 경우도 있어요. 아직 위장이 덜 발달되어 어른이 먹는 밥은 무리가 갈 수도 있지만, 살짝 질게 해주는 경우는 괜찮더라고요. 완료기 이유식은 사실 더 이상 '죽' 형태로 써나가기엔 재미도 없고, 의미도 없어요. 후기 이유식에서 입자만 크게, 농도만 더 되게, 재료만 더 다양하게 넣는 죽이 완료기 이유식일테니까요. Part 5에서는 이유식만 만들다가 돌이 지나 유아식으로 넘어가며 당황해할 엄마들을 위해 기본적인 반찬들과 국, 그리고 이유식만 만들기 아까웠던 밥솥을 활용한 유아식도 함께 알려드리려고 해요. 유아식으로 가는 첫 관문, 완료기 이유식 시작할 준비 되셨죠?

이유식 마무리 단계, 완료기 이유식 시작하기

1 이유식을 마무리하고 유아식으로 가는 첫 관문

엄마

저는 유아식 단계에서 '밥솥에다가 한 번에 며칠치씩 만들어두고 냉동실에 넣어뒀다 데워 주던 이유식이 편했구나', '후기 이유식에서 세끼 매번 다른 메뉴로 먹이는 것은 아무것도 아니었구나'를 느꼈어요.

살림 경력이 있는 엄마들은 그때그때 어른 밥과 같이 만들 수 있는 유아식이 더 쉬울 수도 있지만 저 같은 '초보 주부+초보 엄마'는 총체적 난국이에요. 밥과 국, 반찬을 모두 따로 챙겨야 하고 반찬은 냉동 보관도 어려워서 그때그때 모두 만들어줘야 하거든요. 애들은 또 입맛이 까다로워 냉동해서 데워주면 이제 잘 먹지도 않아요(냉동한 죽은 잘 먹어줬잖니…, 흑흑).

하지만 우린 초기, 중기, 후기를 지나며 웬만한 재료의 손질 및 보관은 이제 나도 모르게 익숙해졌을거예요. 시금치 나물을 만든다면 시금치 보관법, 손질하는 법, 데치는 법 정도는 알고 있으니까 여기서 무치기만 하면 돼요. 아기완자를 만들 때도 우린 이제 다지기 고수들이잖아요? 처음엔 진짜 멘붕이라 또 유아식 배달, 아기반찬 배달을 검색하기 시작해요. 하지만 만만치 않은 가격에 돌아섭니다. 여기서 제가 소개해드리는 메뉴들만 매일 하나씩 만들어주면 한 달 반찬은 걱정 없을 거예요. 책을 보고 연습하다보면 또 새로운 메뉴가 나오고, 아기가 좋아하는 메뉴에서 응용도 가능해요. 분명 어렵긴 하지만 훨씬 재미있는 유아식이 될 거예요.

아기

후기 이유식보다 좀 더 되직해진 '밥' 그리고 다양한 반찬들을 먹을 거예요. 사실 입자는 거기서 거기예요. 완료기라고 갑자기 '너 오늘부터 완료기니까 3mm크게!' 이건 아니예요. 그동안 죽에 넣어왔던 버섯, 고기, 당근, 애호박 등 익숙한 재료들을 볶아도 주고 삶아도 주고 구워도 줄 거예요. 후기 이유식 마지막에 농도를 4배죽에서 더 줄였다면, 밥 먹기가 더 수월해져요. 이제 된장이나 참기름 등 좀 더 맛있는 식재료도 먹어볼 수 있고 카레, 토마토소스, 크림소스 등 세상 맛있는 걸 하나씩 먹어보며 더 맛을 즐기게 될 거예요. 그리고 이제 손으로 집어먹고, 스스로 만져보는 능력이 커졌으니 반찬을 조금씩 잘라서 집어먹도록 하면 아기도 더 좋아하더라고요. 이유식을 잘 안 먹던 아기들이 유아식하면서 식습관이 바뀌어 잘 먹는 경우도 있다고 하니, 완료기 이유식 그리고 유아식도 아기의 준비상태를 보며 천천히 시작하도록 해요. 죽과 함께 병행하며 서서히 유아식으로 넘어가면 더 좋아요. 단, 중기, 후기와 마찬가지로 아기가 아직 죽을 더 먹고 싶어 한다면 죽과 함께 반찬을 병행해도 좋아요. 두부는 죽을 더 좋아해서 '너는 이번에도 한 박자 느리구나'했는데 어느 순간 갑자기 밥을 먹기 시작하더라고요. 그렇게 갑작스럽게 이유식이 끝나버렸어요.

2 후기에서 완료기로 넘어가기

후기에서 완료기, 완료기에서 유아식. 갈수록 점점 경계와 기준이 모호해져요.

이유식 방향은 아기가 결정해요. 초기 이유식에서 중기 이유식은 나름 경계가 확실했어요. 완전 고운 쌀가루에서 조금 입자가 있는 중기 쌀가루로 바뀌기도 했고, 묽은 미음에서 입자가 생기기도 했거든요. 그리고 그땐 나름 처음이라고 확실한 기준도 있었어요. 150일에 시작해서 180일까지 초기 1단계, 210일부터 중기 이유식 이렇게요. 후기 이유식도 나름 기준이 있었다면 있었겠지만 후기에서 완료기, 완료기에서 유아식은 이제 가면 갈수록 경계가 허물어지는 느낌이에요.

엄마들 커뮤니티에서도 "초기는 5개월, 중기는 7개월쯤 시작했어요. 후기에는 죽 먹다가 싫어해서 바로 유아식으로 넘어 갔어요"라는 답변을 꽤 많이 볼 수 있어요. 완료기 이유식은 거의 유아식과 비슷한 맥락으로 많이들 보더라고요. 단, 정확한 기준은 없어요. 내 아기가 정할 뿐이에요. 늘 강조했지만 조급해 하지 말고 아기가 먹을 수 있을 때를 기다려주면 돼요. '남의 집 아기는 벌써 쌀밥에 나물로 아이주도 이유식 한다더라!', '넌 왜 아직 죽만 먹냐'. 우리 아기는 아직 죽이 먹고 싶은 거예요. 경계도, 기준 개월수도 없어요. 두 돌 지난 아기도 어린이집에서 아침에 죽 먹는데요 뭐. 기준 개월수에 너무 연연하지 마세요.

TIP 두부는 초기 이유식 5~8개월, 중기 이유식 8~10개월, 후기 이유식 10개월, 완료기 없이 바로 돌 전에 유아식으로 넘어갔어요. 유아식의 시작도, 10개월 지날 즈음 어른 밥을 먹고 싶어 하길래 진밥을 물에 말아주고 국에 말아주니 잘 먹어서 그때부터 조금씩 시작했어요. 초기 이유식에서 중기로 못 넘어가 한참을 미음만 먹었는데 유아식은 생각보다 빨리 시작했어요. 아이들마다 다르니 비교하지 않아도 돼요.

수유 & 이유식 비율, 양, 횟수

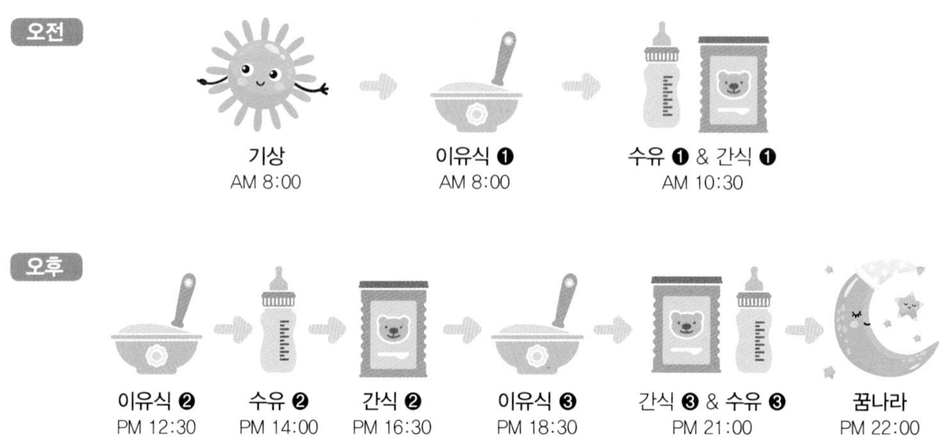

후기 이유식부터 시작한 하루 세끼 그대로 먹어요.

후기부터 하루 세끼 연습을 해왔고, 이제는 세끼 먹는 게 제법 익숙해져 있을 거예요. 그 패턴 그대로 잡아가시면 돼요.

밥 양이 늘어나며 수유와 간식이 줄어요.

중간중간 수유와 간식을 먹이긴 하는데, 밥 양이 점점 늘어나고 죽이 아닌 '밥'을 먹으면서 포만감이 높아지며 수유나 간식을 찾지 않는 경우도 있어요. 수유를 서서히 2~3회 정도로 줄이고, 돌 지나면 1~2회로 줄여주세요.

양도 점점 늘어나요.

아이들마다 양은 조금씩 다르지만 돌이 다가올수록 먹는 양이 점점 늘어나요. 하루 세끼 '식사'량이 늘어나면서 자연스럽게 수유와 간식횟수도 서서히 줄어들게 돼요. 이 무렵 오히려 양이 줄어드는 아이들도 있지만, 커가면서 계속 늘어나니 너무 걱정하지 마세요. 밥

안 먹는 건 일시적이에요.

3 냉장고 속 필수 재료 : 육수

돌이 다 되어가는 아기들은 '맛'을 알기 시작해요. 우리 아기들은 어른들보다 더 섬세한 미각을 가지고 있다고 해요. 예를 들면, 소고기가 조금만 상태가 안 좋아도 잡내 때문에 먹지 않는다든지, 핏물을 안 뺐다고 먹지 않는다든지 등등요. 후기 이유식, 완료기 이유식 시기를 거쳐 돌 즈음이 되면 더 맛있는 음식을 원해요. 그렇다고 처음부터 간을 해 줄 수는 없으니 육수로만 살짝 간을 해 두 돌까지는 국에 간을 안 하고 먹일 수 있어요.

육수 내는 법은 중기 이유식(182~188P)과 후기 이유식(252P)에 자세히 적어두었어요. 여기서 멸치의 양이나 새우의 양만 조금 더 늘려도 더 간간해져요. 더 다양한 채소를 추가해줘도 되고요. 리조또를 만들 때나 볶음요리 할 때 육수를 조금씩 넣어서 감칠맛을 더 해주면 좋아요.

4 '간'에 대한 고찰(간 보는 법)

싱거우니 잘 안 먹어요, 간은 어느 정도로 해야 할까요?

우선은 육수를 조금 진하게 내어 간을 해주고, 표고버섯가루나 멸치가루로 감칠맛을 더해주세요. 참기름과 다진 마늘을 이용해도 좋고요. 그래도 안 먹으면 고운 천일염을 아주 소량 넣어주세요. 꼭 간이 아니더라도 감칠맛이 들어가면 잘 먹어요!

두 돌까지는 아기가 먹는 음식에 간을 하지 말라고 권장하고 있어요. 하지만 우리 아기들이 집에서만 밥 먹는 것도 아니고, 식당 밥도 먹고 가끔 패스트푸드도 먹고 한 번씩 짜장면도 먹어요. 엄마 아빠랑 같이 이것저것 먹게 되는 거죠. 간을 두 돌 전까지 하지 말라고 했다고 '24개월 전까지는 절대 안 할거야!'라고 강박감을 가질 필요는 없다고 생각해요. 오히려 아기 입에 너무 싱거워서 맛이 없는데, 계속 엄마가 강요하면 아예 입을 꾹 닫아버

릴 수도 있어요. 개인적으로 '엄마가 주는 음식은 늘 맛있다!'라는 느낌을 줘야만 아기가 거부 없이 늘 잘 먹더라는 경험을 앞에서도 말씀드렸죠?
저는 돌 지나면서부터 아기 참기름, 아기 소금, 아기 간장으로 간을 아주 소량 해주다가 지금은 그냥 일반 소금, 간장을 아주 조금씩 넣어줘요. 국은 육수로 끓이니 따로 간을 해주지 않아도 잘 먹는답니다.

또 하나의 맛, 감칠맛

어른들도 참 좋아하는 맛이에요. '중독성' 있는 맛이라고 하죠. 간을 하는 것과는 또 조금 다른데, 아주 어린 유아기에는 오히려 '간'보다 '감칠맛'을 살려서 음식을 해주는 게 더 좋아요. 어른들은 조미료, 일명 '마법의 가루'를 써서 감칠맛을 내기도 하지만 원래 재료 본연에서 나오는 감칠맛을 살려주는 게 가장 좋아요. 그래서 아기들한텐 멸치, 다시마, 대파, 표고버섯을 넣고 진하게 우려낸 육수를 쓰거나 재료를 말려 가루를 낸 천연 조미료를 쓰곤 해요. 조금 귀찮더라도 육수는 꼭 써보세요. 요리는 진짜 정성이에요.

5 아기 밥 짓는 방법

보통 완료기 이유식 기간에는 1.5 ~ 2.5배죽으로 진밥을 먹기 시작해요.

어른들이 먹는 밥은 쌀(불리기 전)과 물의 비율이 1:1~1:1.2정도라고 해요. 쉽게 1배죽이라고 보면 되죠. 지금까지 우리 아기들이 밥솥으로 만드는 이유식 기준으로 20배죽으로 만든 미음을 먹었고, 점점 물의 양을 줄여서 후기 이유식을 4배죽으로 먹어왔어요. 여기서 물을 좀 더 줄여서 3배죽, 2배죽, 1.5배죽 정도가 되면 이제 '진밥'의 형태가 돼요. 제가 책에서도 늘 강조했듯 정해진 비율은 없어요. 어른들이 먹는 꼬들밥을 좋아하는 아기도 있고, 죽처럼 무른밥을 좋아하는 아기도 있으니 아기 식성에 따라 엄마가 물을 잘 맞춰주세요.

TIP 두부는 14개월 즈음까지 2배죽 정도의 살짝 무른밥을 잘 먹었어요. 지금(21개월)은 어른이 먹는 밥을 같이 잘 먹지만, 1.5배죽 정도의 무른밥을 더 좋아해요.

밥 보관 및 해동법

- 냉동 보관 : 갓 지은 밥을 유리용기(냉동 밥 전용 용기)에 담아 바로 냉동해주세요.
- 해동법 : 뚜껑을 열고, 물을 반 숟갈 정도 뿌려준 후 랩을 씌워 데우면 촉촉해요.(냉동 밥 전용 용기에 뚜껑이 있다면, 뚜껑을 씌운 채로 데워도 돼요.)

무른밥을 해도 자꾸 꼬들해지는 밥 해결법

밥은 밥솥에 두거나 한 번 냉동했다가 데우면 아무래도 처음 했을 때보다는 좀 더 되다는 느낌이 들어요. 매끼 새로 해 먹일 수 있으면 가장 좋겠지만 혼자 아기 보는 엄마가 꼬들한 어른 밥, 아기가 먹을 무른 진밥 두 가지를 매끼마다 따로 짓는 것도 쉽지가 않죠. 방법은 쉬워요. 그냥 데울 때 물 조금 넣고, 먹이다가 되직해지면 물 조금 더 넣어서 먹이면 돼요. 처음에 밥 할 때 쌀을 불려 부드럽게 해주고요. 굉장히 야매 같지만 제일 좋은 방법이었어요.

흰밥 대신 잡곡밥, 영양밥으로

어른들도 '쌀밥'보다는 잡곡밥, 영양밥이 더 좋아요. 아기들이 점점 자라며 이가 많이 나고 잘 씹을 때쯤 되면 쌀에 보리나 수수, 조 등의 부드러운 잡곡을 넣어 조금씩 익숙하게 해주세요. 완두콩이나 강낭콩 같은 씹기 좋은 콩도 좋고요. 두부는 완두콩밥을 너무 잘 먹어서 자주 해주고 있어요.(단, 현미, 귀리같은 거친 잡곡은 조금 더 있다가 주세요.)

Q&A

완료기 이유식

Q 완료기 이유식은 거의 유아식으로 병행해도 되는 건가요?

A 네, 괜찮아요. 이미 많은 엄마들이 병행하고 있어요. 완료기 이유식은 거의 '진밥' 형태를 띠고 있어요. 이유식 속의 입자도 꽤 커서 진밥과 반찬을 먹이는 개념으로 봐도 좋아요. 차이라면 한 번에 섞어서 먹이니 편하기도 하고, 만들기도 쉽죠. 거의 몇 개월 동안 죽만 먹어왔던 아기들은 이제 슬슬 엄마, 아빠가 먹는 '반찬'이나 '밥'에 관심을 가지게 되면서 밥 한 톨씩 먹여주면 잘 먹을 거예요. 죽을 지겨워해서 거부하는 아이들도 생기고요(빠른 아이들은 후기 이유식부터 밥을 달라고 해요.). 어차피 돌 지나 밥 먹을 준비를 해야 하니 병행하는 것이 저는 더 좋았던 것 같아요. 아침은 죽 형태, 점심과 저녁은 밥과 반찬 형태로 줘도 좋아요.

Q 아기가 돌이 다 되었는데 아직도 큰 입자를 거의 먹지 못해요.

A 괜찮아요. 조금 크면 다 먹더라고요. 저희 딸 두부가 그랬어요. 도대체 이렇게 작은 것만 먹어서 어떡하나 걱정이 돼서 크게도 줘봤지만 족족 다 뱉어내는 탓에 매번 실패했었어요. 이가 늦게 난 탓도 있고, 겁이 많아서 그러기도 하더라고요. 돌 지나고 14~15개월쯤 되자 제법 큰 것도 잘 먹기 시작했고, 지금은 어른들이 먹는 크기로도 아주 잘 먹어요. 조금 기다려주면 돼요.

Q 수유(분유, 모유)는 언제까지 해야 할까요?

A 언제까지 라는 답은 없어요. 다만 돌 이후에 서서히 줄여 끊는 엄마들도 있고, 그 전에 아이들이 알아서 끊는 경우도 있어 보통 기준을 '12~18개월 즈음'이라 생각하더라고요. 분유 끊은 이후에는 생우유를 간식으로 주거나 수유 대신 먹이기도 해요. 저희 아기는 15개월까지 분유 먹이고 이후에 생우유를 먹이기 시작했어요. 두 돌 된 지금도 아침에 한 번, 자기 전에 한 번 먹고 자요.

Q 아기가 수유를 받고 싶어 하는데 무조건 줄여야 하나요?

A 아니요, 저는 아기가 원할 때까지 줬어요. 아기가 생우유나 멸균우유 둘 다 좋아하지 않아서 15개월까지도 분유를 먹였어요. 요즘 분유들은 성장기용 분유로도 나와 길게는 세 돌까지도 먹일 수 있는데, 의식적으로 수유받는 습관이 생기거나 젖병 빠는 습관 때문에 치아 우식증, 부정교합 등 부작용을 초래할 수 있어 두 돌 정도까지만 먹이는 경우가 많아요. 대체적으로 돌이 지나 '이쯤에 끊는다'라는 보편적인 기준이 있을 뿐이지 정확한 정답은 없어요. 아기가 마른 체형이거나 밥을 잘 먹지 않아서 추가적인 영양소 보충이 필요하면 생우유 대신 분유를 조금 더 먹여도 돼요. 아기가 아직 분유를 찾고 수유를 받고 싶어 하는

데 돌 지났으니 갑자기 확 줄이는 건 아기도 너무 힘들 거예요. 뭐든 서서히 줄이고 끊어야 해요. 준비가 되었을 때요! 갑작스럽거나 강제적인 변화는 아기에게 스트레스가 될 수 있어요.

Q 생우유는 언제부터 먹이셨어요?

A 생우유는 보통 돌 전후로 먹이기 시작해요. 저는 한 11개월쯤부터 우유가 조금씩 함유된 음식들을 줬어요. 예를 들면 프렌치토스트를 만들 때 달걀에 우유를 섞거나 크림파스타를 만들 때 우유를 조금씩 넣었어요. 이 과정에서 알레르기가 나타나지 않아 돌 조금 안 되어 멸균우유를 주기 시작했는데 잘 안 먹어서 실패하다 15개월 지나고 본격적으로 먹이기 시작했어요.

Q 멸균우유와 생우유 중 어떤 걸 먹여야 하나요?

A 둘 다 상관없어요. 저는 아기가 멸균우유를 잘 안 먹어서 생우유를 먹이는데, 외출할 때 곤란해서 한 번씩 멸균을 도전하곤 해요. 반대로 생우유는 안 먹고 멸균만 먹는 아기들도 있어요. 아기들의 취향에 따라, 상황에 따라 뭘 먹여도 상관은 없어요.

Q 저희 아기는 유아식을 싫어하고 계속 죽식만 먹으려고 해요. 책에는 완료기 이유식 식단이 유아식으로 나와 있는데 죽식으로 하려면 어떻게 해야 하나요?

A 완료기 이유식 식단은 죽과 밥을 병행할 수 있는 형태지만, 이 책에는 대부분 죽이 아닌 밥과 반찬으로 이루어진 유아식 식단 형태로 된 메뉴를 넣었어요. 그 이유는 완료기 이유식은 후기 이유식에서 입자만 커지고 농도만 좀 되직해진 형태라 똑같은 것을 넣는 건 의미가 없을 것 같더라고요. 죽식으로 하고 싶으면, 후기 이유식 농도보다 물 양을 더 줄이고, 입자는 좀 더 크게, 양은 더 많이, 재료는 더 다양하게 해서, 후기 이유식 만들 듯이 죽 모드로 돌리면 돼요. 그러다가 아이가 밥을 찾기 시작하면 유아식 레시피로 만들어주세요.

Q 하루 한 끼 아침은 죽으로 줘도 되나요?

A 네! 그럼요. 어른들도 아침에 죽을 많이 먹듯, 자고 일어나서 부드러운 죽으로 한 끼를 먹으면 좋아요. 아기가 죽을 먹기 싫어한다면 어쩔 수 없지만, 죽도 밥도 잘 먹는다면 한 끼는 죽으로 만들어주세요. 엄마도 편하고 아침 식사로 주면 소화도 잘 되고 좋아요.

Q 아기가 밥은 안 먹고 간식만 먹으려고 해요.

A 우리 어릴 때도 엄마가 늘 했던 고민이죠. 엄마가 되어보니 왜 그렇게 걱정하셨는지 알 것 같아요. 밥은 안 먹고 과자, 간식만 먹으려고 하는 게 이렇게 엄마 속을 태우는 줄 몰랐어요. 돌 전후엔 말이 안 통하니 설득하기가 어렵고, 두 돌 지나니 말귀는 알아듣는데 고집이 생겨서 또 전쟁이에요. 가급적 불필요한 간식은 주지 않는 것이 좋아요. 식사 시간 외에 오후 간식이나 식후에 과일을 함께 먹는 등 규칙적인 간식은 좋아요. 하지만 식사 직전에 과자나 빵, 과일 등을 먹게 되면 밥맛을 떨어뜨려 밥 시간에 밥을 먹지 않으려고 한답니다. 달콤한 맛에 자꾸 간식만 찾으려 할거에요. 아이들은 "아, 내가 밥을 안 먹으면 엄마가 빵이라도 주겠지!"라고 생각해요. 이런 생각을 하게되면 밥 대신 간식만 찾는 악순환이 반복될 거예요. 이미 습관이 그렇게 들었다 하더라도 독하게 마음먹고 주지 말아보세요. 배가 고프면 밥은 먹게 되어있어요. 식사 패턴을 잡으려면 어쩔 수 없어요. 징징거릴 때 과자 하나, 빵 하나 주면 편하지만 한 번 그렇게 패턴이 잡혀버리면 밥 안 먹는 아이가 되기 쉽더라고요. 어쩔 수 없이 간식을 주어야 한다면 과자, 사탕, 빵은 줄이고 과일이나 요거트 같은 몸에 좋은 간식으로 조금씩만 챙겨주세요.

Q 하루 세끼 먹이기가 너무 힘드네요.

A 네, 맞아요. 정말 힘들죠! 그래도 꼭 챙겨주셔야 해요. 기관에 보내지 않고 하루 종일 아이를 봐야하는 엄마는 정말 힘들잖아요. 그럴 때는 가끔 외식도 하고 시켜먹기도 하고, 미리 만들어 냉동해 두었다가 데워 먹이기도 하면서 요령을 터득해 보세요.

특히 면역체계가 자리 잡고 신체와 두뇌가 폭발적으로 성장하는 영유아기에는 다양한 활동과 자극, 그리고 충분한 영양소가 뒷받침되어야 해요. 엄마가 하루 세끼 챙겨주는 게 별거 아닌 것 같아도, 그 영양을 바탕으로 우리 아이들은 정말 쑥쑥 자라요. 밥 먹고 잘 놀고 잘 자고 중간에 간식 한 번 먹고 또 밥 먹고…. 어려워 보이지만 한 번만 고생해서 패턴을 잘 잡으면 초등학교 갈 때까지 편할 거예요. 저는 아이가 좀 더 자라 어린이집이나 유치원에 가고, 학교에 가면 주말이나 방학 때 아니고서는 제 손으로 세끼 차려줄 날이 많지 않을 거란 생각에 열심히 해 먹이고 있어요.

Q 외출 시 생우유는 어떻게 조달하나요?

A 분유를 끊고 우유를 먹기 시작하면 좀 더 편해질 줄 알았죠. 그런데 이게 웬걸요, 두부는 멸균우유를 안 먹더라고요. 특유의 맛 때문에 입에도 안 대서 늘 생우유를 들고 다녀야했어요. 생우유를 쉽게 구할 수 있는 마트나 백화점이 아닌 곳에 갈 때는 늘 보냉백과 아이스팩을 가지고 다녔어요. 젖병에 담아 전자레인지에 돌리곤 했는데, 이 조차 여의치 않을 땐 그냥 편의점에서 우유를 사서 전자레인지에 미지근하게 돌려서 나왔답니다. 무겁고 귀찮지만 먹이려면 어쩔 수 없더라고요.

일주일에 한 두 번은 쌀국수를 먹었어요. 손으로 먹고 입으로 먹느라 목욕하기 전에 국수파티 하고 목욕하러 가요!

Q 아기가 반찬만 혹은 밥만 먹어요.

A 두부도 반찬만 먹거나, 밥만 먹을 때가 있었어요. 이 또한 한 때인 것 같아요. 반찬만 먹으려고 할 때는, 밥을 뭉쳐주거나 캐릭터 모양으로 만들어서 하나씩 쏙쏙 집어먹게 해줬어요. 또, 흑미를 아주 조금 섞어서 밥을 한 후 "이거 초코밥이야~"라고 하니 "초코밥이다~"를 외치며 좋다고 먹어요.(딸아 낚아서 미안하구나….) 반대로 밥만 먹으려고 할 때는 가급적 주먹밥을 만들어서 주거나 '밥-반찬-밥-반찬' 순으로 나열한 후 차례차례 먹게 해주면 조금 흥미를 가지더라고요. 또, 식당이든 어디서든 아기가 좋아하는 반찬이 나타나면 꼭 집에서도 만들어줬어요.

Q 반찬은 꼭 여러 가지 해줘야 하나요?

A 네, 저는 가급적이면 반찬을 여러 개 담은 식판식을 하려고 노력했어요. 물론, 김에 싸 먹이거나 달걀에 간장을 넣어서 한 그릇 쓱쓱 비벼주는 날도 있어요. 하지만 여러 가지 반찬을 골고루 섭취하는 습관을 기른 아이들이 나중에도 식습관 형성이 잘 된다고 해요. 두부는 돌 조금 지나서부터 바로 식판식을 했는데, 지금도 어딜 가든 밥을 잘 먹어서 예쁘다는 소리를 들어요. 모든 반찬을 골고루 먹고 나물이나 국도 잘 먹어요. 정해진 답은 없지만, 힘들어도 국 1가지, 반찬 1~2가지로 식단을 구성해주세요. 비록 식판에 담긴 음식들 중 먹지 않는 음식, 남기는 음식도 있겠지만 꾸준히 다양한 식재료를 노출시켜주는 것이 좋아요. 지금은 4살이 되었는데, 식판에 칸이 비어 있으면 자기가 먼저 여기 비었다고 얘기하고 국물 없는 날엔 국물 더 달라고 해요^^.

달걀국

유아식을 하면서 된장국, 콩나물국과 더불어 가장 많이 끓이는 국이 바로 달걀국이에요. 좋아하는 달걀에 채소를 넣어주니 잘 먹기도 하고 국 하나로 여러 가지 재료를 함께 먹일 수 있다는 것도 장점이에요. 여기에 감자를 넣어줘도 잘 먹고 만두를 넣어서 만둣국으로 끓여줘도 잘 먹어요.

조리시간

15~25분

사용재료

달걀	1개
당근	한 줌
양파	한 줌
애호박	한 줌
멸치 육수	500ml
대파(선택)	조금

만드는 양

2~3번 먹을 분량

BABY FOOD

1 달걀은 잘 풀어서 준비해주세요.
TIP 아직 흰자를 못 먹는다면, 노른자만 분리해 물 1큰술 넣고 풀어주세요.

2 당근, 양파, 애호박은 얇게 채를 썰어주세요.
TIP 달걀국은 급할 때 끓이는 거라 냉장고에 있는 채소를 넣고 끓이면 돼요.

3 멸치 육수에 채소를 넣고 같이 끓여주세요(멸치 육수 내는법 252P 참고).

4 멸치 육수가 끓어오르면, 풀어둔 달걀을 조금씩 넣고 잘 저어주세요.

미리 달걀을 풀어뒀다가 조금씩 넣으면 부드러워요. 달걀을 따로 풀지 않고 냄비에서 바로 풀어도 괜찮아요.

5 대파를 얇게 송송 썰어 넣고 한소끔 끓이면 더 맛있어요. 단, 아기들은 파 향에 민감하기 때문에 이건 선택이에요.

6 먹을 만큼 그릇에 담고, 남은 건 냉장(냉동) 보관했다가 전자레인지에 데워주세요.

멸치 육수는 짠맛이 강하고 알레르기를 일으킬 수 있는 식품이기 때문에 조리방법상 사용해야 한다면 팔팔 끓는 물에 멸치를 넣고 국물 맛만 우러나도록 5분 이내로 끓여 만드는 것이 좋아요. 멸치의 구수한 맛을 내기 위해서 너무 오래 끓이면 맛이 지나치게 강해져 어른과 달리 아이가 거부할 수 있어요. 알레르기가 있는 아기라면 이런 방법으로 끓인 국물이라도 주지 말아야 해요.

MOM'S FOOD

달걀죽

1 이유식에 넣었던 자투리 야채를 준비해주세요.
2 멸치육수에 야채를 넣고 끓이다가 야채가 익으면 밥을 넣어주세요.
3 달걀을 곱게 풀어서 넣은 다음 약불에 뭉근하게 끓여주세요.
4 간은 소금이나 간장으로 해주세요.

달걀 김밥

두부의 첫 소풍 때 도시락으로 싸줬던 아기 김밥이에요. 소근육 발달을 도와주는 핑거푸드로 아기가 스스로 집어먹으며 재미있게 먹을 수 있는 한 끼 식사로 좋아요. 개월수가 지나면 당근, 햄, 참치 등 여러 가지 재료를 추가해보세요.

조리시간

20~30분

사용재료

김밥 김	1/2장
밥	2큰술
시금치	한 줌
달걀	1~2개
어묵	1/2장
치즈	1/4장

밥 밑간

참기름, 통깨 조금

만드는 양

1번 먹을 분량

BABY FOOD

1 김밥 김은 1/4 등분해서 2장 준비해주세요.

2 시금치는 잎 부분만 데친 후 물기를 꼭 짜서 준비해주세요.

TIP 간을 하는 아기라면 소금 간을 살짝 해주세요.

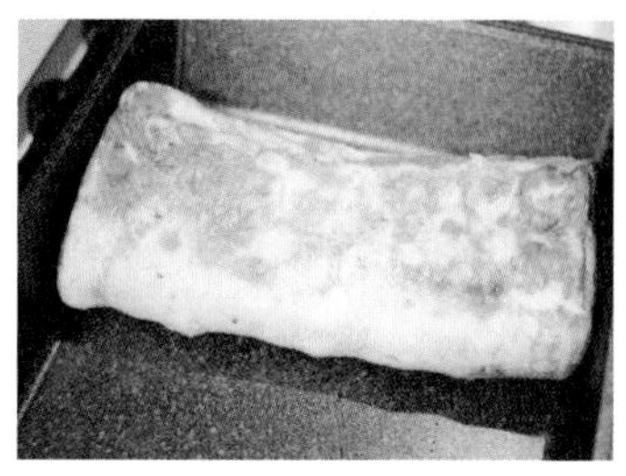

3 달걀은 풀어서 달걀말이로 만든 후 썰어주세요.

TIP 유아식 김밥은 재료가 적어서 달걀말이로 모양을 내 줬어요. 남은 달걀말이는 반찬으로 주면 돼요.

4 치즈는 1cm 정도의 너비로 얇게 잘라주세요.

5 어묵은 물에 한 번 데쳐 길쭉길쭉하게 잘라주세요.

TIP 어묵이 많이 남아서 반찬으로 같이 줬어요.

6 밥 2큰술에 참기름, 통깨를 조금씩 넣고 밑간을 해주세요.

TIP 완료기에 먹기엔 치즈만으로도 충분히 짭짤해 따로 밥에 소금간을 하지 않았어요.

7 김 위에 밥, 시금치, 달걀, 어묵, 치즈를 올려서 돌돌 말아주세요. 밥 위에 치즈를 올려야 말기도 편하고 치즈도 잘 녹아요.

8 김 끝은 물을 살짝 발라 고정시킨 다음 조심조심 잘라주세요.

TIP 칼에 물을 조금 묻혀서 자르면 잘 잘려요. 김밥이 작으니 물도 조금만요!

아기가 커 갈수록 당근도 데쳐서 넣고, 단무지도 넣어주고, 맛살도 넣고 나중엔 햄도 넣어주면 완성형 김밥이 돼요!

MOM'S FOOD

마약 김밥

1 당근을 길게 채썰어 볶고, 달걀은 지단을 부쳐 길게 채썰어주세요. 단무지를 넣어도 좋아요.
2 겨자소스(연겨자 1, 간장 1, 설탕 1)에 찍어드세요.

굴림 만두

저희 딸은 시판 만두를 잘 먹지 않아요. 엄마가 만들어주는 만두만 먹더라고요. 각종 채소와 고기를 손쉽게 섭취할 수도 있고 동글동글한 모양에 먹는 재미도 느끼게 해주는 만두. 굴림 만두는 정말 쉬워요!

조리시간

30~40분

사용재료

돼지고기	100g
소고기	50g
삶은 당면	한줌
다진 야채	각 1큰술
(브로콜리, 애호박, 부추, 양파, 알배추)	
두부	1/3모
밀가루	한 대접
다진 마늘	1/2큰술

만드는 양

7~8번 먹을 분량

BABY FOOD

1 돼지고기와 소고기는 편하게 다짐육으로 준비했어요.

TIP 돼지고기를 못 먹는 아기라면 소고기로만 해주셔도 괜찮아요.

2 당면은 끓는 물에 삶아서 잘게 다져 준비해주세요.

3 채소는 모두 잘게 다져주세요.

TIP 물기가 있으면 잘 뭉쳐지지 않으니, 채소의 물기를 꼭 짜주세요.

4 두부는 끓는 물에 30초 정도 데쳐 면보에 물기를 꼭 짜주세요. 키친타월은 두부에 다 스며들어 버리니 꼭 면보를 사용해주세요(없으면 빨아 쓰는 키친타월을 사용하세요).

5 준비한 고기, 채소를 큰 그릇에 담고 잡내를 없애기 위해 다진 마늘을 1/2 큰술 넣어줬어요. 마늘은 생략해도 괜찮아요.

6 찰기가 생길 때까지 계속 치대 만두소를 만들어주세요. 최소 10분 정도는 치대야 찰기가 생겨요.

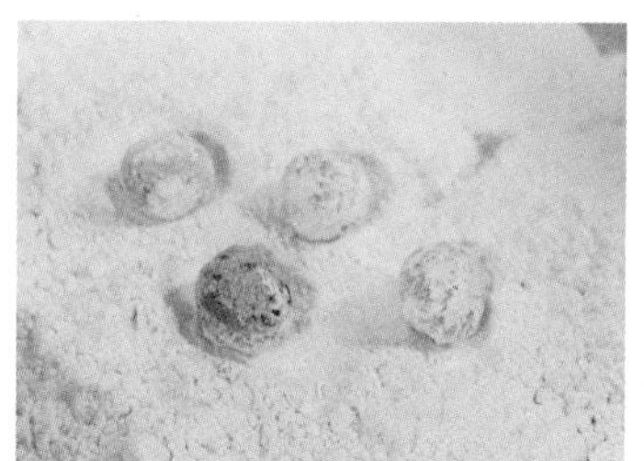

7 만두소를 동그랗게 빚은 후 밀가루를 얇게 골고루 묻혀주세요.

8 빚은 만두를 끓는 물에 넣어서 익혀주세요. 만두가 수면 위로 떠오르면 다 익은 거예요!

9 그냥 줘도 좋고, 만둣국으로 줘도 좋아요. 남은 건 랩이나 비닐에 싸서 냉동 보관해주세요.

만두소는 고루 치대어 밀가루 옷을 충분히 입혀야 삶을 때 풀어지지 않아요. 매일 똑같은 쌀로 만든 이유식만 주면 아이가 싫증을 낼 수도 있으니 만두, 우동, 소면같은 다양한 이유식으로 변화를 줘보는 것도 좋아요.

MOM'S FOOD

굴림만두라면

라면 끓일 때 면이 다 익어 갈 때 쯤 굴림만두를 넣어 끓여주세요.

TIP 파나 청양고추를 넣으면 더 얼큰하고 시원하게 먹을 수 있어요.

닭고기 두부 스테이크

간식으로도 정말 좋은 닭고기 두부 스테이크예요. 두부를 으깨 닭가슴살과 각종 채소를 다져 넣어 만든 두부 스테이크는 식감도 부드럽고 영양도 많아 제가 자주 해주는 메뉴 중 하나예요.

조리시간

죽 모드 1시간

사용재료

닭가슴살	100g
찌개용 두부	1모
애호박	20g
새송이버섯	20g
당근	20g
양파	20g
빵가루	1/3컵
달걀	1개

만드는 양

4번 먹을 분량

1 닭고기는 우유에 20~30분 정도 담가 잡내를 제거해주세요.

2 채소는 모두 잘게 다져주세요.

3 닭고기도 잘게 다져주세요.

4 끓는 물에 30초 정도 데친 두부는 면보에 물기를 꼭 짜주세요. 키친타월은 두부에 다 스며들어 버리니 면보를 사용해주세요.

TIP 두부는 단단한 부침용이 아닌 부드러운 찌개용을 사용해주세요.

5 다진 채소는 팬에 볶아 수분을 날려주세요.

6 준비한 고기, 두부, 채소와 빵가루, 달걀을 모두 넣고 한참 치대주세요.

TIP 오래 치댈수록 찰기가 생겨요. 치댄 반죽은 30분 정도 냉장고에서 숙성시켜주면 더 좋아요.

7 반죽을 둥글고 넓적하게 모양을 만들어요.

8 기름을 두르고 구워주세요. 속까지 익을 수 있도록 약불에 구워주세요.

TIP 물을 넣고 구우면 두부가 다 으스러져 버리니 주의해주세요.

9 하나씩 랩에 싸서 냉동 보관 해두면 그때그때 꺼내 구워 먹일 수 있어요.

닭고기 두부 스테이크는 닭고기로 인해 씹는 맛도 있고 감칠맛도 좋아요. 또한 단백질과 탄수화물, 비타민, 무기질 등 영양이 모두 모인 닭고기 두부 스테이크는 맛으로나 영양으로나 아이의 한 끼를 챙기기에 부족함이 없어요.

MOM'S FOOD

두부찹스테이크

1 양파, 피망, 당근, 양송이버섯을 순서대로 기름에 넣고 볶아주세요.
2 찹스테이크소스(돈까스소스 3, 케첩 3, 칠리소스 3, 굴소스 0.5, 다진 마늘 0.5, 설탕 0.5)를 만들어주세요.
3 두부스테이크는 부서질 수 있으니 미리 구워주고 볶아놓은 야채와 소스를 함께 버무려주면 완성!

닭 날개 구이

마트에서 쉽게 구할 수 있는 날개(윙)로 집에서 건강하게 구워낸 아기 치킨. 직접 손으로 잡고 뜯어 먹게 해주면 아기에겐 좋은 촉감놀이가 된답니다.

조리시간

닭 잡내제거 시간까지 1시간

사용재료

손질된 닭날개	10개
우유(분유물)	조금
간장	2큰술
다진 마늘	1큰술
올리고당	1.5큰술

만드는 양

3~5번 먹을 분량

BABY FOOD

1 손질된 닭날개는 깨끗이 씻은 후 우유(분유)에 30분 정도 재워서 잡내를 없애주세요.

TIP 시간이 없으면 데치는 작업만 해도 괜찮아요.

2 끓는 물에 한 번 삶아주세요. 구울 때 기름이 덜 배고 프라이팬으론 속까지 익히기 힘드니 한 번 삶아서 익히는 게 좋아요.

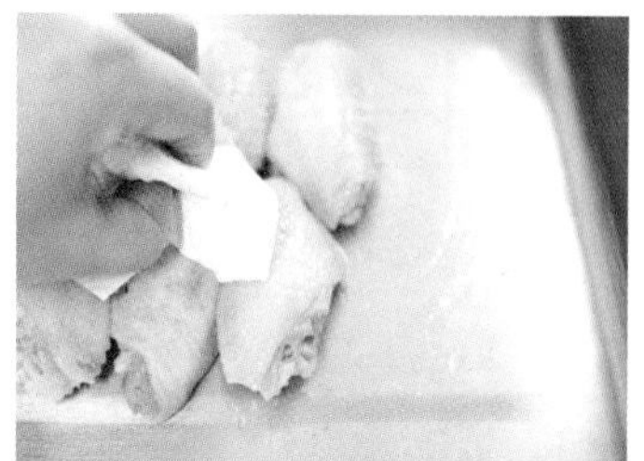

3 삶은 닭날개는 찬물에 한 번 더 헹군 후 키친타월로 물기를 제거해주세요.

TIP 아기가 커 갈수록, 이 과정은 생략해도 괜찮아요.

4 간장 2, 다진 마늘 1, 올리고당 1.5 비율로 닭날개에 발라줄 양념장을 만들어주세요.

TIP 간을 보고 짜다면 물을 조금 넣어주세요.

5 손질한 닭 날개를 프라이팬에 앞뒤로 노릇노릇 구워주세요.

TIP 에어프라이어를 사용해도 좋아요.

6 앞뒤로 한 번씩 다 구웠으면 간장소스를 바르고 다시 한 번 노릇노릇 익혀주세요.

TIP 타지 않게 주의해주세요.

7 먹을 만큼 그릇에 내고, 나머지는 냉장고에 두었다가 바로 다음날까지 꼭 다 먹여요(한 번 더 데워서요.).

TIP 닭봉은 프라이팬엔 굽기 힘들어 오븐이나 에어프라이어가 좋아요. 프라이팬에 해야 한다면 삶아서 푹 익히는 것을 추천해요.

MOM'S FOOD

매콤 닭날개 구이

양념장을 매콤하게 만들어 바른 다음 구우면 매콤한 닭날개 구이를 만들 수 있어요. 간장 반 양념 반으로 만들어보세요.

[엄마, 아빠용 양념]

- 밑간 : 소금, 후추
- 양념장 비율 : 고추장 3, 케첩 6, 맛술 1, 다진 마늘 1, 설탕 2, 물엿 2(입맛에 따라 조절해 주세요.)

배추된장국·버섯된장국·아욱새우된장국

된장국은 '멸치 육수+된장' 조합에 재료만 다르게 하면 여러 가지로 응용할 수 있는 만만한 국 요리 중 하나예요. 된장과 멸치 육수에서 우러나는 간간함 덕분에 따로 간을 하지 않아도 되고, 구수한 맛에 아기들이 참 좋아해요.

배추된장국

조리시간

육수내는 시간까지 25~30분

사용재료

멸치 육수	500ml
된장	1/3큰술
(저염 된장 혹은 아기 된장)	
대파	1/4뿌리
배추	한 줌
두부	40g

만드는 양

세끼 분량

BABY FOOD

배추된장국

1 물 500ml와 멸치를 넣고 팔팔 끓여 멸치 육수를 내주세요.(큰 멸치 5~6마리, 작은 멸치 9~10마리)

2 10~15분 정도 끓여 노랗게 육수가 우러나면 멸치를 건져내고 된장 1/3 큰술을 풀어주세요.

잘 못씹는 아기는 알배추를 한 번 데쳐서 넣어주세요.

3 손질한 알배추는 아기가 먹기 좋은 크기로 잘게 썰어 넣고 대파와 같이 끓여주세요. 10분 정도 푹 끓여주세요.

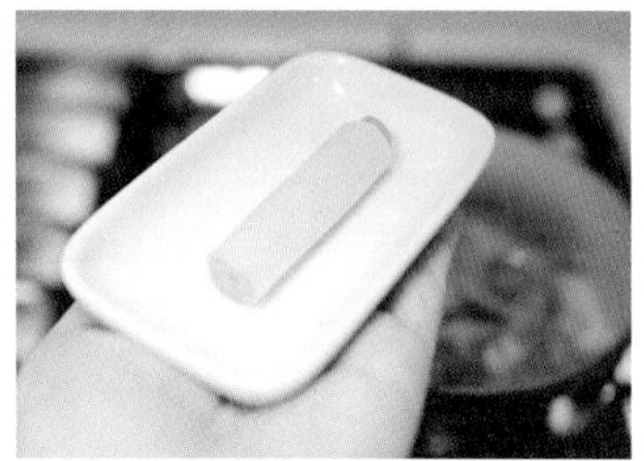

4 송송 썰어 넣어도 좋지만, 아직 대파는 아기들이 먹기엔 질겨서 국물만 내주는 용도로 크게 잘라 넣었어요.

5 한 번 보글보글 끓어오르면 작게 잘라둔 두부를 넣고 한소끔 더 끓여주세요.

6 먹을 만큼 그릇에 담고, 남은 분량은 밀폐용기에 담아 이틀 안에 먹여주세요.

완료기 이유식

된장국을 냉동보관하는 경우

냉동 보관하면 일주일 정도까지 먹여도 되지만 두부가 많이 푸석푸석해져 맛이 없어져요.
냉동 보관하려면 두부 없이 배추만 넣고 끓여주세요.

배추된장국은 된장국에 배추를 넣은 요리로, 궁합이 잘 맞는 배추와 된장이 함께 어우러져 만들기도 간편하고 몸에도 좋아요. 소고기로 넣어 배추된장국에 부족한 단백질을 보충해 소고기배추된장국으로도 활용해보세요.

MOM'S FOOD

세 가지 나물 된장 비빔밥

1 된장국에 쓰인 야채(두부, 아욱, 버섯)를 데쳐서 소금 혹은 간장으로 살짝 간을 해주세요.
2 멸치육수에 두부, 청양고추, 버섯, 애호박, 된장을 넣고 된장찌개를 자작하게 지져주세요.
3 약간 되직하게 지진 된장찌개에 나물을 올려 비벼먹어요.

BABY FOOD

버섯된장국

1 물 500ml와 멸치를 넣고 팔팔 끓여 멸치 육수를 내주세요.(큰 멸치 5~6마리, 작은 멸치 9~10마리)

2 팽이버섯, 느타리버섯, 애호박을 먹기 좋은 크기로 잘라주세요.

3 10~15분 정도 끓여 노랗게 육수가 우러나면 멸치를 건져내고 된장 1/3큰술을 풀어주세요.

4 애호박을 먼저 넣고 한소끔 끓여주세요. 대파도 1/4뿌리 같이 넣어 10분 정도 푹 끓여주세요.

두부, 바지락 등 다른 재료들을 더 추가해도 좋고, 봄철에는 냉이를 넣어서 엄마 아빠와 함께 먹으면 좋아요.

5 한 번 보글보글 끓어오르면 잘라둔 버섯과 두부를 넣고 한소끔 더 끓여주세요.

6 먹을 만큼 그릇에 담고, 남은 분량은 밀폐용기에 담아 이틀 안에 먹여요.

버섯된장국

조리시간

육수내는 시간까지 20~25분

사용재료

멸치 육수 500ml	
된장	1/3큰술
(저염 된장 혹은 아기 된장)	
대파	1/4뿌리
애호박	20g
두부	40g
느타리버섯	40g
팽이버섯	30g

만드는 양

세끼 분량

아욱새우된장국

조리시간

육수내는 시간까지 20~25분

사용재료

멸치 육수	500ml
된장	1/3큰술
(저염 된장 혹은 아기 된장)	
대파	1/4뿌리
아욱	20g
새우살	25g
감자	50g

만드는 양

세끼 분량

전문가 조언

한국의 전통 발효식품인 된장은 세계적으로 우수성을 인정받은 식품으로 높은 온도에서 끓여도 항암효과가 없어지지 않는다는 장점이 있어요. 따뜻한 된장국 한 그릇은 그 어떤 보약보다도 좋다고 하니 아기에게 꼭 끓여주세요.

BABY FOOD

아욱새우된장국

1 물 500ml와 멸치를 넣고 팔팔 끓여 멸치 육수를 내주세요.(큰 멸치 5~6마리, 작은 멸치 9~10마리)

2 아욱은 풋내가 날아가도록 잘 씻은 후 먹기 좋은 크기로 잘라주세요.

3 새우살은 아기가 먹을 수 있는 크기로 다져서 사용해도 되고, 새우살 그대로 사용해도 돼요.

4 감자는 손질 후 찬물에 담가 전분을 뺀 뒤, 아기가 먹기 좋은 크기로 잘라주세요.

5 멸치 육수를 10~15분 정도 끓여 노랗게 육수가 우러나면 멸치를 건져낸 후 된장 1/3큰술을 풀어주세요.

6 아욱과 새우살을 함께 넣고 한소끔 끓여주세요. 보글보글 끓어오르면 3분 정도 더 끓인 다음 마무리해주세요.

7 먹을 만큼 그릇에 담고, 남은 분량은 밀폐용기에 담아 이틀 안에 먹여요.

아기들은 건새우를 먹기 힘들기 때문에 생새우살로 끓였어요. 아욱과 새우는 정말 좋은 궁합이에요! 여기에 두부나 양파 등 다른 식재료를 넣어서 끓여줘도 괜찮아요.

아욱을 주재료로 한 대표적인 음식은 아욱국인데 새우와 아욱을 함께 넣어 끓인 새우 아욱국은 별미이면서 '찰떡궁합'입니다. 새우에 부족한 비타민C, 베타카로틴, 식이섬유는 아욱이, 아욱에 적은 단백질은 새우가 보충해준답니다.

맑은 아귀탕(돌 이후)

지방이 적고 단백질이 풍부한 아귀는 담백한 맛도 좋지만 성장발육에 좋아 성장기 아이들에게 정말 좋은 생선이에요. 아귀탕에 함께 들어가는 무는 아귀와 좋은 궁합을 보여준답니다. 미나리를 넣으면 좋지만 향에 민감할 수 있어 청경채를 넣고 끓였는데 콩나물, 무와의 조합이 정말 좋았어요.

조리시간

15~20분(육수 없으면 30~40분)

사용재료

아귀	100g
무	한 줌
콩나물	한 줌
청경채 (혹은 미나리)	4~5잎
대파	1/4뿌리
다진 마늘	0.5큰술
아기 소금	조금
표고가루	0.5큰술
멸치 육수	400~500ml

만드는 양

3~4번 먹을 분량

BABY FOOD

1 아귀를 준비해주세요. 아귀는 손질하기 힘드니 손질된 아기 이유식용 아귀를 이용하면 편해요.

2 콩나물은 꼬리를 떼고 준비해주세요.

3 아직 향에 익숙하지 않은 아기들을 위해 미나리 대신 청경채를 넣어 만들어볼게요.

4 대파는 국물용으로 큼직큼직하게 잘라주세요.

5 무는 아기가 먹을 수 있도록 잘게 잘라주세요.

6 멸치 육수에 무와 대파를 먼저 넣고 끓이다 무가 익으면 아귀를 넣어주세요.

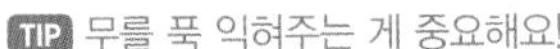

TIP 무를 푹 익혀주는 게 중요해요!

7 아귀와 무가 거의 다 익어가면 콩나물과 청경채, 다진 마늘을 넣고 한소끔 더 끓여주세요. 감칠맛을 위해 표고가루도 넣어주세요.

TIP 불순물은 계속 걷어내주세요.

8 소금으로 간을 하고 마무리해주세요.

9 먹을 만큼 용기에 담고, 나머지는 냉장(냉동) 보관해주세요.

예전에 아귀는 못생긴 외모덕에 잡히면 버려졌다고 해요. 하지만 아귀는 단백질이 풍부한 생선으로 성장 발육에 좋으며 흰살 생선의 특징을 지니고 있어 저칼로리, 저지방으로 콜레스테롤이 적어 외모는 꼴찌지만 효능 만큼은 일등이랍니다.

MOM'S FOOD

아귀 깐풍 강정

1 아귀살을 먹기 좋게 잘라 물기를 제거하고 소금, 후추로 밑간해주세요.
2 전분을 골고루 묻히고 튀김가루 반죽에 담근 후 기름에 튀겨주세요.
3 식용유에 대파와 마늘을 넣어 향을 내고 홍고추, 청양고추, 양파를 다져 같이 볶아주세요.
4 소스(간장 1, 설탕 1, 식초 1, 굴소스 0.5, 물 1)를 만든 다음 볶은 야채에 넣고 졸여주세요.
5 소스가 만들어지면 튀겨둔 아귀를 넣고 버무리면 완성!

무나물·콩나물

시원함의 대명사인 무와 콩나물의 채즙이 한 번에 우러나오니 시원하고 맛있는데다 만들기도 편해서 아이들 반찬으로 참 좋아요.

조리시간

20~30분

사용재료

콩나물	한 줌
무	한 줌
물	두 컵
소금	조금
표고가루	0.5큰술

만드는 양

3~4번 먹는 분량

BABY FOOD

1 콩나물을 아기가 먹기 편하도록 머리와 꼬리를 모두 떼고 준비해주세요. 아기가 조금 더 크면 머리를 사용해도 좋아요.

2 무는 달큰한 중간 부분쪽으로 얇게 채를 썰어 준비해주세요.

3 냄비의 한쪽엔 무, 다른 쪽엔 콩나물을 담고 무와 콩나물이 잠길 정도로 물을 부어주세요.

TIP 끓어 넘칠 수 있으니 넉넉한 크기의 냄비를 사용해주세요.

4 센불에 팔팔 끓이다가, 한 번 끓어오르면 약불로 줄여 무와 콩나물이 푹 익을 때까지 끓여주세요.

5 간은 표고가루와 소금으로 했어요. 처음부터 같이 넣어도 돼요.

6 국으로도, 반찬으로도 먹이기 좋아요. 냉장고에 넣어두면 3~4일 정도 먹일 수 있어요.

완료기 이유식

콩나물 두 줌은 성인의 하루에 필요한 비타민C가 모두 충족될 만큼 풍부한 비타민C와 아스파라긴산이 풍부하게 들어있어 우리 몸에서 해독작용에 도움을 주며 양질의 섬유소는 장내 숙변을 완화해 변비 예방을 돕고 장을 건강하게 만드는 효능이 있어요. 콩나물을 삶을 때에는 뚜껑을 열어놓은 채로 삶아야 비린내가 나지 않으니 꼭 기억하세요.

MOM'S FOOD

소고기무콩나물밥

1 소고기를 다진 후 간장이나 소금으로 밑간해 볶아주세요.
2 만들어놓은 무와 콩나물을 따뜻한 밥 위에 올리고 그 위에 볶은 소고기를 올려주세요.
3 양념장(간장 4, 고춧가루 2, 다진 마늘 1, 참기름, 쪽파, 깨)을 곁들여 비벼 먹어요.

밥솥채소달걀찜

이유식 이후로 활용도가 떨어진 밥솥으로 달걀찜을 해 봤어요. 맘 편히 찜 기능 눌러놓고 아기랑 놀아주다가 띠리링 소리가 나면 열어보면 돼요. 부드러운 식감의 달걀찜을 원한다면 냄비로 중탕해주세요.

조리시간

만능찜 30분

사용재료

달걀	2개
각종 채소	조금씩
다시마 육수	2큰술

만드는 양

1~2번 먹는 분량

BABY FOOD

1 밥솥에 들어갈 볼에 달걀을 잘 풀어주세요.

TIP 흰자를 못 먹는 아기라면 노른자만 분리해서 사용해주세요.

2 집에 있는 각종 자투리 채소를 잘게 다져 준비하고 달걀 물에 넣어주세요.

3 달걀 물을 저어주고 부드러운 식감과 감칠맛을 위해 다시마 육수를 조금 넣어주세요.

4 밥솥에 용기를 넣은 후 용기의 반만큼 물을 부어주세요.

5 만능찜으로 30분 돌려주세요.

TIP 냄비에 하는 것보다 시간은 더 오래 걸릴 수 있지만, 밥솥이 알아서 해주니 다른 일을 할 수 있다는 장점이 있어요. 하지만 냄비에 중탕하는 게 훨씬 부드러워요!(중탕으로 만드는 달걀찜 234P 참고)

6 섞어보면 부드러운 식감의 달걀찜이 완성되어 있을 거예요. 혹시나 조금 더 익혀주고 싶다면, 한 번 섞은 후 다시 만능찜으로 10분 돌려주세요.

7 먹을 만큼 그릇에 담고, 남은 분량은 밀폐용기에 담아 냉장보관 후 2일, 냉동 보관 1주 안에 먹여요.

달걀은 영양이 풍부하고 조리가 쉬워 급하게 아기 밥을 챙겨 먹여야 할 때나 간단한 간식을 만들 때 이용하면 좋아요. 달걀찜을 더욱 부드럽게 만들고 싶다면 모유 또는 분유를 조금 넣어주는 것도 좋은 방법이에요. 달걀찜은 센불에서 단시간 조리하면 겉과 속이 거칠어지니 약한 불에서 천천히 익히거나 중탕해주세요.

MOM'S FOOD

명란 야채 달걀찜

달걀찜을 할 때, 명란젓을 한 큰술 듬뿍 떠 넣으면 짭쪼름하고 고소한 명란 달걀찜 완성

느타리버섯볶음

영양만점 버섯은 식감이 부드러워 유아식 입문 반찬으로 정말 좋아요. 양파와 당근을 함께 넣어 색감을 살렸어요.

조리시간

10분

사용재료

느타리버섯	한 줌
당근	1/4개
양파	1/4개
식용유	조금
소금	조금

만드는 양

2~3번 먹는 분량

BABY FOOD

양파, 당근이 아닌 다른 채소를 넣어도 무방해요.

1 양파와 당근은 채 썰고, 버섯은 결 따라 찢어주세요.

2 달군 팬에 기름을 살짝 두르고 양파를 볶아주세요.

3 양파가 반쯤 노릇해지면 당근을 넣고 볶아주세요. 이때 불은 중약불로 계속 유지해야 타지 않아요.

4 버섯을 넣고 볶다가 소금 조금 넣고 마무리해요.

TIP 간은 하지 않아도 상관없어요.

5 먹을 만큼 용기에 담고, 남은 건 3~4일 정도 냉장보관했다가 데워서 먹이면 돼요.

느타리버섯은 살이 연해 쉽게 상하기 때문에 오랫동안 보관하지 않는 게 좋으며 랩이나 비닐봉지에 싸서 냉장고에 보관하는 것이 좋아요. 계절의 영향을 크게 받지 않아 식재료 구하기도 쉬운 느타리버섯은 대장 내에서 콜레스테롤 등 지방의 흡수를 방해하여 비만을 예방해준다고 해요.

MOM'S FOOD

버섯참치 동그랑땡

1 느타리버섯, 당근, 양파를 잘게 다져주세요.
2 다진 야채와 달걀노른자, 부침가루 조금, 캔 참치를 기름을 빼고 넣은 후 치대주세요.
3 팬을 달군 후 식용유를 두르고 한 숟가락씩 떠서 노릇노릇 구우면 완성!

TIP 깻잎을 잘라서 넣으면 향긋해서 더 좋아요.

삼계탕(feat.밥솥)

냄비 앞에 힘들게 서 있지 않아도 되고 푹 끓여 완성되면 알려주는 밥솥삼계탕! 아기들이 먹을 수 있는 재료로만 푹 고아 부드럽고 진한 삼계탕은 온 가족이 맛있게 먹을 수 있어요. 먹고 남은 닭고기를 활용해 닭죽을 만드는 방법까지 함께 소개할게요.

조리시간

만능찜 50분

사용재료

삼계탕용 생닭	1마리
찹쌀	1컵
대파	1/2뿌리
부추	한 줌
통마늘	5~6개
말린 대추	3~4개
이쑤시개 혹은 실	

만드는 양

온가족이 함께 먹을 분량

BABY FOOD

1 찹쌀은 미리 종이컵 1컵 정도를 물에 담가 1시간 정도 불려주세요.

2 대파는 뿌리 쪽만 1/2뿌리 정도, 부추도 숭덩숭덩 잘라 한 줌 준비했어요.

3 통마늘과 대추는 깨끗하게 씻어 각각 3~5알 정도 준비해주세요.

4 삼계탕용 생닭은 물로 한 번 깨끗이 씻어 손질해주세요.

TIP 닭 손질법은 341P를 참고하세요.

5 깨끗이 손질한 닭 속에 찹쌀을 채워 넣고, 이쑤시개로 꿰어 고정합니다.

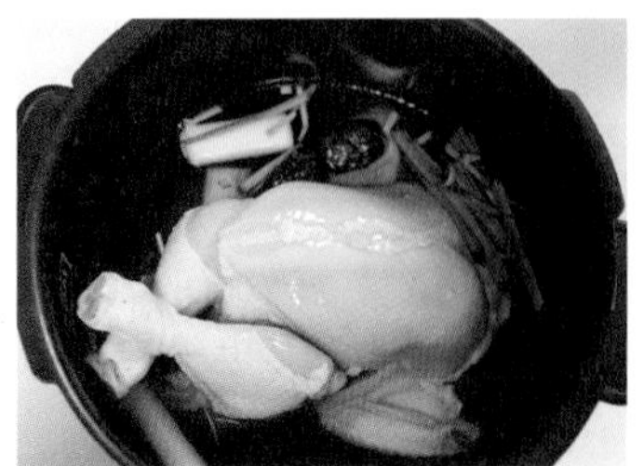

6 재료들을 모두 밥솥에 담고, 물을 2/3정도 채워주세요.

7 각 밥솥에 있는 기능을 이용해요. 저희집 밥솥은 삼계탕 기능(1시간)이 있어서 사용했는데, 만능찜 50분으로 돌려도 괜찮아요.

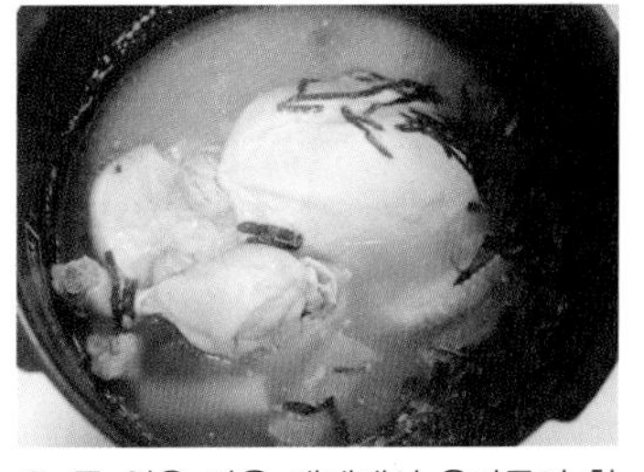

8 푹 익은 닭을 해체해서 온가족이 함께 맛있게 먹어요.

TIP 부추가 푹 익은 것이 아쉽다면 20분 정도 남기고 뚜껑을 열어 부추를 늦게 넣어주세요.

TIP 반계나 영계는 마트에 없는 경우도 많아서, 가장 구하기 쉬운 삼계탕용 한 마리(1kg)로 조리했어요. 반계나 영계로 이유식 밥솥에 조금만 하려면 같은 방법으로 분량만 반으로 줄여서 하면 돼요.

MOM'S FOOD

닭죽

1 찹쌀은 미리 1시간 정도 불리고, 자투리 야채는 잘게 다져주세요.
2 삼계탕 국물을 먼저 냄비에 한소끔 끓이고 불린 찹쌀을 넣고 잘 저어줍니다.
3 보글보글 끓어오르면 다져둔 야채와 남은 닭고기를 찢어 넣고 약불로 푹 끓여주세요.
4 소금으로 간을 하고, 마지막에 참기름을 살짝 넣어주면 완성!

BABY FOOD

닭죽

조리시간

30분

사용재료

삼계탕 국물	2컵
남은 닭고기	한 줌
애호박	조금
양파	조금
당근	조금
표고버섯	조금
찹쌀	80g

만드는 양

2번 먹을 분량

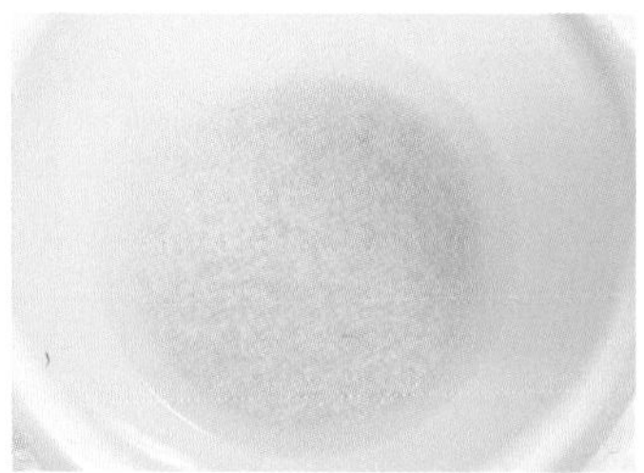

1 찹쌀은 깨끗이 씻은 뒤, 미리 물에 1시간 정도 불려주세요.

2 남은 닭고기는 아기가 먹을 수 있는 크기로 잘게 찢어주세요.

3 채소는 모두 잘게 다져주세요.

4 냄비에 삼계탕 국물을 넣고, 한 번 끓여주세요.

TIP 국물이 모자라면 물을 섞어도 좋아요.

5 국물이 끓어오르면 불린 찹쌀을 넣고 한소끔 더 끓여주세요.

TIP 바닥에 눌어붙지 않도록 잘 저어가며 끓여주세요.

6 채소와 닭고기를 넣고 약불에서 푹 끓여주세요. 아기 입맛에 맞게 소금이나 참기름을 조금 넣어도 좋아요.

7 먹을 만큼 그릇에 담아 먹이고, 남은 것은 냉장보관하여 다음날까지 먹여도 돼요.

닭고기 손질법

닭 한 마리를 손질하는 방법을 궁금해하는 분들이 꽤 많더라고요. 어려워보이지만 막상 해보면 생각보다 쉽답니다.

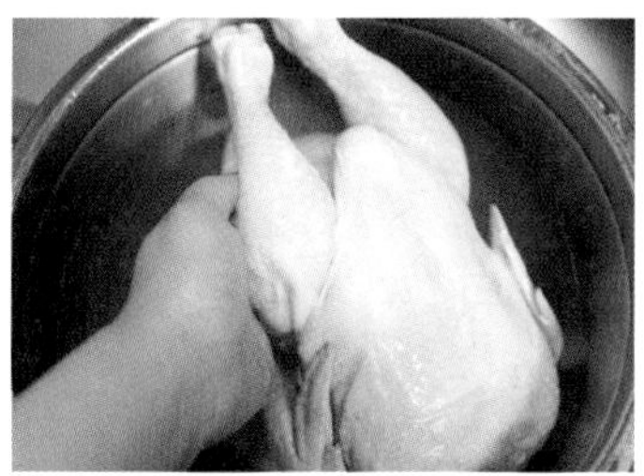

1 먼저 흐르는 물에 닭을 구석구석 깨끗하게 씻어주세요.

2 닭날개쪽 끝을 잘라주세요.

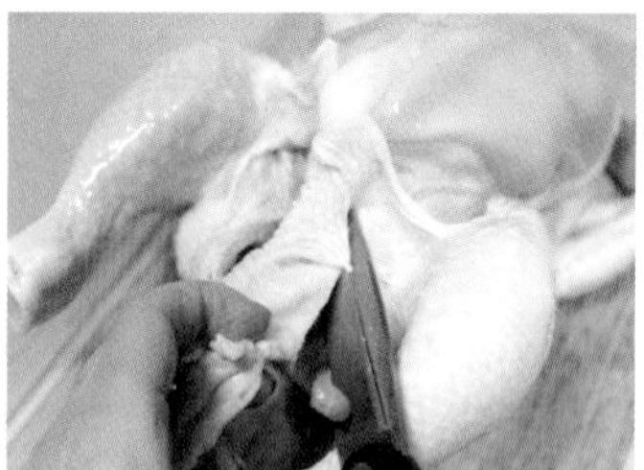

3 닭 엉덩이쪽 지방도 모두 잘라내요.

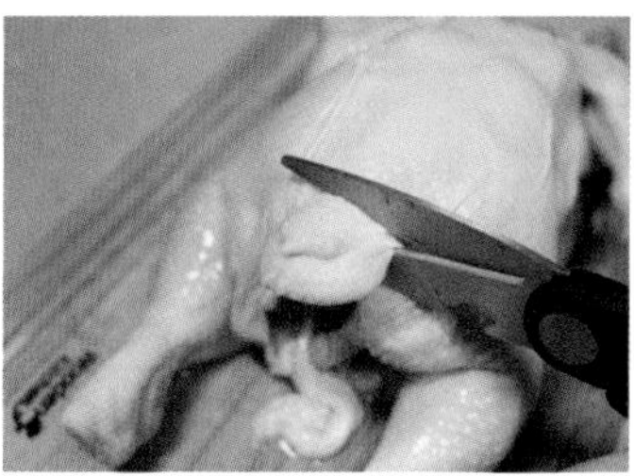

4 꽁지에 툭 튀어나온 부분도 잘라주세요.

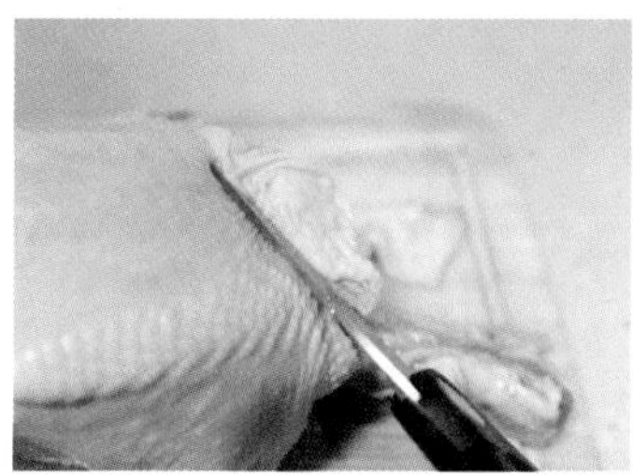

5 닭 목에 있는 지방도 잘라주는 게 좋아요. 냄비에서 끓이는 삼계탕은 기름을 걷어낼 수 있지만, 밥솥은 기름 걷어내기가 어려우니까요.

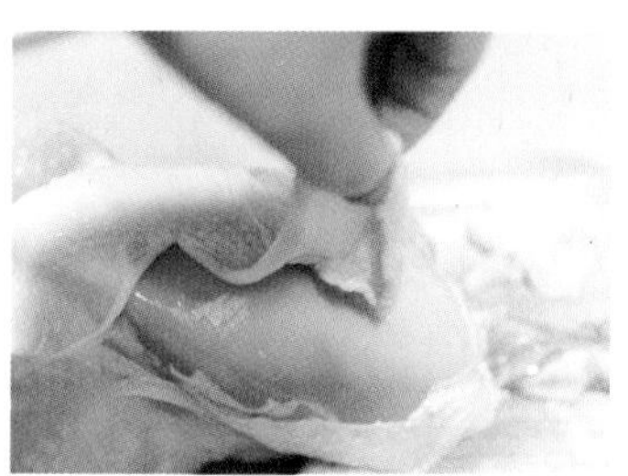

6 닭 껍질도 함께 푹 익어야 맛있지만 아기가 먹을 거라 기름이 너무 많을까봐 반 정도 벗겨내고 사용했어요.

7 몸통 안쪽에 남아 있는 지방도 모두 잘라서 제거해요.

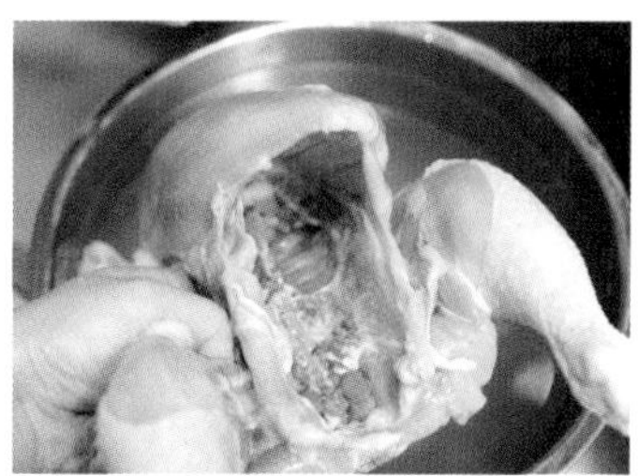

8 닭 몸통 속은 여러 번 헹궈 깨끗한 상태에서 조리해주세요.

닭고기(가금류) 조리 시에는 닭보다는 야채 손질을 가장 먼저하고, 마지막에 닭 손질을 하도록 해요. 생닭을 씻는 과정에서 물이 튀어 다른 식재료가 오염되거나 생닭을 다뤘던 조리기구로 날로 섭취하는 과일이나 채소를 손질했을 경우에 캠필로박터균에 감염될 수 있으니 물이 주변 조리기구나 채소에 튀지 않도록 주의하세요. 생닭을 다룬 후에는 반드시 비누 등 세정제로 씻은 뒤 다른 식재료를 만지고 칼과 도마를 구분해서 사용하세요.

BABY FOOD RECIPE | 12 완료기 이유식

소고기구이 & 양파버섯볶음

소고기를 국으로 끓여주는 것 말고 새로운 요리를 생각하다 소고기 구이와 양파 버섯 볶음을 만들어봤어요. 쉽고 간단한데 정말 잘먹더라고요. 소고기는 양지를 사용했어요.

조리시간

20~30분

사용재료

한 입 크기 소고기 (등심, 채끝, 안심, 국거리용 양지)	1큰술
양파	1/4개
양송이버섯	1개
식용유	조금

만드는 양

1번 먹을 분량(식으면 맛이 없으니 그때그때 만들어주세요.)

1 고기는 안심이나 등심이 가장 좋지만 국거리용 고기가 있으면 그걸 사용해도 좋아요.

TIP 국거리용은 양지를 사용하면 질기지 않아요.

2 아기가 먹을 수 있는 한 입 크기로 자른 뒤 혹시 모를 잡내를 제거하기 위해 핏물을 10분 정도만 빼주세요(바로 구울 거라 이 과정은 생략해도 돼요).

3 양파, 양송이 버섯은 한입 크기로 잘라주세요.

4 달군 프라이팬에 기름을 살짝 두르고 양파를 먼저 중불에 달달 볶아주세요.

5 양파가 노릇노릇해지며 향을 내면, 양송이를 넣고 같이 볶아주세요.

6 잘 달궈진 팬에 소고기를 올려 중불에 구워주세요. 소고기는 센불에 확 구워야 맛있지만, 아직 우리 아기들은 웰던만 먹을 수 있으니 중약불에서 속까지 잘 익도록 구워야 해요.

TIP 양파와 양송이를 구운 팬을 키친타월로 한 번 닦은 뒤, 바로 구우면 프라이팬이 달궈져 있어서 편해요.

7 양파와 양송이, 소고기를 함께 곁들이면 끝이에요.

간식이나 특식으로 해줘도 좋아요. 두부는 감기에 걸려 입맛 없을 때 해주면 정말 잘 먹었어요. 여기에 아스파라거스를 같이 곁들여도 좋아요~. 맛이 없을 수가 없는 조합이라 정말 잘 먹을 거예요.^^

양파는 소고기와 궁합이 좋으며 매운 맛을 내는 성분인 유화프로필이 지방 합성을 막아주는 역할을 해요.

MOM'S FOOD

크림소스를 곁들인 소고기양파버섯구이

1 양파, 편마늘, 버섯을 볶다가 생크림 1컵, 우유 1/2컵, 체다 치즈 한 장을 넣고 걸쭉하게 졸여주세요.
2 소고기와 양파와 버섯을 굽고 끓인 크림소스를 곁들여 먹으면 끝.

소고기뭇국

소고기뭇국도 대표적인 유아식 국이에요. 무와 소고기를 푹 끓여서 구수한 맛을 내니 국물에 밥만 말아줘도 너무 잘 먹는답니다. 한 솥 끓여 냉동해두기에도 좋아요.

조리시간

30~35분(핏물 빼는 시간 포함)

사용재료

소고기	50g
무	1/8개(70g)
대파	1/4뿌리
물	500ml
참기름	0.5큰술
다진 마늘	조금
소금(간장)	조금

만드는 양

2~3번 먹는 분량

BABY FOOD

1 소고기 국거리는 흐르는 물에 한 번 씻은 후 20분 정도 물에 담가 핏물을 빼 주세요.

TIP 시간 없을 땐, 키친타월로 핏물을 제거하고 사용하세요.

2 무는 나박썰기하고 대파도 송송 썰어 준비해주세요.

3 달궈진 팬에 무와 참기름을 넣고 달달 볶아주세요.

4 무가 투명해지면 소고기를 넣고 같이 달달 볶아주세요. 타지 않게 중약불로 볶아야 해요.

5 물 500ml를 넣고 끓여주세요. 국물 양은 여기서 조절해주면 돼요.

TIP 국물을 좋아하는 아기는 물을 더 넣고, 국물을 별로 안 먹는 아기는 덜 넣으면 돼요.

6 한 번 팔팔 끓어오르면 대파를 넣고 약불로 20분 정도 무가 진짜 푹 익을 때까지 끓여주세요.

7 중간중간 떠오르는 불순물은 잘 걷어서 제거해주세요.

8 다진 마늘을 넣고, 간장 혹은 소금으로 간을 해주세요.

TIP 간을 하지 않아도 좋아요.

9 먹을 만큼 그릇에 담고, 남은 분량은 밀폐용기에 담아 냉장은 이틀, 냉동은 1~2주 안에 먹여요.

TIP 냉동은 사실 한 달까지도 무방하다고 해요. 그렇지만 냉동실에서 맛은 점점 떨어지고 있으니 맛있을 때 얼른 먹여주세요!

MOM'S FOOD

얼큰 소고기 뭇국

1 소고기와 무를 볶을 때, 고춧가루를 넣어서 볶아주세요.
2 마지막에 청양고추를 넣어서 한소끔 끓이면 얼큰하게 먹을 수 있어요.

소고기 미역국

한 냄비 가득 끓여서 졸여가며 먹으면 더 맛있는 미역국. 소고기와 미역을 푹 끓이면 시원한 국물에 미역의 보들보들한 식감까지 아기 국으로 취향저격이에요.

조리시간

30~35분(핏물 빼는 시간 포함)

사용재료

소고기	50g
마른 미역	4g
육수(물)	600g
참기름	1큰술
소금(간장)	조금
표고가루	조금

만드는 양

2~3번 먹는 분량

BABY FOOD

1 소고기는 아기가 먹기 좋은 크기로 잘라 20분 정도 핏물을 빼주세요.

2 미역은 잘게 잘라 불린 다음 깨끗이 씻어서 준비해요.

TIP 자른 미역을 이용하면 편해요.

3 살짝 달궈진 냄비에 참기름 1큰술, 소고기를 넣고 달달 볶아주세요.

4 소고기 핏기가 가시면, 미역을 같이 넣고 1~2분 정도 더 볶아주세요.

5 미리 만들어놓은 멸치 육수나 물을 부어 한소끔 끓여주세요.

TIP 미역국은 오래 끓일수록 더 맛있어요. 육수를 넉넉히 부어 충분히 끓여 주세요.

6 한 번 끓어오르면 중약불로 불을 줄인 후 뚜껑을 덮고 20~30분 졸여주세요.

7 먹을 만큼 그릇에 담고, 남은 분량은 밀폐용기에 담아 냉장은 이틀, 냉동은 1~2주 안에 먹여요.

TIP 냉동해도 맛이 변하지 않아 자주 애용하는 국이에요.

TIP 간 하는 법

완료기 이유식에서 유아식으로 넘어가는 시기엔 미역과 소고기에서 우러나오는 맛으로도 간은 충분해요. 표고가루 0.5큰술 정도 넣어주면 감칠맛이 더 살아나요. 간을 해야 한다면 멸치 육수를 더 진하게 우리거나 소금과 간장을 사용하면 돼요.

참기름을 넣고 소고기를 볶을 때 강한 불에서는 참기름이 탈 수 있으니 중약불에서 볶아주세요. 미역에는 칼슘이 풍부해서 아기 뼈 성장에 도움을 주고, 소고기는 단백질이 풍부하니 한참 자라는 우리 아기에게 꼭 필요한 영양소가 가득 들어 있어요. 맛있고 영양가 많은 소고기미역국으로 우리 아기 식사 든든하게 챙겨주세요.

MOM'S FOOD

미역 냉국

1 미역은 물에 불려 씻고 오이는 채썰어주세요.
2 물 3컵, 소금 1큰술, 설탕 4큰술, 식초 6큰술 넣고 국물을 만들어 줍니다.
3 내용물을 모두 섞고 얼음을 띄운 후 통깨로 마무리하면 완성!

BABY FOOD RECIPE | 15 완료기 이유식

소고기 버섯 찌개

경북 영천에 단골 식육식당이 있어요. 거기 소고기찌개가 참 맛있는데, 아기와 같이 먹어야 된다고 하니 사장님이 고춧가루를 빼고 주시더라고요. 맛있게 먹었던 기억을 되살려 비슷하게 만들어봤는데 대성공. 소고기와 대파, 버섯이 내는 본연의 국물 맛은 정말 최고예요!

조리시간

20~25분

사용재료

소고기	한 줌
새송이버섯	한 줌
대파	한 줌
다시마 육수(물)	500ml
다진 마늘	1작은술
소금	조금

만드는 양

2~3번 먹는 분량

BABY FOOD

1 소고기, 버섯은 한입 크기로 썰고 대파는 국물용이니 큼직큼직하게 썰어주세요.

2 냄비에 재료들을 한 번에 다 넣고 다진 마늘 1작은술도 같이 넣어주세요. 개월수나 아기의 취향에 따라 다진 마늘은 빼도 되는데 넣어야 맛있어요.

3 다시마 육수(혹은 물)를 500ml 넣고 푹 끓여주세요.

TIP 중간중간 불순물을 걷어주세요.

4 한 번 끓어오르면 중불로 낮춰서 10~15분 정도 더 끓이다가 소금으로 간을 하고 마무리해주세요.

TIP 간을 안 해도 맛있어요.

5 먹을 만큼 그릇에 담고, 나머지는 소분해 냉장(냉동) 보관해주세요.

국물엔 밥 말아주고, 건더기만 건져서 식판에 담아 반찬으로 주면 혼자 잘 집어먹어요.

새송이버섯은 약 88%가 수분으로 이루어져있어 섭취하는 것만으로도 몸속에 필요한 수분을 보충해주며 미량이지만 악성빈혈을 치유하는 귀한 인자로 알려진 비타민B12를 함유해 빈혈예방에도 도움을 준답니다. 특히, 비타민C 함유량은 느타리버섯의 7배, 팽이버섯의 10배에 달하니, 소고기와 함께 섭취하기 좋은 식재료라고 할 수 있답니다.

MOM'S FOOD

얼큰 소고기 버섯 찌개

아기용 레시피에 끓일 때 고춧가루와 청양고추를 넣으면 엄마도 얼큰하게 먹을 수 있어요.
맑은 찌개도 맛있지만 얼큰하게 먹으면 더 맛있어요.

소고기 주먹밥

아마 이유식, 유아식을 하면서 주먹밥을 한 번도 안 만들어준 엄마는 없을 거예요. 소고기와 채소를 듬뿍 넣어 만들어주면 이 또한 영양만점 한 끼 식사가 될 수 있어요. 김, 후리가케, 멸치, 소고기, 채소 등 다양한 재료를 넣어서 만들어주세요.

조리시간

20~25분

사용재료

밥	1/2~2/3공기
소고기 다짐육	1큰술
애호박	1큰술
버섯	1큰술
당근	1큰술
간장(소금)	조금
참기름	조금
아기 김	1~2장(선택)
아기 치즈	1장(선택)

만드는 양

한두끼 기준

BABY FOOD

1 소고기 다짐육은 물에 담가 핏물을 빼고 준비해주세요.

2 채소는 모두 잘게 다져 준비해주세요.

TIP 집에 있는 자투리 채소들을 사용하세요!

3 소고기는 약불에 살살 볶아주세요. 워낙 소량이라 센불에 볶으면 금방 타버려요.

4 당근–애호박–버섯 순으로 넣고 채소를 볶아주세요.

TIP 단단한 채소들을 먼저 볶아요!

5 볼에 따뜻한 밥과 재료들을 모두 넣고, 참기름과 소금(혹은 간장)으로 간을 맞춰주세요.

6 바로 만들었을 때가 가장 맛있어서 따로 냉장(냉동) 보관은 하지 않았어요.

7 김가루를 부셔 넣어 만들어도 좋고, 치즈를 작게 잘라 올려도 정말 잘 먹어요.

TIP 치즈를 올리면 이런 불상사가 일어나더라고요. 다들 공감하시죠? 치즈만 떼먹기!!

두부는 돌 전부터 진밥으로 주먹밥을 해줬어요. 손으로 주물럭거리기도 하고 포크질도 해보며 한 그릇 다 비운 베스트 메뉴예요.

완료기 이유식

소고기와 야채를 한꺼번에 먹일 수 있어서 더더욱 좋은 소고기 주먹밥은 휴대하기도 편하고, 먹이기도 편할 뿐만 아니라 소고기를 주재료로 하고 여러 야채를 바꿔가면서 만들 수 있기 때문에 영양적으로도 뛰어나니 야채를 안 먹는 아이가 있다면 활용해 보세요.

MOM'S FOOD

소고기 오므라이스

1 채소와 소고기를 볶은 후 밥을 넣고 소금이나 굴소스로 간을 맞춰 볶아주세요.
2 달걀은 풀어서 얇게 지단을 부쳐 밥 위에 올려주세요.
3 케첩 뿌려서 먹으면 끝!

소고기 카레

노란 색감에 알록달록한 채소들. 처음 먹어보는 카레는 호불호가 갈리기도 하지만 소면을 삶아 카레국수를 해주기도 하고 돈까스에 얹어 카레 돈까스로 변신시켜줄 수도 있어요. 카레 먹이는 날은 어두운 옷이나 흘려도 괜찮은 옷을 입혀서 먹이세요! 카레물은 잘 안지워지더라고요.

조리시간
30~35분

사용재료

소고기	60g
감자	60g
양파	50g
애호박	50g
당근	40g
카레가루	30g
물	200ml
식용유	조금

만드는 양
2~3번 먹는 분량

BABY FOOD

1 소고기는 한입 크기로 잘라 핏물을 20분 정도 빼주세요.

2 채소도 먹기 좋은 크기로 잘라서 준비해주세요.

3 달군 냄비에 기름을 두르고 양파를 먼저 볶아주세요.

4 양파가 노릇해지면서 향을 내면, 다른 채소들도 넣고 같이 볶아주세요.

5 채소들이 반쯤 익으면 소고기를 넣고 달달 볶아주세요.

6 고기에 핏물이 사라지면 물을 넣고 채소와 고기를 한 번 끓여주세요. 보글보글 끓기 시작하면 중불로 줄여 10~15분 정도 더 푹 끓여주세요.

TIP 아기들은 조금만 덜 익어도 먹기가 힘드니 진짜 푹 익혀야 해요.

7 카레가루를 넣고 눌어붙지 않게 잘 저어가며 가루를 풀어주세요. 한 번 끓어오르면 불을 끄고 마무리해요.

TIP 아이가 커갈수록 물이나 카레의 양을 줄이거나 더 오래 끓여 농도를 조절해주세요.

8 먹을 만큼 그릇에 담고, 남은 분량은 밀폐용기에 담아 냉장은 이틀, 냉동은 1~2주 안에 먹어요.

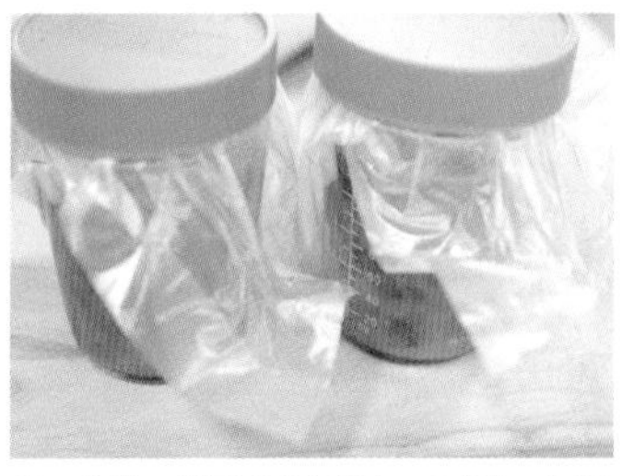

9 카레는 냉동 보관해두고 먹여도 좋은 음식이에요. 종종 만들어서 냉동해두면 편해요.

TIP 플라스틱 용기는 착색될 우려가 있으니 가급적 유리 용기를 쓰고, 뚜껑도 착색을 막기 위해 냉동할 때 비닐 한 장을 싼 후 뚜껑을 닫아주세요.

MOM'S FOOD

소고기 카레 우동

1 우동면을 삶아 찬물에 헹궈주세요.
2 끓인 카레소스를 부어주세요.

아기나물 삼총사(콩나물, 시금치나물, 배추나물)

이 세 가지 나물만 익혀두어도 아기 나물반찬은 걱정 없어요. 나물을 잘 먹지 않아 걱정이지만 늘 끼니에 나물을 내놔야 아이들도 익숙해져요. 참기름과 깨를 넣고 고소하게 무치면 아기들도 좋아해요.

조리시간

10~20분

사용재료

콩나물	한 줌
시금치	한 줌
배추	한 줌
통깨	조금씩
표고가루	조금씩
소금	조금씩

만드는 양

2~3번 먹는 분량

콩나물 무침

1 콩나물은 꼬리만 떼고 준비해 끓는 물에 1~2분 정도 데쳐주세요.

2 찬물로 헹궈 한 김 식힌 후 통깨, 표고가루, 소금을 넣고 조물조물 무쳐주세요.

TIP 파를 추가로 넣어줘도 좋아요.

3 아기나물에 소금간은 선택 사항이에요. 소금은 아주 소량만 넣어주세요.

시금치나물 무침

1 시금치는 잎 부분만 끓는 물에 1분 정도 데쳐주세요.

2 찬물로 헹궈 한 김 식힌 후 통깨, 표고가루, 소금을 넣고 조물조물 무쳐주세요.

3 먹일 때 잘게 잘라주세요.

배추나물 무침

1 알배추를 잘게 잘라 끓는 물에 3분 정도 데쳐주세요. 아기가 먹을 거라 좀 더 익혔어요.

2 찬물로 헹궈 한 김 식힌 후 통깨, 표고가루, 소금을 넣고 조물조물 무쳐주세요.

3 먹일 때 잘게 잘라주세요.

콩나물은 콩보다 비타민C와 섬유소 함량이 높으며 신진대사를 촉진시키고 면역력을 높여주며 단백질 합성에 중요한 역할을 해요. 시금치를 데친 후 헹궈주는 과정은 수산을 제거하기 위함이며 나물을 무칠 때 통깨를 갈아서 넣으면 더욱 고소한 나물을 먹을 수 있어요.

BABY FOOD RECIPE | **19** 완료기 이유식

아스파라거스 새우볶음

아스파라거스는 볶으면 부드러워져 유아식으로 딱이에요. 잘 어울리는 새우와 양송이버섯을 곁들여서 볶았어요. 요즘은 아스파라거스도 시중에서 쉽게 구할 수 있으니 앞에 나온 소고기구이(342P 참고)와 함께 만들어도 좋아요.

조리시간
10~15분

사용재료

구이용 아스파라거스	2~3줄기
양송이버섯	1개
새우	50g
식용유	조금

만드는 양
1~2번 먹는 분량

1 얇은 아스파라거스를 손질한 후 1cm 정도 크기로 잘라주세요.

2 새우살은 물에 담가 짠기를 뺀 뒤, 잘게 다져서 준비해주세요.

3 양송이버섯은 기둥을 떼고 한입 크기로 잘라주세요.

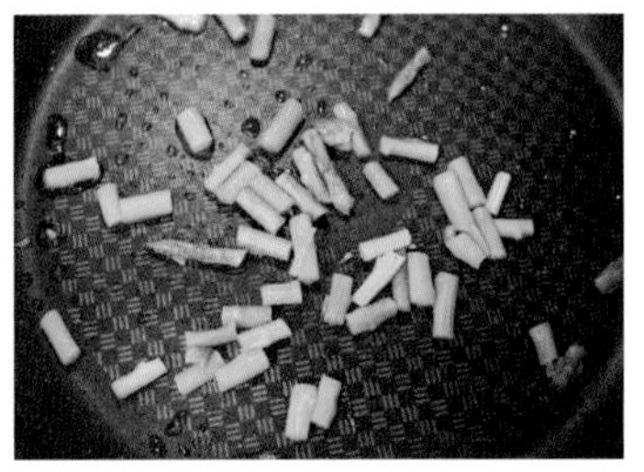

4 달군 팬에 기름을 두르고 아스파라거스를 넣은 뒤 30초 정도 볶아주세요.

TIP 새우와 함께 볶아야 식감이 살아 있어 맛있지만, 아기들이 먹는 거니 좀 더 무르게 익히려고 새우보다 먼저 볶았어요.

5 새우와 양송이버섯을 넣고 1분 정도 골고루 잘 볶아내면 끝이에요. 중약불로 살살 볶아야 타지 않아요.

6 먹을 만큼 접시에 담고, 나머지는 냉장보관(2일), 냉동 보관(1주일) 해둬요.

TIP 소고기나 양파도 같이 볶으면 좋아요. 맛 없을 수가 없는 꿀조합이랍니다.

아스파라거스 새우볶음은 저칼로리 고단백 요리로써 비타민 B군, C, A 등이 풍부하여 혈관의 노폐물을 배출시키고 피부를 맑게 해주므로 동물성 단백질이 풍부한 음식과 궁합이 좋아요. 하지만 어떠한 식품이든 개개인에게 거부 반응이 생길 수 있으므로, 아스파라거스 섭취 후에 알레르기가 발생하는 경우엔 오히려 독이 되니 미리 소량 섭취로 반응을 체크하도록 해요.

MOM'S FOOD

아스파라거스 스크램블에그

1 아스파라거스는 2cm 정도, 방울토마토는 1/4등분, 새우는 한입 크기로 자릅니다.
2 아스파라거스, 방울토마토를 버터를 녹인 팬에 볶아주세요.
3 아스파라거스가 익어 가면 새우 넣어 볶아줍니다.
4 달걀물을 잘 섞어 팬에 부어 약불로 서서히 볶아 마무리하면 완성!

TIP 치즈 한 장 얹으면 더 맛있어요.

애호박나물

애호박은 사계절 구하기 쉽고 단맛과 말캉말캉한 식감이 아기 반찬으로 딱이에요. 들기름에 볶으면 고소함이 두 배지만 없으면 식용유에 볶아도 괜찮아요.

조리시간

5~10분

사용재료

애호박	1/3개
다진 마늘	반큰술
표고가루	1/4큰술
소금	1/4큰술
통깨	조금
들기름(식용유)	1큰술

만드는 양

2~3번 먹는 분량

BABY FOOD

1 애호박은 깨끗이 씻어 길이 4~5cm, 폭 0.2~0.3cm 정도로 채를 썰어 주세요.

2 살짝 달군 팬에 들기름(식용유) 1큰술을 두르고, 애호박을 넣은 후 달달 볶아주세요.

3 애호박이 반쯤 익으면 다진 마늘과 소금, 표고가루를 넣어주세요.

4 타지 않게 약불로 애호박이 말캉말캉 숨이 죽을 때까지 달달 볶아주세요.

5 한 김 식혀 통깨로 마무리해요. 반찬은 냉동하지 않고 그때그때 만들어 먹였어요. 냉장에서 3~4일 보관 가능해요.

애호박은 연두색에 작고 윤기가 흐르며 꼭지가 마르지 않은 것을 골라야 해요. 여름에는 애호박의 당도가 높고 영양가도 높아요. 단맛이 올라 아이들의 입맛에 제격이므로 아기들 반찬으로는 딱이라고 할 수 있어요.

MOM'S FOOD

부추애호박전

1 애호박, 당근, 양파는 채 썰고 부추는 한입 크기로 자릅니다.
2 부침가루 반죽에 야채를 모두 넣어 반죽을 합니다.
3 기름을 넉넉히 두르고 튀겨내듯 한 숟가락씩 부쳐내면 완성!

BABY FOOD RECIPE | 21 완료기 이유식

오꼬노미야끼

늘 반복되는 유아식 메뉴, 조금 지겨워질만 할 때 오꼬노미야끼를 만들어보세요. 여러 가지 해산물과 채소를 넣어 아기들이 좋아하는 달걀과 함께 부쳐내면 간식으로도, 밥반찬으로도 좋아요.

조리시간

20~25분

사용재료

오징어	1큰술
새우	1큰술
양배추	한 줌
양파	반 줌
부침가루	2큰술
달걀	2개
식용유	조금

아기 마요네즈&케첩(선택)

만드는 양

2~3번 먹는 분량

1 달걀과 부침가루, 물을 넣고 걸쭉한 농도로 반죽물을 만들어주세요.

2 양배추와 양파는 세척 후 얇게 채를 썰어 준비해주세요. 물기도 꼭 빼주세요.

3 오징어와 새우는 먹기 좋은 크기로 잘라주세요.

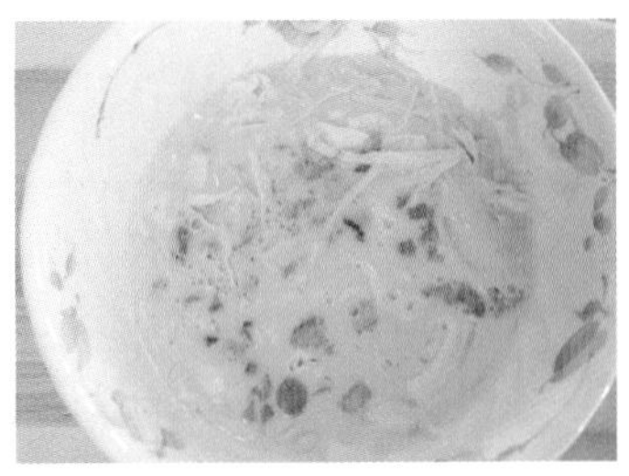

4 반죽물에 모든 재료를 넣고 잘 섞어주세요.

5 달군 팬에 기름을 두르고 반죽을 올려 잘 펴주세요. 약불에서 앞뒤로 뒤집어가며 잘 익혀주세요.

6 아기 마요네즈(404p 참조)와 케첩(406p 참조)을 올려서 마무리해요. 가쓰오부시는 아직 못 먹으니 사용하지 않았어요. 케첩과 마요네즈는 생략 가능해요.

7 먹을 만큼 그릇에 담고, 남은 분량은 밀폐용기에 담아 냉장보관 후 2일, 냉동 보관 1~2주 안에 먹여요.

오징어에는 돼지고기의 수십 배에 달하는 타우린 성분이 들어있는데 타우린은 아미노산의 일종으로 피로 해소에 도움을 줍니다. 또한 셀레늄 성분이 풍부해 강력한 항산화 작용과 면역기능 강화를 통해 체내에 있는 중금속의 독성을 해독하여 발암 물질을 차단하는 작용도 한답니다.

MOM'S FOOD

달걀토스트

1 식빵 2장과 햄을 버터나 기름에 구워주세요.
2 달걀에 양배추를 넣고 네모 모양으로 부쳐주세요.
3 식빵에 달걀부침, 치즈, 햄을 올리고 케첩에 설탕을 뿌려 식빵을 덮으면 완성!

오징어뭇국

소고기뭇국과 더불어 시원한 국물이 일품인 오징어뭇국이에요. 오징어와 무를 시원하게 우려낸 국물. 특히 추운 겨울에 따끈한 밥과 함께 주면 좋아요.

조리시간

20~25분

사용재료

오징어	50g
무	1/4개
대파	1/4뿌리
멸치 육수(물)	500ml
국간장 혹은 소금	조금

만드는 양

2~3번 먹는 분량

마트에서 구매하면 요즘은 다 손질해줘요!

1 오징어는 깨끗하게 씻고 손질한 후 먹기 좋은 크기로 잘라 준비해주세요.

2 무는 나박썰기해서 멸치 육수에 넣고 한소끔 팔팔 끓여주세요.

3 무가 투명해지면 손질해둔 오징어와 다진 마늘을 넣고 한소끔 더 끓여주세요.

4 대파도 넣고 국물을 우려내주세요. 간을 하는 아기들은 국간장이나 소금으로 간을 해주세요.

냉동은 사실 한 달까지도 무방하다고 해요. 그렇지만 냉동실에서 맛은 점점 떨어지고 있으니 맛있을 때 얼른 먹여주세요!

5 먹을 만큼 그릇에 담고, 남은 분량은 밀폐용기에 담아 냉장은 이틀, 냉동은 1~2주 안에 먹여요.

우리 몸에 영양적으로 좋은 오징어도 알레르기 유발식품에 속해요. 알레르기를 유발할 수 있는 유발식품 21가지는 '메밀, 밀, 대두, 호두, 땅콩, 복숭아, 토마토, 돼지고기, 난류(가금류), 우유, 닭고기, 쇠고기, 새우, 고등어, 홍합, 전복, 굴, 조개류, 게, 오징어, 아황산 포함 식품'이 해당되는데 이는 식품알레르기 유발물질 표시제도를 통하여 직접 눈으로 확인할 수 있으니 이유식을 하거나 아기의 식재료를 고를 때 이를 확인하여 구입하는 것도 필요하답니다.

MOM'S FOOD

오징어무침

1 손질한 오징어를 데쳐서 한입 크기로 길쭉길쭉하게 잘라주세요.
2 무는 결대로 얇게 채 썰어 준비. 양배추도 얇게 채 썰어주세요.
3 양념장(고추장 1, 고춧가루 1, 식초 1.5, 다진 마늘 0.5, 설탕 0.5)을 만들어 무치고, 참기름과 통깨로 마무리하면 완성!

TIP 미나리나 깻잎을 곁들여도 좋아요.

BABY FOOD RECIPE | 23 완료기 이유식

잔치국수

진하게 우려낸 멸치 육수에 고명을 듬뿍 올린 잔치국수는 '면'이지만 고명을 통해 더 다양한 재료를 먹일 수 있더라고요. 국수 속 알록달록한 고명을 보며 좋아하기도 하고, 온몸으로 먹는 국수에 아기들도 즐거워해요.

조리시간

30분

사용재료

소면	먹일 만큼
애호박	한 줌
달걀	1/4개
소고기 다짐육	1큰술
부추	1큰술
멸치 육수	1~2컵
다진 마늘	조금
간장	조금

만드는 양

2~3번 먹는 분량(면만 더 삶아서 먹이세요.)

1 멸치 육수는 252P를 참고해 진하게 우려내주세요.

2 소고기 다짐육은 찬물에 20분 정도 담가 핏물을 제거하고 다진 마늘과 간장을 조금 넣어 볶아주세요.

3 애호박은 358P의 애호박나물을 참고해서 만들어주세요.

4 달걀물을 풀어 지단을 부친 후 한입 크기로 얇게 썰어주세요.

5 부추는 한입 크기로 자른 후 살짝 데쳐서 준비해주세요.

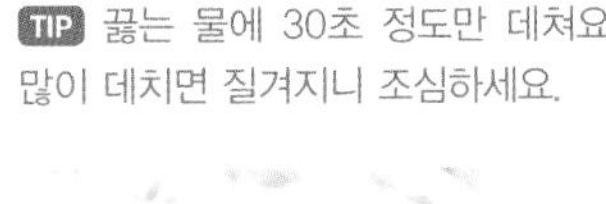
TIP 끓는 물에 30초 정도만 데쳐요. 많이 데치면 질겨지니 조심하세요.

6 소면은 아기가 한 끼 먹을 만큼만 삶아서 찬물에 헹궈 준비해주세요.

7 그릇에 소면과 고명을 모두 얹은 뒤 멸치 육수를 부어 완성해요.

TIP 엄마 아빠용 잔치국수 고명 만들기
신김치를 통깨, 고춧가루, 참기름 넣고 조물조물 무쳐서 올리면 맛있어요.

TIP 엄마 아빠용 잔치국수 양념장 만들기
진간장 3, 고춧가루 1, 청양고추 1, 다진 마늘 1, 통깨 1

아빠, 엄마들도 깔끔한 맛에 자주 찾게 되는 잔치국수는 우리 아기의 한그릇 메뉴로 아주 제격이에요. 국수를 먹기 직전에 삶아 찬물에 충분히 헹구고 물기를 빼내야 국수가 매끄럽고 쫄깃해서 더 맛있게 먹을 수 있어요. 잔치국수의 진한 육수는 멸치가 주인공! 지금까지 멸치육수에 알레르기 반응이 없고 아이가 거부하지 않는다면 육수를 진하게 우려내도 좋아요. 멸치에는 단백질과 칼슘 등의 무기질이 풍부해 우리 아기들의 성장발육에 좋고 성인들에겐 골다공증이 예방된다고 해요. 멸치 육수를 낼 때 다시마도 함께 사용하면 더 진한 육수를 만들 수 있어요.

MOM'S FOOD

잔치국수(위에 TIP 내용을 참고하세요.)

아기 잡채

탱글탱글 식감 좋은 당면 덕분에 인기 있는 유아식이에요. 이 역시 채소를 다양하게 섭취할 수 있어서 좋고 잡채덮밥으로 만들어 한 그릇 요리로 주기도 좋아요. 유아식을 하는 어린 아기들을 위해서 최대한 재료를 '데쳐서' 만든 잡채예요. 양념장만 따로 만들어서 엄마 아빠도 같이 먹으면 좋아요.

조리시간

30~40분(당면 불리는 시간 제외)

사용재료

당면	100g
양파	1/3개
버섯	한 줌
시금치	한 줌
당근	1/5개
돼지고기	50g
식용유	1큰술
물	1/2컵

양념

아기 간장	2큰술
올리고당	0.5큰술
다진 마늘	0.5큰술
참기름	1큰술
통깨	조금

만드는 양

2~3번 먹는 분량

BABY FOOD

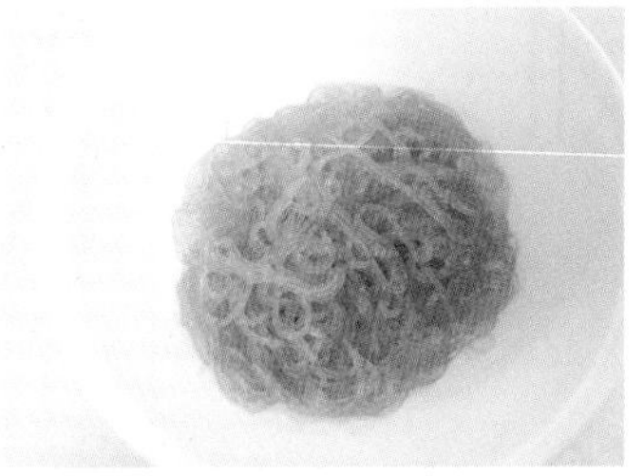

1 당면은 미리 물에 1시간 정도 불려두고 끓는 물에 5초만 넣었다 뺀 후 찬물에 헹궈 쫄깃하게 만들어요.

TIP 그냥 삶아서 준비해도 돼요.

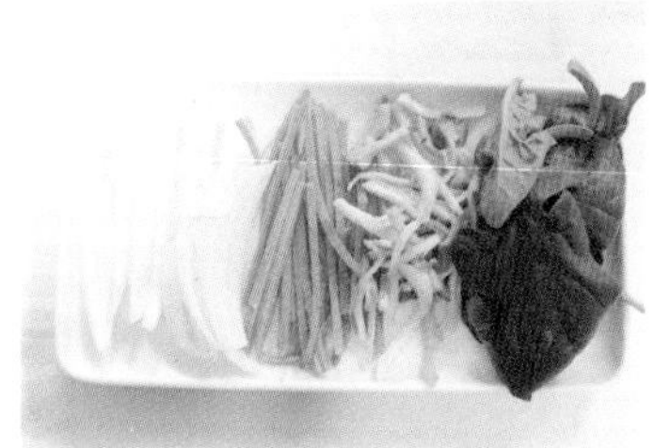

2 느타리버섯은 결대로 찢거나 먹기 좋은 크기로 잘라 끓는 물에 데쳐주세요.

TIP 아직 볶는 요리보단 데치고 삶는 요리가 더 좋을 때라서 버섯과 시금치는 데쳤어요.

3 시금치도 손질한 뒤에 먹기 좋은 크기로 잘라 끓는 물에 데쳐주세요. 버섯 데칠 때 함께 데치면 편해요.

4 당근과 양파도 아기가 먹을 수 있는 크기로 얇게 잘라 기름에 볶아서 준비해주세요.

TIP 당근은 기름에 볶아야 영양가가 많아져요. 잘 안 익을 수 있으니 최대한 얇게 썰어서 준비해주세요.

5 돼지고기도 끓는 물에 데쳐서 준비해주세요.

TIP 아기가 점점 자라 유아식이 익숙해지면 밑간(간장, 마늘) 후 기름에 볶아줘도 돼요.

6 분량대로 양념장을 만들어주세요. 아기 간장 대신 진간장을 사용해도 돼요.

7 준비한 모든 재료와 양념장을 넣고 조물조물 무쳐주세요. 마지막엔 통깨와 참기름으로 마무리해요.

8 먹을 만큼 그릇에 담고, 남은 분량은 밀폐용기에 담아 냉장은 이틀, 냉동은 1~2주 안에 먹여요.

돼지고기 대신 소고기나 닭고기를 사용해도 좋아요.

MOM'S FOOD

잡채 김말이 튀김

1 남은 잡채는 팬에 살짝 데워 식혀 준비합니다.
2 생김을 길게 3등분하고 잡채를 올려 김밥을 말듯이 돌돌 말아주세요.
3 튀김가루+계란+물+얼음을 섞어 대충 반죽을 해주세요.
4 2에서 만든 김말이의 겉에 튀김가루를 살짝 묻히고 반죽에 넣은 후 기름에 튀겨주면 완성!

TIP 170° 정도의 기름에 2분 정도 노릇노릇하게 튀겨주세요.
422P의 '중국식 매운 잡채덮밥'을 만들어 먹어도 좋아요.

밥솥에 만드는 아기 잡채

이번엔 밥솥을 활용한 아기 잡채를 만들어 볼게요. 재료를 한 번에 모아 넣고 만들면 되므로 정말 편하고 맛도 좋아요. 물론 하나하나 만들어서 무치는 게 좀 더 맛있긴 하지만 잡채가 귀찮다면 밥솥 잡채를 추천해요.

조리시간

40~50분

사용재료

당면	100g
양파	1/3개
버섯	한 줌
시금치	한 줌
당근	1/5개
돼지고기	50g
식용유	2큰술
물	1/2컵

양념

아기 간장	2큰술
올리고당	0.5큰술
다진 마늘	0.5큰술
참기름	1큰술

만드는 양

2~3번 먹는 분량

1 당면은 끓는 물에 5~10초만 데쳐 꼬들꼬들한 상태로 준비해주세요.

TIP 밥솥 안에서 익으니 살짝 숨만 죽이듯 익혀주세요.

2 돼지고기는 끓는 물에 10분 정도 데쳐서 준비해주세요.

3 재료들은 모두 아기가 먹을 수 있는 크기로 잘라주세요.

TIP 큼직큼직하게 썰었다가 먹을 때 잘라줘도 괜찮아요.

4 밥솥 내솥에 식용유 2큰술과 물 2큰술을 넣은 뒤 불려놓은 당면과 채소들을 넣어주세요. 고기는 넣지 않아요.

5 만능찜 25~30분으로 취사하고, 중간에 두 번 정도 열어서 뒤적뒤적 해주세요.

TIP 그래야 바닥이 안 눌어요.

6 잡채가 만들어지는 동안 양념장을 만들어주세요. 아기 간장 대신 진간장을 사용해도 돼요.

7 취사가 완료되면 미리 만들어둔 양념장과 데쳐놓은 돼지고기를 함께 버무린 뒤 통깨를 솔솔 뿌려 마무리해주세요.

TIP 통깨는 소화가 잘 안될 수 있으니 손으로 비벼 잘게 부셔서 넣어주면 좋아요. 고소한 맛도 더 살릴 수 있고요.

8 먹을 만큼 그릇에 담고, 남은 분량은 밀폐용기에 담아 냉장은 이틀, 냉동은 1~2주 안에 먹여요.

TIP 냉동&해동법

잡채는 냉동해두고 자연 해동시킨 뒤(실온 혹은 냉장) 프라이팬에 물을 조금 넣고 살짝만 데워 주면 돼요.

콩나물국

콩나물국은 비상시에 먹일 수 있게 냉동으로 보관해도 좋아요. 한 번 끓여놓으면 2~3일은 거뜬하게 먹여요. 국물에 말아서 주고 건더기만 건져서 주기도 하고요. 진하게 우려낸 멸치 육수에 콩나물 넣고 끓이면 정말 맛있어요.

조리시간

15~20분

사용재료

콩나물	1/2봉
멸치 육수	500ml
다진 마늘	1큰술
대파	1/2개
소금	약간

만드는 양

2~3번 먹는 분량

BABY FOOD

1 콩나물은 꼬리를 떼서 준비해주세요. 아기들이 먹기엔 콩나물 꼬리가 아직 질겨요. 머리를 못 먹는 아기들은 머리도 따주세요.

2 파는 국물 내는 용도니 큼직큼직하게 잘라서 준비해주세요.

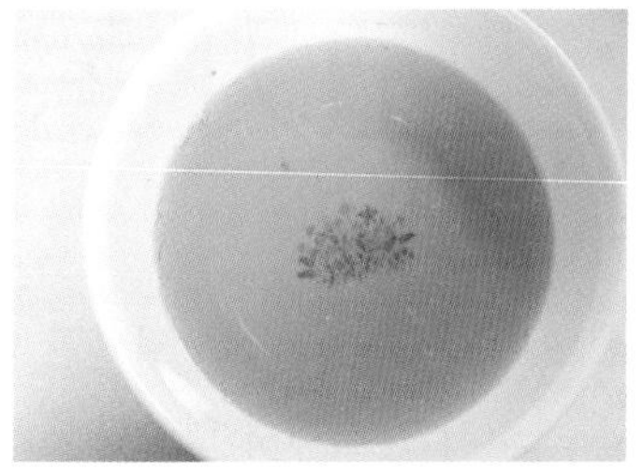

3 멸치 육수는 252P를 참고해서 진하게 우려내 주세요. 콩나물국은 육수가 들어가야 맛있어요.

4 준비한 재료를 모두 냄비에 넣고 센 불에 팔팔 끓여주세요.

TIP 중간에 불순물을 걷어내 주세요.

5 팔팔 끓어오르면 중약불로 줄여서 5분 정도 더 끓여주세요. 이때 간을 하는 아기들은 소금을 조금 넣어주세요.

TIP 육수가 진하면 간을 하지 않아도 돼요.

6 콩나물은 아기가 먹을 수 있는 크기로 잘게 잘라서 주세요. 남은 건 냉장(2~3일), 냉동(1~2주) 보관해서 먹이면 돼요.

TIP 콩나물을 자르지 않고 끓이다가 아기가 먹을만큼 덜어내고 마지막에 청양고추, 소금을 더 넣고 엄마, 아빠 것도 끓이면 편해요.

TIP **멸치 육수가 없을 때!**

콩나물국은 콩나물 본연의 맛과 멸치 육수의 콜라보가 정말 맛있는 국이에요. 멸치 육수가 없는데 우릴 시간도 없다면, 국 끓일 때 다시 팩에 멸치 4~5마리를 넣고 같이 끓여주세요. 팔팔 끓으면 건져주세요. 표고가루를 같이 넣으면 더 맛있어요.

TIP 아기가 국물로 장난을 친다면 국물은 따로 떠먹이고 콩나물만 건져서 주세요.

MOM'S FOOD

콩나물 불고기

1 콩나물과 대패 삼겹살, 깻잎, 양배추, 양파를 냄비에 넣어주세요.
2 양념장(고추장 2, 고춧가루 3.5, 간장 4, 맛술 4, 설탕 2, 다진 마늘 2, 후추)을 얹고 자작하게 졸여주면 완성!

BABY FOOD RECIPE | **27** 완료기 이유식

소고기 콩나물밥

어른들도 특식으로 먹으면 맛있는 콩나물밥. 아삭아삭한 콩나물의 식감과 소고기가 더해져 영양까지 잡은 한 그릇 메뉴예요. 이 역시 온가족이 함께 먹기 좋아요. 아기 것만 소량 하는 것보다 엄마, 아빠 것까지 넉넉하게 하는 게 밥도 더 잘되더라고요.

조리시간

40분

사용재료

쌀	100g
소고기	35g
다진 마늘	0.5큰술
콩나물	35g
물	100ml

양념

아기 간장	1큰술
참기름	1큰술
통깨	0.5큰술

만드는 양

1~2번 먹는 분량

BABY FOOD

1 콩나물은 깨끗이 씻어 꼬리만 제거한 후 잘게 잘라주세요.

2 쌀, 물과 함께 밥솥에 같이 얹어주세요.

3 취사 버튼을 누르고 기다려주세요.

4 소고기는 키친타월로 닦아 핏물을 살짝 제거해주세요.

5 달군 팬에 기름을 두르고 소고기와 다진 마늘을 넣고 살살 볶아주세요.

6 다 볶아진 소고기는 키친타월에 올려 기름을 한 번 빼고 준비해주세요.

7 취사가 완료되면 콩나물밥 위에 소고기와 양념장을 올려서 먹이면 끝!

TIP 정말 맛있는 한 그릇 요리예요. 엄마 아빠도 함께 드세요.

콩나물밥 역시 한 그릇 메뉴로 영양적으로 맛으로나 제격이에요. 콩나물의 비타민C와 소고기의 단백질이 쌀에 부족한 비타민, 섬유소를 보충해주므로 콩나물밥 한 그릇이면 모든 영양소를 섭취할 수 있어요. 맹물로 밥을 지어 양념장을 곁들여 먹기도 하지만 콩나물 삶은 물로 밥을 지으면 맛도 향도 더욱 높여주니 취향에 맞게 조리하도록 해요.

MOM'S FOOD

콩나물찜

1 콩나물과 미나리를 손질하고, 콩나물은 한 입 크기로 잘라주세요.
2 냄비에 콩나물, 미나리, 물, 양념장(고추장 2, 고춧가루 2, 간장 3, 맛술 1, 다진 마늘 1, 설탕 1, 후추)을 넣고 한소끔 끓여주세요.
3 전분물로 농도를 맞추고 양념이 잘 섞이도록 버무려 통깨 넣어 마무리!

BABY FOOD RECIPE | 28 완료기 이유식

크래미 채소전

간식 겸 밥반찬 메뉴예요. 달걀부침에 잘게 찢은 크래미와 아기가 잘 먹지 않으려 하는 채소들을 잘게 썰어 넣어주면 편식 걱정도 없어요.

조리시간

15~20분

사용재료

크래미	7~8개
콘옥수수	1큰술
달걀	2개
팽이버섯	한 줌
애호박	한 줌
식용유	조금

만드는 양

2~3번 먹을 분량

BABY FOOD

1 크래미는 결대로 찢어 끓는 물에 20~30초 정도 데쳐 첨가물을 빼주세요.

2 옥수수도 끓는 물에 20~30초 정도 데쳐서 첨가물을 빼주세요.

TIP 데치는 김에 한 번에 한 통 다 데쳐서 사용하면 편해요.

3 팽이버섯은 기둥은 잘라내고 1/4등분 정도로 잘게 잘라주세요.

4 애호박은 아기가 씹기 편하게 얇게 채 썰어주세요.

5 달걀을 풀고, 준비한 재료를 모두 넣어 골고루 섞어주세요.

6 달궈진 팬에 기름을 두르고 반죽을 얇게 떠서 올린 다음 앞뒤로 잘 구워주세요. 생각보다 잘 익고 금방 타니 약불로 서서히 구워주세요.

7 아기가 먹기 좋은 크기로 잘라서 주면 하나씩 집어서 잘 먹을 거예요.

8 먹을 만큼 덜어놓고, 나머지는 랩으로 싸서 냉동 보관 해주세요. 냉장보단 냉동 보관이 맛이 더 괜찮았어요. 냉장하면 다음 날까진 꼭 먹여주세요.

9 엄마, 아빠가 먹을 때에는 케첩이나 칠리소스와 함께 곁들이면 최고의 맥주 안주예요.

MOM'S FOOD

크래미 유부초밥

1 시판 유부초밥을 만들어주세요.
2 오이는 씨를 빼고 잘게 채 썰어 준비해요.(생략 가능)
3 크래미를 잘게 찢은 후 오이와 함께 소스(머스타드 0.5, 마요네즈 1, 올리고당(기호에 맞게))에 버무려 유부초밥 위에 올리면 완성!

BABY FOOD RECIPE | 29 완료기 이유식

푸실리 크림파스타

돌 이후 우유 먹는 아기를 위한 레시피예요. 일반 스파게티면으로 먹어도 맛있지만 푸실리면으로 만들면 색다른 매력이 있어요. 꼬불꼬불 모양에 아이들도 흥미를 가져 잘 먹더라고요.

조리시간

25~30분

사용재료

푸실리	한 줌
생크림(휘핑크림)	1컵
우유	1컵
브로콜리	1~2송이
양송이버섯	1개
양파	1/4개
아기 치즈	1장

만드는 양

1~2번 먹는 분량

BABY FOOD

1 생크림과 우유는 1:1로 섞어서 저은 뒤, 냉장고에 20분 정도 숙성시켜요.

TIP 가장 먼저 만들어 다른 재료를 준비할 동안 숙성시키면 편해요.

2 푸실리 파스타면은 끓는 물에 10분 정도 데쳐서 한 김 식혀주세요.

TIP 어른이 먹을 땐 살짝 덜 삶는 알덴테가 맛있지만, 아기가 먹을 거니 푹 삶아요.

3 양파와 양송이버섯은 먹기 좋은 크기로 잘라 준비해주세요.

4 브로콜리를 한두 송이 떼서, 한입 크기로 잘라 데쳐주세요. 아기가 먹을 거라 한 번 데쳐서 사용해야 더 부드러워요.

5 달궈진 팬에 기름을 두르고 양파를 먼저 볶다가 양송이버섯과 브로콜리를 넣고 볶아주세요.

6 채소를 1분 정도 볶다가, 숙성시켜 놓은 크림소스를 붓고 약불에서 바글바글 끓여주세요.

7 소스가 끓어오르면 푸실리 면을 넣고, 한소끔 더 끓이다가 마지막에 아기 치즈를 넣고 마무리하면 완성이에요.

8 치즈가 간을 해주니 따로 소금은 넣지 않았는데, 필요하면 살짝 소금간을 해주세요.

9 파스타는 따로 보관하지 않고 한 끼 먹을 양만 만들어 줬어요.

MOM'S FOOD

엄마용 푸실리 크림파스파

준비한 재료 외에 새우나 베이컨, 양파 등을 추가하면 엄마의 한 끼 식사로 손색이 없어요.

TIP 간이 부족하다 싶으면 소금을 이용해주세요.

해산물 크림소스 리조또

한 그릇 요리로 뚝딱 만들어주기 좋아요. 고소한 맛도 일품이고, 여러 가지 재료가 들어가 영양소까지 갖췄어요. 해산물 대신 소고기나 닭고기로 만들어도 좋아요.

조리시간

20~25분

사용재료

밥	한 주걱(아기가 먹을 만큼)
바지락살	20g
새우	20g
양파	1큰술
애호박	1큰술
양송이	1큰술
당근	1큰술
우유	1컵
아기 치즈	1장

만드는 양

1번 먹을 분량

BABY FOOD

1 바지락살과 새우는 잘게 다진 뒤 찬물에 20분 정도 담가 염분을 빼서 준비하고 채소들은 아기가 먹기 좋은 크기로 잘라주세요.

2 달군 팬에 기름을 두르고 양파를 먼저 달달 볶아주세요.

TIP 양파를 갈색이 나도록 볶아 캐러멜라이즈 하면 천연 단맛의 풍미가 깊어져요.

3 양파가 살짝 노르스름해지면 당근을 넣고 같이 볶아주세요.

4 애호박과 새송이도 차례로 넣고 같이 볶아주세요.

5 새우살과 바지락도 넣고 볶아주세요.

TIP 물기를 키친타월로 잘 닦아내고 넣어야 기름이 튀는 것을 막을 수 있어요.

6 채소와 해산물이 익으면, 아기가 먹는 밥 양만큼 팬에 올리고 채소와 섞듯이 볶아주세요.

7 약불로 줄인 상태에서 우유 한 컵, 아기 치즈 한 장을 넣고 은근하게 졸여주세요.

8 먹을 만큼 용기에 담아주세요.

TIP 단단한 것을 잘 못 먹는 아기는 당근, 애호박 같은 식감 있는 채소를 물에 살짝 데쳐서 사용해주세요.

해산물 대신 소고기를 사용하려면 핏물을 뺀 소고기 30~40g을 채소를 볶은 후 넣어주고 6번부터 같은 순서로 진행하면 돼요.

MOM'S FOOD

해산물 크림 리조또

1 해산물과 야채를 볶을 때 청양고추나 페퍼론치노를 넣으면 매콤하게 만들 수 있어요.
2 밥 대신 우동면이나 파스타면을 곁들여도 좋아요.

버섯 굴소스 달걀 덮밥

부드러운 식감으로 완료기 이유식이나 유아식을 시작할 때 사용하기 좋은 재료인 버섯과 달걀을 사용해서 굴소스로 간간하게 볶아내기 때문에 그동안 경험해보지 못했던 새로운 맛을 느낄 수 있을 거예요. 볶아놓은 뒤 냉장하여 데워서 먹여도 되고, 반찬, 덮밥으로 응용해도 좋은 메뉴랍니다.

조리시간

20~25분

사용재료

표고버섯	1개
양송이버섯	2개
양파	1/4개
대파	1/4뿌리
굴소스	0.5큰술
물	7큰술
달걀	1개
통깨	조금
밥	2큰술

만드는 양

2번 먹을 분량

BABY FOOD

1 표고버섯과 양송이버섯은 기둥을 떼고 갓만 물에 한 번 헹궈 키친타월로 닦은 뒤 먹기 좋은 크기로 잘라주세요.

2 파기름을 낼 대파는 뿌리쪽을 송송 썰고, 양파는 아기가 먹기 편하도록 얇고 작게 썰어주세요.

3 굴소스 0.5큰술에 물 5큰술을 넣고 섞어주세요.

TIP 농도는 아기 입맛에 따라 조절해 주세요. 유아식 초반이라 간을 약하게 했어요. 두 돌이 지난 후에는 1:4정도로 간을 해서 먹였어요.

4 달걀을 푼 뒤 약불에 저으면서 스크램블 형태로 만들어주세요.

5 프라이팬에 기름과 파를 넣고 약불에서 달달 볶아 파기름을 내주세요. 30초 뒤에 양파도 함께 넣고 볶아 향을 내 주세요.

6 버섯을 넣고 30초 정도 볶다가 소스를 넣은 후 약불에 졸이듯 끓여주세요.

7 물기가 졸아들어 뻑뻑해지면 물 2큰술 정도 더 넣어서 살짝 국물 있게 만들어주면 촉촉하고 맛있어요.

TIP 국물이 넘치지 않도록 주의해주세요.

8 그릇에 밥과 버섯토핑, 달걀을 올리고 통깨를 뿌려주면 완성이에요.

9 남은 버섯볶음은 한 끼 먹을 분량만큼 소분해서 냉장(3일), 냉동(2주) 보관이 가능해요. 전자레인지에 돌려 먹이면 돼요.

MOM'S FOOD

버섯볶음우동

1 야채를 볶을 때 청양고추나 페퍼론치노를 넣어서 매운향을 내주세요.
2 소스를 좀 더 넉넉하게 만든 후, 우동사리를 넣어서 한 번 더 볶아주면 완성!

소고기양배추볶음

평소 좋아하던 백순대를 모티브로 파기름과 양배추, 양파를 넣고 아기가 좋아하는 소고기를 넣어서 볶음을 만들어봤어요. 아기가 좀 더 크면 순대도 넣어 같이 먹을 수 있겠죠? 영양소도 골고루 섭취할 수 있고, 만들기도 아주 쉬운 볶음요리를 해 볼까요?

조리시간
20~25분

사용재료

소고기 다짐육	50g
양배추	25g
대파	1큰술
양파	1큰술
당근	1큰술
소금	조금
표고가루	조금(선택)
식용유	조금
다진 마늘	0.5큰술

만드는 양
2번 먹을 분량

BABY FOOD

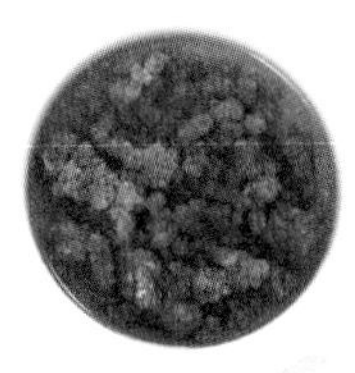

1 소고기는 다짐육을 사용하면 편해요. 10분 정도 물에 담가 핏물을 뺀 다음 키친타올로 닦아서 준비해주세요.

2 양배추는 부드러운 잎 부분만 씻어서 아기가 먹기 좋은 크기로 잘라주세요.

3 대파는 잎 부분과 뿌리를 골고루 사용했어요. 아기가 파를 안 먹는다면 큼직하게 잘라서 요리한 후 나중에 골라내고 주세요.

4 양파와 당근도 아기가 먹기 좋은 크기로 잘라 준비해주세요.

5 프라이팬에 기름을 두르고 파, 양파, 양배추, 당근을 한 번에 넣고 타지 않도록 중불에서 달달 볶아주세요.

6 양배추가 노릇노릇 익으면 약불로 줄인 후, 다진 마늘과 소고기를 넣어 한 번 더 볶아주세요.

TIP 아기 식성에 따라 다진 마늘은 생략해도 좋아요.

7 소고기가 익으면 소금과 표고가루를 조금 넣어서 간을 해주세요.

8 통깨로 마무리하고 한 끼 먹을 양만큼 그릇에 담아주세요. 냉장에서 2~3일 정도 보관 가능해요. 먹기 전에 팬에 볶아서 데워 먹이면 돼요.

양배추는 억세 보이지만 불에 익히면 아주 연해져 아이가 먹기에 부담이 없어요. 고기 이유식만 너무 자주 먹이면 아기가 채소를 싫어하게 될 수 있으니 고기가 주 재료가 될 때에는 반드시 적은 양이라도 채소를 함께 넣어서 조리해 주는 것이 좋아요.

MOM'S FOOD

백순대볶음

1 냉장 상태의 순대를 준비해주세요. 냉동은 살짝 해동해서 사용해요.
2 쫄면은 하나하나 떼서 준비해주세요.
3 기름 두른 큰 웍에 대파, 당근, 청양고추, 양배추, 다진 마늘, 들깨를 넣고 볶아주세요.
4 양배추가 반쯤 익으면 쫄면과 순대를 넣고 소금으로 간해서 익혀주세요.
5 양념장(고추장 2, 간장 1, 올리고당 2, 통들깨 1, 다진 마늘 1.5, 청양고추 1, 후추 0.5)과 깻잎을 곁들여 먹으면 완성!

버섯 어묵우동

주말에 자주 해주는 간식이에요. 간식이지만 거의 한 끼를 해결할 수도 있는 어묵우동. 꼬치에 꽂아서 주면 박수치고 좋아해요.

조리시간

20~25분

사용재료

사각어묵	1/2장
멸치 육수	300ml
표고버섯	1개
느타리버섯	조금
미역	조금
팽이버섯	조금
우동사리	조금
아기 간장	조금

만드는 양

1번 먹을 분량

BABY FOOD

1 멸치 육수를 진하게 우려내주세요(멸치 육수 내는 법 252P 참고).

2 사각어묵은 길게 반으로 잘라 뜨거운 물에 한 번 데쳐주세요. 끝이 뾰족하지 않은 꼬치에 끼워주면 아기들이 좋아해요.

3 느타리버섯, 팽이버섯은 한 가닥씩 뜯어 먹기 좋은 크기로 잘라 준비하고 표고버섯은 갓부분만 적당한 크기로 잘라주세요.

4 미역은 아주 소량만 불려서 물에 헹궈 준비해주세요.

TIP 미역은 선택 재료예요. 우동에 들어가면 은근 맛있기도 하고 아기도 잘 먹어 늘 넣어주고 있어요.

5 우동사리는 뜨거운 물에 한 번 데쳐 면을 풀어주세요.

6 우동사리는 한 팩 모두 쓰기엔 양이 많아 먹을 만큼만 덜어 사용하고 냉장고에 넣어놨다가 다음에 또 주세요.

7 재료를 모두 한 곳에 넣고 한소끔 끓인 다음 식혀서 먹이면 돼요.

멸치 육수만 있으면, 손쉽게 만들 수 있어요. 버섯이 없어도, 미역이 없어도, 어묵이 없어도 애호박이나 달걀지단, 당근 등등 다른 재료를 넣고도 얼마든지 끓여줄 수 있어요.

MOM'S FOOD

김치어묵우동

1 멸치육수에 김치를 넣고 팔팔 끓여주세요.
2 우동면과 대파, 청양고추를 넣고 한소끔 더 끓인 다음 꼬지에 끼운 어묵을 넣고 1분 정도만 끓여주면 완성!
3 모자란 간은 간장 혹은 쯔유로 맞춰주세요.

시금치 프리타타

고소한 달걀, 달달한 시금치에 상큼한 방울토마토가 어우러진 시금치 프리타타. 거창한 요리 같지만 의외로 만들기도 쉽고 아기 간식으로 아주 좋아요.

조리시간

죽 모드 1시간

사용재료

시금치	한 줌
양송이버섯	1개
양파	1/3개
방울토마토	1~2개
달걀	1개
우유	1/3컵

만드는 양

1~2번 먹는 분량

BABY FOOD

1 시금치, 양송이버섯, 양파는 손질해서 아기가 먹기 좋은 크기로 자르고, 방울토마토는 3등분 슬라이스 해주세요.

2 달걀과 우유를 잘 섞어 달걀물을 만들어주세요.

TIP 우유를 못 먹는 아기는 분유물을 넣어도 돼요.

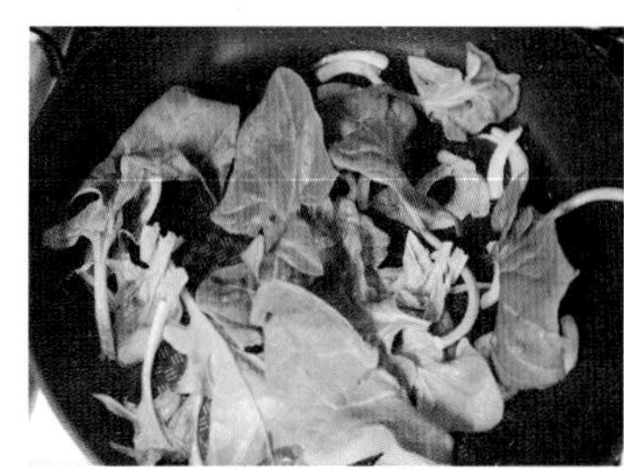

3 달궈진 팬에 기름을 두르고 양파와 양송이, 시금치를 함께 볶아주세요.

4 시금치가 숨이 죽으면 잘라둔 방울토마토를 얹어주세요.

5 달걀물을 조심조심 부어주세요.

6 약불에서 앞뒤로 뒤집어가며 구워주세요.

TIP 뚜껑을 덮고 은근하게 구우면 더 잘익어요.

아기가 먹기 힘들까봐 얇게 했어요. 원래는 달걀물만 2~3cm 정도 두껍게 부쳐야 맛있어요. 타기 쉬우니 조심하세요!

7 접시에 담아서 맛있게 먹어요.

TIP 냉동은 따로 하지 않았어요. 남은 건 하루 냉장해 뒀다가 다음날 팬에 살짝 구워먹였어요.

시금치 프리타타는 이탈리아 요리로 달걀과 우유를 섞어 구워낸 음식인데 시금치, 우유, 달걀 등 재료가 가진 영양도 풍부하고 만들기도 쉬워 간식으로 좋아요. 아기가 잘 먹지 않는 식재료들을 이용해서 다양하게 활용하도록 해요.

MOM'S FOOD

시금치 베이컨 계란말이

1 손질한 시금치와 베이컨을 잘게 잘라 계란 물에 넣어 섞어주세요.
2 프라이팬에 계란 물을 부어가며 약불에서 돌돌 말아주세요.

TIP 간은 소금으로 맞춰도 되고, 베이컨이 있으니 별도의 간을 하지 않고 케첩에 찍어 먹어도 좋아요.

아기 묵사발

진하게 우려낸 멸치 육수에 고명을 얹고 도토리묵을 썰어 올리면 끝이에요. 간단한데 식감도 좋고 맛도 있어 아기가 잘 먹는 간식 중에 하나예요.

조리시간

20~25분

사용재료

도토리묵	3큰술 정도
달걀	1개
김치(혹은 백김치)	한 줌
김가루	조금
멸치 육수	200ml

양념

참기름, 통깨

만드는 양

1~2번 먹는 분량

1 도토리묵은 한입 크기로 채를 썰어 준비해요.

2 멸치 육수는 252P를 참고해 진하게 우려내주세요.

3 달걀물을 풀어 지단을 부친 후 한입 크기로 얇게 잘 썰어주세요.

4 김치는 물에 깨끗이 씻어 물기를 꾹 짠 후 참기름, 통깨를 넣고 조물조물 무쳐요.

TIP 묵사발의 생명은 김치예요! 김치가 너무 맵거나 자극적이라면 김치는 생략해도 좋아요. 이 기회에 아기는 처음으로 김치를 먹어볼 수 있어요. 백김치를 사용하면 더 좋아요.

5 도토리묵과 각종 고명을 올린 후 육수를 부어 완성해요.

TIP 엄마 아빠와 함께 먹을 때

신김치를 통깨, 고춧가루, 참기름 넣고 조물조물 무쳐서 고명으로 올려 먹으면 맛있어요.

전문가 조언

도토리묵은 포만감은 있으면서도 칼로리가 적은 저열량 식품이며 무공해 식품으로 타닌 성분이 많아 소화가 잘 돼요. 풍부한 타닌 성분이 체내수분을 흡수하여 변을 단단하게 해 설사를 멈추게 하는 효능이 있지만 또 한 번에 너무 많은 양을 섭취하면 변비에 걸릴 수 있으니 주의해야 해요. 평소 몸에 열이 많은 아기에게는 도토리의 따뜻한 성질 때문에 설사, 복통 현상이 발생할 수 있으며 감과 함께 섭취할 경우 철분의 흡수를 방해하여 빈혈을 일으킬 수 있으니 유의하세요.

MOM'S FOOD **고명만 따로 얹으면 엄마, 아빠용!**

소고기 육전

육전은 반찬으로 해줘도 좋지만, 중간중간 출출할 때 간식으로 주면 하나씩 들고 잘 먹더라고요. 아주 얇게, 타지 않게, 부드럽게 굽는 게 관건이에요.

조리시간

15~20분

사용재료

얇게 저민 소고기	100g
달걀	1개
식용유	조금

만드는 양

2~3번 먹일 분량

BABY FOOD

1 소고기는 육전용으로 얇게 저민 고기를 준비해주세요(정육점에 말하면 해줘요!).

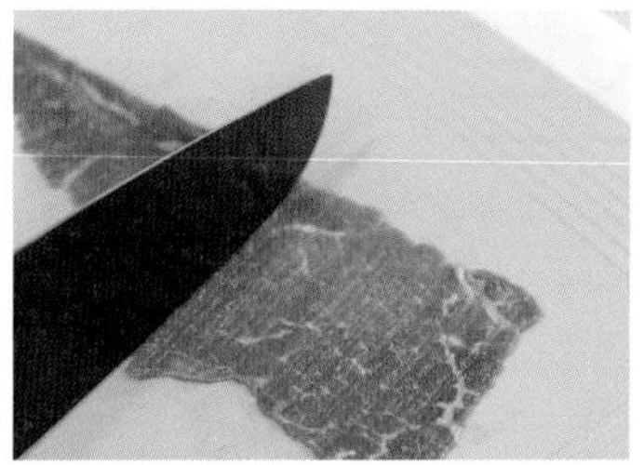

2 고기는 칼등으로 두드려 부드럽게 만들어요.

TIP 아기가 조금 크면 후추와 소금으로 밑간을 해주세요.

3 달걀은 잘 풀어서 준비해주세요.

4 고기는 한입 크기로 잘라서 달걀물에 앞뒤로 고루 적셔주세요.

TIP 밀가루를 묻히지 않고 만들기 때문에 달걀을 잘 묻혀줘야 해요.

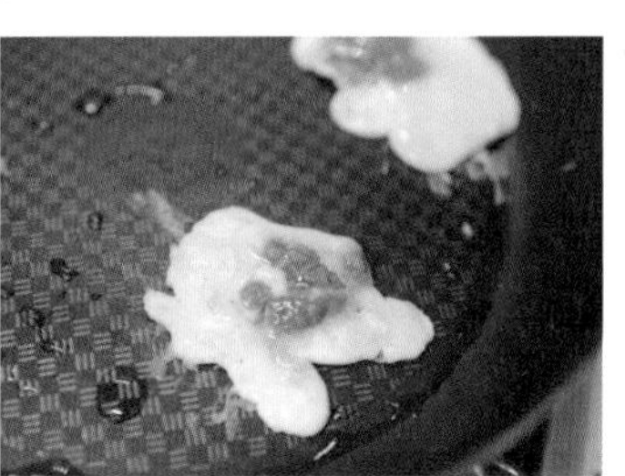

5 달군 프라이팬에 기름을 두르고, 중약불에 고기를 올려주세요.

TIP 반대쪽에도 달걀물을 숟가락으로 올려줘야 앞뒤로 달걀물이 골고루 잘 입혀져요.

6 노릇노릇 타지 않게 잘 구워주세요. 불은 절대 세게 하면 안돼요. 겉만 다 타버려요.

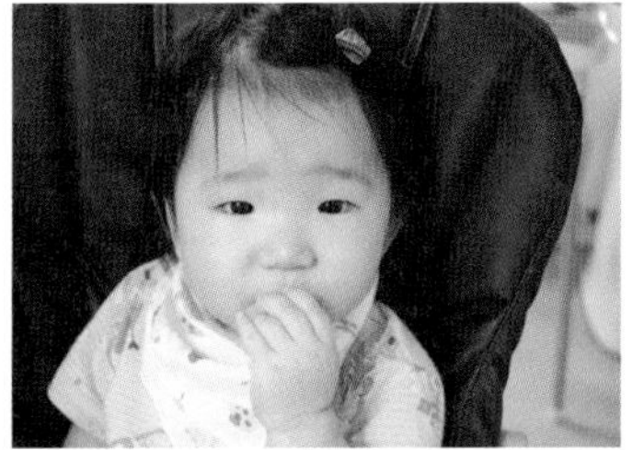

7 한입 크기로 잘라 간식으로 주거나 밥반찬으로 줘도 좋아요. 정말 잘 먹는답니다.

MOM'S FOOD

부추 무침

1 육전에 같이 곁들여 먹을 부추 무침을 만들어 볼게요. 우선 부추를 4~5cm 정도 크기로 잘라주세요.

2 양념장(고춧가루 2, 간장 1, 설탕 1, 액젓 1, 식초 1, 다진 마늘 1, 청양고추)를 만들어 2에서 자른 부추와 무쳐주세요.

3 마지막에 통깨와 참기름을 살짝 뿌려주면 완성!

TIP 육전을 부칠 때 청양고추를 넣어 부쳐도 맛있어요.

프렌치 토스트

부드러운 달걀물에 우유가 더해져 사르르 녹아내리는 프렌치 토스트는 아기들이 정말 좋아해요.

조리시간

10~15분

사용재료

식빵	1쪽
달걀	1개
우유	조금
버터(혹은 식용유)	조금

만드는 양

1~2번 먹일 분량

BABY FOOD

1 식빵은 작게 잘라서 준비해주세요.
TIP 먹고 남은 냉동 식빵을 사용해도 좋아요.

2 달걀 1개, 우유 2큰술 정도 넣고 달걀물을 만들어주세요.

3 달걀물에 식빵을 푹 적셔주세요.
TIP 하루 전에 달걀물을 넉넉하게 풀어 풍덩 담가서 냉장고에 넣어두었다가 만들면 더 부드럽고 폭신한 프렌치토스트를 즐길 수 있어요.

4 달군 팬에 버터나 식용유를 살짝 두르고 앞뒤로 노릇노릇하게 구워주면 돼요. 약불로 구워도 금방 익어요!

5 접시에 예쁘게 담아서 먹여요.

왕창 구워서 엄마, 아빠도 같이 먹으면 좋아요! 엄마 아빠는 연유, 설탕, 슈가파우더, 메이플 시럽, 잼 등 집에 있는 재료를 취향에 맞게 다양하게 곁들여 드세요.

달걀의 알끈을 제거하면 더 부드럽고 예쁜 색감의 프렌치토스트를 만들 수 있어요. 또한, 달걀로 만드는 아기 간식은 첨가하는 재료에 따라 맛의 변화를 다양하게 즐길 수 있으니 바나나, 방울토마토 등의 과일을 활용하는 것도 좋답니다.

MOM'S FOOD

설탕, 슈가파우더 등을 곁들이면 엄마, 아빠용!

BABY FOOD

RECIPE

PART 06

안나의 이유식 플러스

이번 파트는 아기가 아플 때 상황에 따라 만들어 주면 좋은 메뉴와 매일 아기를 등에 매달고 밥을 마시고 있을 초보 엄마를 위해 아기 이유식 만들고 남은 재료로 '하루쯤은 특별하고 맛있는 식사'를 할 수 있는 레시피를 엮어보았어요. 아기와 엄마를 위한 마지막 파트. 개인적으로 꼭 담아보고 싶었던 파트예요.

BABY FOOD RECIPE

안나의 스페셜 레시피

1 세상에서 가장 좋은 건 엄마표!

돌이 지나서부터 조금씩 어른들 음식을 접하기 시작하고, 먹이면 안 좋다는 걸 알면서도 먹이게 될 수밖에 없는 상황들이 많아요. 특별히 알레르기가 있거나 아토피가 심한 아기가 아니라면 그냥 이것저것 먹이게 되는데 사실 첨가물이 들어가는 음식들을 너무 어릴 때부터 먹일 필요는 없다고 생각해요. 어차피 먹을 거지만 조금이라도 늦게 먹이고 싶고, 아직 두 돌까지는 소화기능이나 면역력이 자리를 잡아가는 시기이기 때문에 더 조심하고 싶어서 엄마표 홈메이드를 많이 만들어줬어요(그렇다고 시판 제품을 안 먹인 건 아니에요!). 특히 이유식에는 가급적 엄마표 수제를 사용하는 게 좋아요. 많이 어렵지 않으니 한 번씩 따라해보면 좋을 것 같아요.

2 아이가 아플 때, 간단히 밥솥으로 만드는 방법

아기가 처음 장염에 걸렸을 때 뭘 먹여야 할지, 감기에 걸렸는데 잘 낫지 않을 때는 뭘 줘야 하는지, 그 쉽다는 흰죽도 어떤 비율로, 물을 얼마나 넣고 끓여야 하는지 몰라서 갑갑했어요. 이 책을 읽는 엄마들은 저처럼 당황하지 않길 바라며 제 경험을 살려 아이들이 가장 걸리기 쉬운 감기, 설사, 장염에 좋은 음식들을 밥솥으로 만드는 방법을 담아보았어요. 당장 죽은 필요한데 아픈 아이를 두고 죽을 준비하느라 냄비 앞에 서 있기 힘들 때 편하게 취사 버튼만 눌러 만들 수 있어요.

아이가 아픈 원인에 따라 사용하면 좋은 식재료는 13P에 소개되어 있으니 참고하여 활용해보세요.

3 남은 재료로 알뜰하게 엄마 아빠 한끼 해결하기

이유식을 만들다 보면 애매하게 남는 재료들이 종종 있어요. 특히 초기 이유식엔 하루 한 끼 그것도 적은 양의 미음을 만들다 보면 재료의 2/3가 남는 경우도 많아요. 그럴 때 집에서 맛있게 만들어 먹을 수 있는 요리들을 수록했어요. 간단하게 먹을 수 있는 달걀찜부터 근사한 저녁 한 끼가 될 수 있는 잡채덮밥까지. 아기 보면서 해먹기 어렵지만, 매번 국에 말아먹고 물에 밥 말아 마시고 김에 밥 싸먹는 것도 하루 이틀이지 자칫하다간 우울해질 수 있어요. 한 번씩 기분도 전환할겸 만들어 보세요.

잘 낫지 않는 기침감기엔 배숙

감기가 잘 낫지 않거나 기침이 안 떨어지면 엄마가 늘 오미자차를 타주시거나 배를 삶은 물을 주셨어요. 어린 아기들은 오미자의 새콤한 맛 때문에 먹기가 힘드니, 달달한 배숙을 해 주면 잘 먹을 거예요. 기침감기는 약 먹어도 잘 안 낫는 경우가 많은데, 민간요법이 정말 도움이 되더라고요.

조리시간

1시간(준비 10분+만능찜 50분)

사용재료

배	2개
대추	한 줌(10개 정도)
물	한 컵

1 배는 껍질 째 사용할 거라서 베이킹 소다로 깨끗이 씻어주세요.

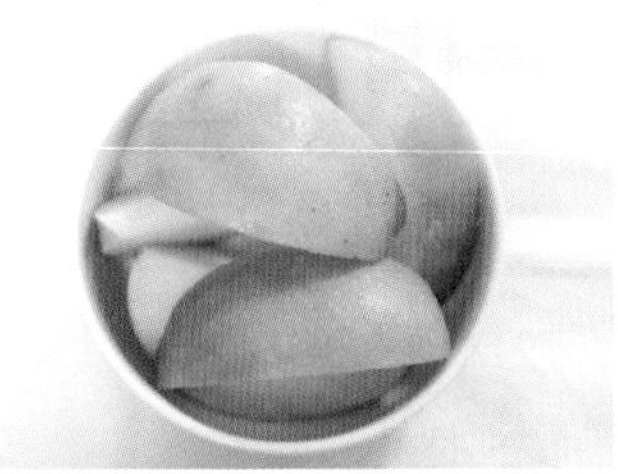

2 씻은 배를 숭덩숭덩 잘라주세요. 씨 부분은 잘라내주세요.

3 대추도 베이킹소다로 깨끗하게 씻어 씨를 빼고 준비해요(대추 손질법 48P 참고).

4 밥솥에 자른 배와 대추, 물 한 컵을 넣어주세요.

5 만능찜 40~50분으로 돌려주세요.

TIP 열어봤을 때 좀 덜 익은 것 같으면, 만능찜 15~20분 정도 더 돌려줘도 돼요.

6 건더기만 건져서 한 번 더 체에 걸러 머금고 있는 수분을 짜주세요. 걸러진 수분과 밥솥에 남아 있는 물을 합쳐주세요.

7 통에 보관해 두었다가 아기한테 먹이면 돼요. 저는 이틀 안에는 무조건 먹였어요. 밥솥으로 하니 너무 쉬워 매일 해도 되겠더라고요.

이유식 밥솥으로는 배 2개 넣으면 꽉 차요. 큰 밥솥에다 온 가족이 먹을 양을 우려내도 좋아요. 냉장고에 넣어두면 5일 정도까지 먹을 수 있어요.

배에는 루테올린이라는 성분이 있어 기관지염, 가래, 기침 등에 도움을 줘요. 특히, 기침완화 작용이 있어 미세먼지 많은 날이나 환절기에 마시면 기관지에 도움이 되어 감기 예방은 물론 면역력 증진에 도움을 줘요. 약을 먹기 힘들 때나 증상을 완화시키는 보조식으로 아주 좋아요.

설사에 좋은 바나나 찹쌀죽

섬유질과 식이섬유가 풍부해 설사할 때 좋은 과일인 바나나. 아기가 계속 설사를 하다보면 탈수가 오기 쉬운데, 수분이 많은 바나나를 먹으면 탈수도 예방할 수 있어요.

조리시간

2시간(불리는 시간 포함)

사용재료

바나나	2개
찹쌀	50g
물	200ml

(후기 이유식 기준)

1 찹쌀은 씻은 뒤 1시간 정도 물에 불려서 준비해주세요.

2 바나나는 양끝을 자르고 껍질을 벗긴 뒤 매셔나 숟가락으로 으깨주세요.

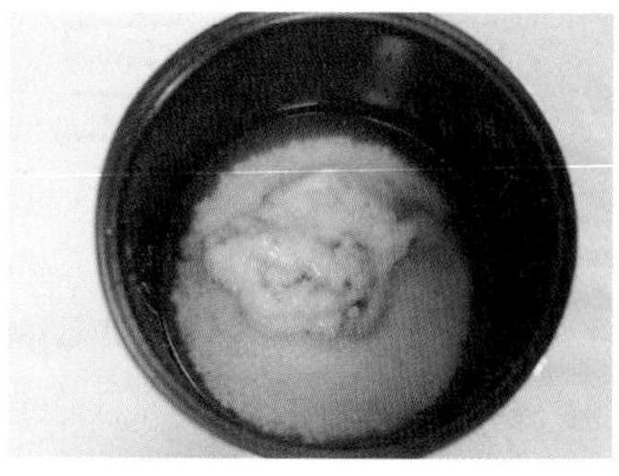

3 밥솥에 불린 찹쌀과 으깬 바나나, 물을 넣어주세요.

4 죽 모드로 1시간 돌려주세요. 아기가 아파 급하면 만능찜 30분 정도도 괜찮아요.

5 완성되면 잘 저어주세요.

6 먹을 만큼 그릇에 담고, 남은 건 냉장(냉동) 보관했다가 전자레인지에 데워주세요.

이유식 단계별 TIP

- 후기 이유식 기준으로 만들었어요.
- 중기 이유식에는 찹쌀을 불려서 믹서기에 갈아 사용해주세요.
- 초기 이유식 시기에 먹이려면, 쌀가루에 바나나와 물을 넣고 곱게 갈아서 만들어주세요.

개월수별 물 조절

- 초기 이유식 : 쌀 양 × 8~10배(쌀미음 레시피)
- 중기 이유식 : 쌀 양 × 6~7배
- 후기 이유식 : 쌀 양 × 4~5배
- 완료기&유아식 : 쌀 양 × 2~3배

장염으로 아무것도 못 먹을 때, 흰쌀죽

장염엔 쌀로 만든 죽이 가장 좋아요. 아무것도 들어있지 않은 쌀로만 부드럽게 끓인 흰쌀죽을 먹이다보면 장염이 많이 호전되더라고요. 밥솥으로 이유식 만들 듯이 취사만 누르면 돼서 편해요.

조리시간

2시간(불리는 시간 포함)

사용재료

불린 쌀	100g
물	350ml

(완료기 이유식 기준)

1 쌀은 씻은 뒤 1시간 정도 물에 불려서 준비해주세요.

2 밥솥에 불린 쌀과 물 350ml를 넣어주세요(3.5배죽).

3 죽 모드로 1시간 돌려주세요. 아기가 아파 급하면 만능찜 30분 정도도 괜찮아요(대신 쌀은 꼭 불려주세요.).

4 완성된 죽을 잘 섞어주세요.

5 간을 하는 아기라면 소금이나 간장을 조금 섞어 먹여주세요.

• 초기, 중기 이유식 아기들은 쌀가루로 만들어주세요.
• 먹기 힘들어 한다면, 농도를 더 묽게 해서 주세요.
• 만들었는데 생각보다 뻑뻑하다면, 생수를 따뜻하게 데워서 조금 타서 주면 돼요.

개월수별 물 조절(밥솥기준)

• 초기 이유식 : 쌀 양 × 10~20배(쌀미음 레시피)
• 중기 이유식 : 쌀 양 × 6~10배
• 후기 이유식 : 쌀 양 × 5~6배
• 완료기&유아식 : 쌀 양 × 3~4배
• 아기가 아플 땐 좀 묽게 만드는 게 좋아요.

쌀은 두뇌 활동 에너지를 공급하고 체내, 체외활동 에너지원이 되는 우수한 당질과 성장에 도움이 되는 아미노산이라는 단백질 성분을 함유한 식품이라, 모든 이유식을 쌀로 만들 듯 우리 아기들에겐 가장 필요한 식품이에요. 맛이 담백하고 소화가 잘 되니 아이가 아플 때 흰죽을 꼭 끓여주세요. 만약 쌀을 갈아서 사용한다면, 참기름을 1~2방울 넣으면 더 부드럽다고 하니 참고하세요.

두부로 만든 아기 마요네즈

손이 많이 가고 시판 제품보다는 맛이 좀 떨어지지만 직접 만들어 안심하고 먹일 수 있는 엄마표 수제 홈메이드 조미료예요. 돌 지나고는 이것저것 시판 제품들도 먹이지만 중후기 이유식에는 가급적 안 먹이는 게 좋으니 엄마표로 만들어 주세요.

조리시간

15~20분

사용재료

두부	1/2모
참깨	1큰술
레몬즙	0.5큰술(생략 가능)
올리고당	0.5큰술
식용유	0.5큰술

1 두부는 끓는 물에 한 번 데쳐서 한 김 식힌 후 물기를 최대한 빼주세요.

2 레몬을 짜서 레몬즙을 조금 만들어주세요. 레몬이 없으면 생략해도 돼요.

3 분량만큼의 재료를 모두 믹서기에 넣고 아주 곱게 갈아주세요.

4 방부제가 없는 수제 아기 두부 마요네즈는 냉장 보관 기준 5일 안에 먹는 게 좋아요. 냉동은 하지 않았어요!

방부제 0%, 순한 토마토케첩

엄마가 직접 토마토케첩을 만들어볼까요? 유아식에서는 감자튀김이나 돈까스 등에도 곁들여 줄 수 있어 좋아요.

조리시간

30분

사용재료

토마토	2개
올리고당	1~2큰술
레몬즙	0.5큰술(생략 가능)
전분물	1~2큰술

1 토마토는 깨끗하게 세척한 뒤, 꼭지를 따주세요.

2 십자 모양(+)으로 칼집을 낸 뒤, 끓는 물에 넣어 살짝만 데쳐주세요.

3 한 번 데친 토마토는 껍질 벗기기가 쉬워요. 다 벗겨주세요.

4 토마토 씨는 발라내고 과육만 믹서에 곱게 갈아주세요.

5 냄비에 토마토 간 것을 넣고 올리고당과 레몬즙, 전분물을 넣고 약불에 계속 저어가며 끓여주세요.

TIP 케첩 같은 걸쭉한 느낌을 내기 위해 전분물을 약간 넣어주세요.

6 방부제가 없는 수제 아기 토마토케첩은 냉장 보관 기준 5일 안에 먹는 게 좋아요. 냉동은 하지 않았어요!

천연 조미료(표고버섯, 멸치, 새우)

저는 아이가 먹는 음식에는 직접 만든 천연 조미료를 사용하고 있어요. 한 번 만들어놓으면 편하고 사먹는 것보다 훨씬 저렴하답니다. 미각이 예민한 아기들은 이런 사소한 맛에도 금방 반응을 보여 밥을 잘 안 먹던 아기도 잘 먹을 수 있어요.

조리시간

다 말렸을 때 기준 25~30분

사용재료

말린 표고버섯	100g
마른멸치	100g
건새우	100g

표고버섯가루

제가 가장 많이 쓰는 표고버섯가루예요. 나물 무칠 때, 볶음요리 할 때, 국 끓일 때도 넣어주면 맛이 확 살아나요.

1 표고버섯을 식품건조기에 말리거나 말린 표고버섯을 준비해주세요.

TIP 말릴 때는 생표고를 슬라이스로 잘라서 말려야 편해요.

2 마른 표고를 달군 팬에 약한불로 1분 정도만 더 볶아주세요.

TIP 혹시나 남아 있는 수분을 날려주기 위해 볶아주었어요.

3 믹서기 혹은 분쇄기에 넣고 아주 곱게 갈아주세요.

멸치가루

국 끓일 때, 육수를 우려낼 시간이 없으면 멸치가루를 1큰술 넣어주세요. 멸치를 우려냈다 건지는 것보다 멸치를 통째로 섭취할 수 있어서 더 좋아요.

1 멸치는 내장과 머리를 떼고 준비해주세요.

2 마른 팬을 달군 후 약한불에서 1~2분 정도만 볶아주세요. 비린내를 날리는 과정이에요.

3 믹서기 혹은 분쇄기에 넣고 아주 곱게 갈아주세요.

새우가루

고소한 맛이 나는 새우가루는 무침요리에 넣어도 좋고, 전을 부칠 때 넣어도 맛있어요.

1 마른 새우는 부스러기만 한 번 털어 바로 사용할 수 있어요.

2 마른 팬을 달군 후 약불에서 1~2분 정도만 볶아주세요.

3 믹서기 혹은 분쇄기에 넣고 아주 곱게 갈아주세요.

다양하게 활용 가능한 후리가케

아기 키우면서 주먹밥은 자주 등장하는 메뉴예요. 이때 사용하는 홈메이드 후리가케는 손이 많이 가긴 하지만, 판매되는 제품과 비교할 수 없는 영양과 고소함이 살아 있어요. 주먹밥 뿐 아니라 볶음밥이나 달걀찜, 달걀말이 등에 다양하게 활용할 수 있어요.

조리시간

하루 이상

사용재료

멸치가루	2큰술
새우가루	2큰술
표고버섯가루	2큰술
당근	150g
양파	100g
대파	한 뿌리
쥬키니(애호박)	150g
양배추	150g
부추	80g
생김	3장

1 멸치가루, 새우가루, 표고버섯가루는 천연 조미료 만드는 부분(408P)을 참고해 만들어주세요.

2 당근은 세척한 뒤 통으로 얇게 슬라이스해주세요.

3 쥬키니(애호박)도 당근과 비슷한 크기로 얇게 슬라이스해주세요.

TIP 애호박을 사용해도 괜찮지만 애호박은 씨가 있어 쥬키니가 더 좋아요.

4 부추는 씻은 뒤 물기를 털어 5cm 크기로 잘라주세요.

5 양배추도 얇게 슬라이스해주세요. 슬라이스한 양배추는 물에 깨끗이 씻어주세요.

6 양파는 잘라 찬물에 담가 매운 맛을 빼주세요.

7 대파도 3cm 정도 크기로 썰어서 준비해요.

8 생김은 건조기에 올려놓기 편하도록 길쭉길쭉하게 잘라주세요.

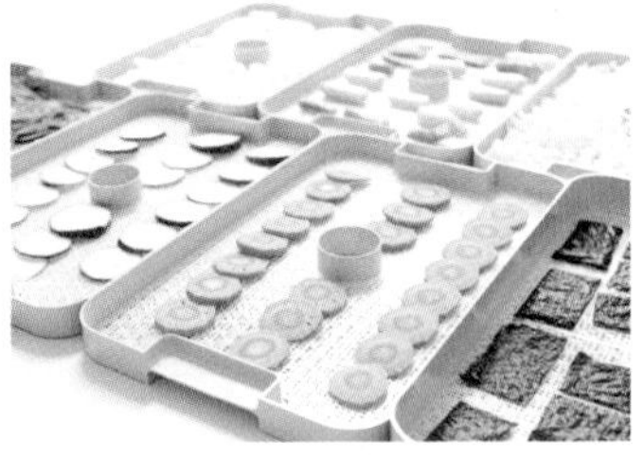

9 손질한 채소들을 건조기에 올리고, 70도로 10~12시간 건조해주세요.

TIP 중간중간 건조 상태를 확인해 봐야하니 아침 일찍 시작해서 저녁 때 끝내는 게 좋아요.

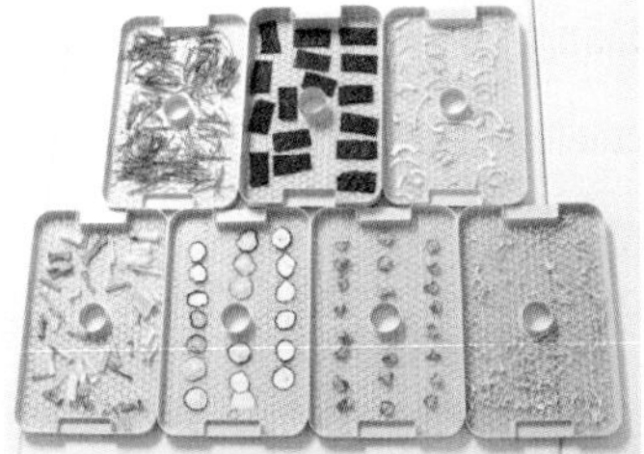

10 수분이 없도록 아주 바싹 마를 때까지 기다려주세요.

TIP 파, 양파는 생각보다 수분이 많아서 더 오래 말려야 해요. 덜 말린 것 위주로 맨 아래 칸으로 옮겨주세요.

11 건조된 채소들은 한 가지씩 곱게 갈아주세요.

TIP 입자에 따라 갈리는 속도나 크기가 다르므로 따로 갈아주세요.

12 모두 섞어주면 완성돼요.

TIP 냉장보관 시 3~4주, 냉동 보관 시 5~6개월

뢰스티(스위스 감자전)

뢰스티는 스위스 가정에서 쉽게 볼 수 있는 대표적인 음식인데요. 이유식에 사용하고 남은 감자로 만들어 브런치나 맥주 안주로 먹으면 딱이에요.

조리시간

15~20분

사용재료

감자	2개
베이컨	3장
달걀	1개
버터(혹은 식용유)	조금
방울토마토	2개
베이비 채소 (혹은 파슬리 데코레이션용)	조금

만드는 양

1인분

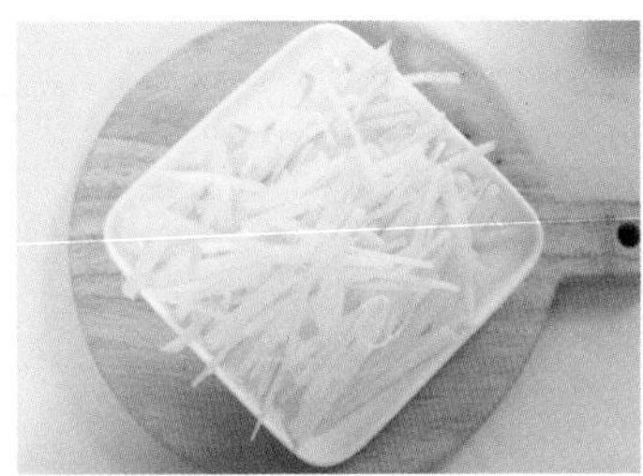

1 감자는 껍질을 벗긴 뒤, 아주 얇게 썰어주세요.

2 달군 팬에 기름을 두르고 채 썬 감자를 얇게 펴주세요. 모양은 동그랗게 잡아주고요. 감자를 빈 공간 없이 빼곡하게 올려주는 게 중요해요.

3 약불로 살살 익혀 노릇노릇해지면 뒤집어주세요. 앞뒤로 노릇노릇 잘 구우면 돼요.

4 다른 팬에는 베이컨을 노릇노릇하게 구워주세요.

TIP 팬이 하나밖에 없다면, 감자를 먼저 구운 뒤 달걀프라이를 하고 베이컨은 금방 익으니 맨 나중에 구워주세요.

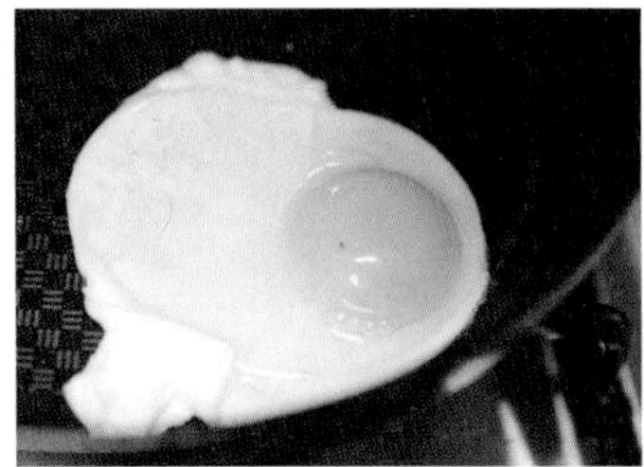

5 달걀 프라이는 반숙을 추천해요.

6 감자 위에 베이컨, 그 위에 달걀프라이를 얹어서 접시에 내면 끝.

TIP 망함 주의

뢰스티는 감자채를 빈틈없이 두껍게, 촘촘하게 올려서 완전히 구운 뒤 뒤집는 게 중요해요. 뒤집을 자신이 없으면 작은 팬을 사용하는 것을 추천합니다. 이렇게 망할 수도 있거든요.(의문의 감자채 볶음이 생겼으므로 햄을 채 썰어 같이 볶아 반찬으로 먹었어요.)

BABY FOOD RECIPE | 09 남은 이유식 재료들, 엄마 아빠 요리로 변신!

콥 샐러드

이유식 하고 남은 자투리 재료들을 모아서 눈으로 먹어도 예쁜 콥 샐러드를 만들어보세요. 알록달록 색도 예뻐 기분 전환도 되고, 브런치 카페에 온 느낌도 낼 수 있어요.

조리시간

15~20분

사용재료

브로콜리	1/4송이
방울토마토	3~4개
콘옥수수	2~3큰술
베이비채소	두 줌
달걀	2개
체다치즈	1~2장
베이컨	2~3줄

드레싱

플레인 요거트	1통
마요네즈	2큰술
레몬즙	1큰술
설탕	0.5큰술
소금	조금
후추	조금

만드는 양

2인분

1 단호박은 찜기에 부드럽게 찐 다음, 깍둑썰기 해주세요.

TIP 찌는 시간이 있으니 가장 먼저 준비해요.

2 달걀은 완숙으로 삶아 껍질을 깐 뒤, 얇게 슬라이스해주세요.

3 브로콜리는 깨끗이 씻어 뜨거운 물에 살짝 데친 후 한입 크기로 잘라주세요.

4 베이비 채소는 씻은 뒤 물기를 빼주세요.

TIP 베이비 채소 대신에 청경채나 비타민을 사용해도 좋아요.

5 콘 옥수수는 물기를 빼고, 방울토마토는 슬라이스해서 준비해주세요.

6 베이컨은 노릇노릇하게 구워 한입 크기로 잘라요.

TIP 베이컨 대신 이유식하고 남은 닭고기나 새우를 이용해도 좋아요.

7 체다치즈는 원하는 크기로 잘라주세요.

8 재료들을 접시에 가지런히 담은 후 드레싱을 뿌려 먹으면 돼요.

아보카도, 올리브, 딸기, 샐러리 등 다양한 채소를 추가로 곁들여도 좋아요.

단호박 달걀찜

초기 이유식 때는 단호박 하나를 사면 너무 많이 남아 아까울 때가 많아요. 남은 단호박과 자투리 채소로 달걀찜을 만들었어요. 단호박 크림파스타도 있지만, 아무래도 아기 키우며 해먹기에는 간편한게 최고죠. 나중에 손님상에 올려도 손색없고 유아식 때는 아기와 함께 먹을 수도 있답니다.

조리시간

40분

사용재료

단호박	1/2개
달걀	2개
물	조금
소금	조금

냉장고 속 각종 남은 채소들

만드는 양

1인분

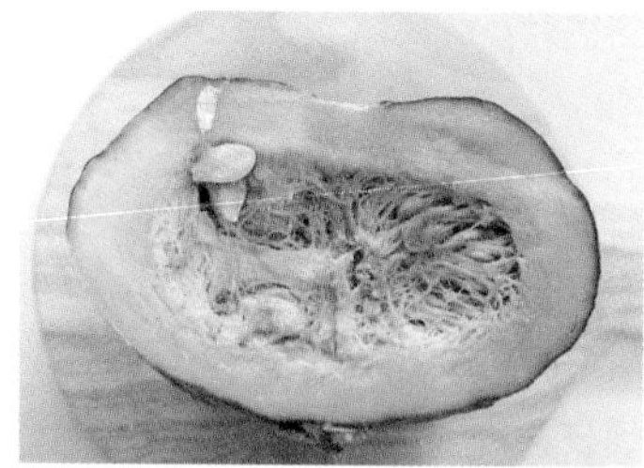

1 이유식을 만들고 남은 단호박 반통을 사용해서 만들 거예요.

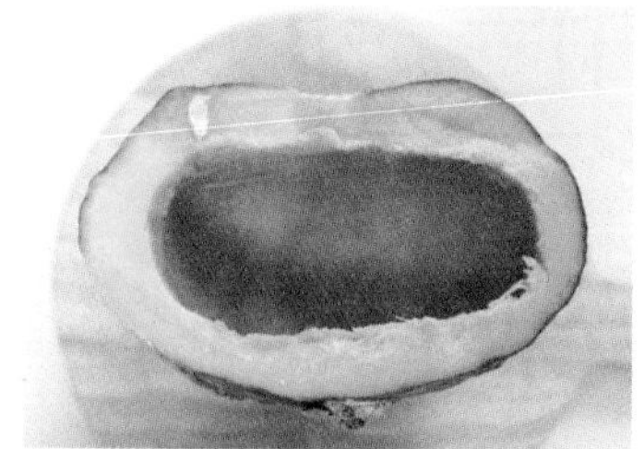

2 단호박 속의 씨를 모두 제거해주세요.

3 단호박 크기에 맞게 달걀물을 만들어 (달걀 1:물 0.7) 채소와 함께 섞은 후 소금을 조금 넣어주세요.

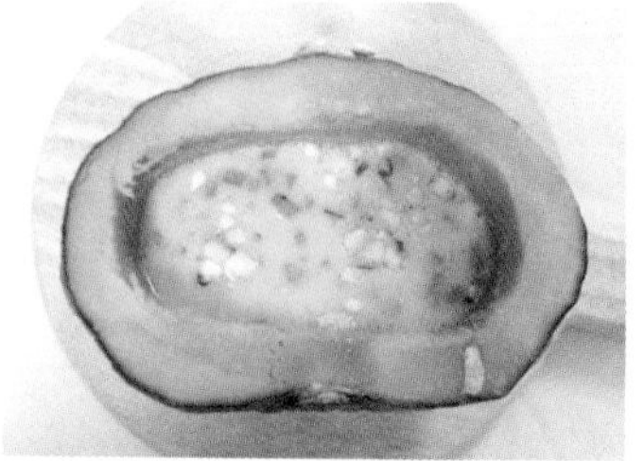

4 단호박 속에 70~80% 정도만 달걀물을 채워주세요. 가득 채우면 넘칠 수 있어요.

5 냄비에 물을 받고, 찜기에 단호박을 올린 뒤, 물이 끓기 시작하면 약불로 줄여 30분 정도 쪄주세요.

TIP 냄비에 물이 졸아 타지 않도록 중간중간 확인해 물을 더 넣어주세요.

6 냄비에서 꺼내 접시에 올린 뒤, 그대로 퍼서 먹어도 되고 조각내서 먹어도 좋아요.

TIP 냄비에서 꺼낼 때 화상에 주의하세요!

BABY FOOD RECIPE | 11 남은 이유식 재료들, 엄마 아빠 요리로 변신!

푸실리 샐러드 파스타

당분간 피자집 근처에 가기도 쉽지 않은 엄마를 위해 남은 재료들을 활용해 피자집 샐러드 바에서 인기 많은 푸실리 파스타를 만들어봤어요. 매콤 달콤한 맛이 입맛을 돋워줘요.

조리시간

15~20분

사용재료

푸실리	150g(삶기 전)
다진 양파	1큰술
다진 당근	1큰술
삶은 완두콩	1큰술
옥수수	1큰술

소스

케첩	8큰술
칠리소스	2큰술
토마토소스	8큰술
설탕	1큰술
다진 마늘	1큰술

만드는 양

2인분

1 푸실리 면은 봉지에 나와 있는 시간만큼 삶아주세요.

TIP 뒤에 소스에 한 번 더 볶지만, 샐러드 파스타로 먹을 거라 덜 익은 식감보단 푹 익은 식감이 좋아요.

2 삶은 푸실리 면은 서로 붙지 않도록 올리브유로 한 번 버무려둬요.

3 면이 삶아질 동안 당근과 양파는 잘게 다지고, 완두콩과 옥수수도 준비해주세요.

4 소스는 분량을 참고하면서 입맛에 맞게 조절하며 만들어주세요.

TIP 저는 시판 토마토소스를 이용했어요. 약간 매콤한 맛을 내려면 아라비아따 소스를 이용하면 맛있어요.

5 팬에 삶아둔 파스타와 소스를 넣고 버무려가며 익혀주면 끝이에요.

6 먹을 만큼 접시에 덜고, 나머지는 밀폐용기에 담아 냉장 보관하면 열흘은 거뜬히 먹어요.

TIP 냉장고에 넣어뒀다 차게 먹으면 더 맛있어요.

12 **남은 이유식 재료들, 엄마 아빠 요리로 변신!**

아보카도 명란비빔밥

남은 아보카도로 명란비빔밥을 만들어봤어요. 눈으로 보기에도 너무 예쁘고 저 같은 촌사람 입맛에도 딱이에요.

조리시간

10~15분

사용재료

아보카도	1/4개
명란	1큰술
달걀	1개
고춧가루	0.5작은술
김가루	0.5큰술
참기름	조금

만드는 양

1인분

1 후숙이 잘 된 아보카도를 손질해서 먹기 좋은 크기로 잘라주세요(아보카도 손질은 60P 참고).

2 달걀 프라이는 반숙으로 준비해주세요.

3 명란젓은 반으로 갈라 속에 알을 긁어내주세요.

4 명란젓에 고춧가루를 넣어 한 번 버무려주면 더 맛있게 먹을 수 있는데, 이 과정은 생략해도 좋아요.

5 따뜻한 밥 위에 아보카도, 명란, 김가루를 조금 올리고 위에 달걀 프라이를 올린 뒤 참기름으로 마무리하면 끝.

TIP 프라이는 무조건 반숙!!!!!

13 남은 이유식 재료들, 엄마 아빠 요리로 변신!

중국식 매운 잡채덮밥

지친 육아를 하다보면 매콤한 음식이 생각나곤 해요. 따끈한 밥 위에 잡채를 올려 덮밥으로 만들면 한 끼 식사로 참 좋아요. 아기 잡채 만들어 주는 날에 같이 만들면 더 좋겠죠.

조리시간

30분(당면 불리는 시간 제외)

사용재료

당면	200g(불린 후)
잡채용 돼지고기	두 줌
시금치	한 줌
양파	한 줌
당근	한 줌
청경채	한 줌
대파	1/2뿌리
청양고추	1/2개
홍고추	1/2개

양념장

굴소스	4큰술
간장	1큰술
고춧가루	1큰술
설탕	0.5큰술
올리고당	1큰술
다진 마늘	1큰술

고추기름

고춧가루	1큰술
다진마늘	1큰술
식용유	2큰술

만드는 양

2인분

1 당면은 미리 40분~1시간 정도 불려주세요.

TIP 당면을 불릴 시간이 없으면, 물에 살짝 데쳐서 사용하세요.

2 양념장을 분량대로 먼저 만들어주세요. 양념장은 숙성될수록 맛있으니 가장 먼저 만들어두는 것이 좋아요.

3 돼지고기는 간장, 설탕, 다진 마늘을 넣고 밑간해서 버무려두세요.

4 양파, 당근은 채를 썰고, 시금치와 청경채는 먹기 좋은 크기로 잘라서 준비해주세요.

5 매콤한 맛을 위해 청양고추와 홍고추 그리고 파기름을 위해 대파를 썰어서 준비해요.

6 팬에 고춧가루 1큰술, 식용유 2큰술, 다진 마늘 1큰술을 넣고 약불에 살살 볶아 고추기름을 내주고 파도 넣어서 파기름을 내주세요.

7 달군 팬에 양파, 당근, 돼지고기를 한 번에 넣고 센불에 달달 볶아요.

8 돼지고기가 핏기 없이 다 익으면 시금치와 청경채를 넣어주세요.

9 채소가 숨이 죽으면, 당면과 양념장을 넣고 한 번 더 버무리듯이 볶고 통깨를 넣어 마무리해주세요.

TIP 당면이 들어가 뻑뻑해지면 물을 조금 넣으면서 볶아주세요. 걸쭉하게 드시고 싶으면 마지막에 전분물을 조금 넣고 마무리 해주세요.

EPILOGUE

“

저도 소고기 생고기를 못 만져 허둥지둥하고
청경채 하나 손질해 삶아 데치는 데 30분이 걸렸던 시절이 있었어요.
또, 뒤돌아서면 그 손질법이 가물가물하고
내가 고기에 핏물을 뺐나 안 뺐나 헷갈려하던 때가 있었어요.
잊지 않으려 블로그에 글을 쓰기 시작했고,
그 서툴렀던 경험이 차곡차곡 쌓여 한 권의 책으로 출간되었어요.

”

이 책을 다 읽고 아기의 맘마를 해 주다보면 어느새 책이 필요 없을 정도로 아기 밥 만들기에 조금은 능숙해져 있지 않을까 해요. 저도 친정엄마 밑에서 살림에 손 하나 까딱 안하던 세상 게으른 잉여인간으로 살다가 결혼해 닥쳐온 육아와 요리, 살림에 허덕였어요. 지금처럼 주부 구실을 할 수 있게 되기까지 족히 3년은 걸린 것 같아요. 살림에 익숙한 엄마라면 육아도 이유식도 이렇게 막막하진 않겠지만, 저와 같은 초보 엄마들은 채소 손질 하나 하는 데도 책을 여러 번 읽어야 하고, 다리를 붙잡고 울어대는 아기를 보며 이유식을 포기해 버릴까 하는 생각도 많이 했을 거예요.
하지만 처음 시작이 어렵지, 한두 번 만들어보면 나름의 노하우도 생기고, 나름의 루틴도 생기면서 살림 스킬이 조금씩 좋아지더라고요. 저도 제 손으로 이유식을 해 먹이지 않았더라면, 지금도 아마 살림에 허덕이고 있을 거예요. 정 바쁘고 요리 자체가 스트레스라면 시판이유식을 먹이는 것도 좋지만 훗날 10년, 20년 우리 가족의 밥을 책임지고 싶다면 지금 이 관문을 넘어야 한다는 생각이 들더라고요.

반찬도 처음엔 반찬가게에서 사다먹었는데 친정엄마께서 나이 50돼서도 할 줄 아는 것 하나 없이 사먹고 있을 거냐는 팩트폭행에 다시 생각해보게 되었어요. 지금도 우리엄마가 대충 계량 없이 감으로 만들어준 음식이 그 어떤 음식보다 가장 그립고 맛있듯이, 나중에 우리 아이들도 제 음식을 먹고 자랄 것을 생각하니 트레이닝을 조금씩 해야겠더라고요. 그 시작이 바로 이유식이었던 것 같아요. :)

책 안에 제가 경험했던 것들, 알고 있는 것들을 최대한 많이 담으려고 노력했지만 미처 전달하지 못한 것들이 있을 수도 있어요. 이 책을 보시면서 궁금한 점이 있으시거나 이해가 잘 되지 않는 부분이 있다면 저의 블로그(http://blog.naver.com/annalee90)에 글을 남겨주세요.

세상에서 가장 위대한 사람,
"엄마"라는 이름의 당신의 하루하루를 응원합니다.
오늘 하루도 정말 고생 많으셨고, 내일도 모레도 전투육아 화이팅이에요!

마지막으로, 내 인생에 '엄마'라는 또 하나의 이름을 갖게 해주고 이 책을 쓸 수 있게 해준 우리 딸 '혜민이'에게 다시 한 번 고맙다는 말을 전합니다.

초간단
밥솥 이유식

개정 1쇄 2020년 6월 10일
개정 2쇄 2023년 11월 10일

지은이 이지영
펴낸이 정용수

사업총괄 장충상
책임편집 김정미 디자인·편집 디자인뮤제 신보라
영업·마케팅 김상연 정경민
제작 김동명
관리 윤지연

펴낸곳 ㈜예문아카이브
출판등록 2016년 8월 8일 제2016-000240호
주소 서울시 마포구 동교로18길 10 2층 (서교동465-4)
문의전화 02-2038-3372 주문전화 031-955-0550 팩스 031-955-0660
이메일 archive.rights@gmail.com 홈페이지 ymarchive.com
인스타그램 yeamoon.arv

ISBN 979-11-6386-046-4 13590

㈜예문아카이브는 도서출판 예문사의 단행본 전문 출판 자회사입니다. 널리 이롭고 가치 있는 지식을 기록하겠습니다.

초기이유식

다음 이유식 식단표는 참고용으로 활용해주세요. 이유식을 만든 후 냉장, 냉동 보관 후 2~3일 정도 같은 메뉴를 먹여 알레르기 반응을 체크해주세요. 잘 체크해두었다가 알레르기 반응이 없는 재료를 향후 이유식 재료로 활용해주세요.

1주차	1일차	2일차	3일차	1일차	2일차	3일차	1일차
	쌀미음			감자미음			애호박미음

2주차	2일차	3일차	1일차	2일차	3일차	1일차	2일차
	애호박미음		양배추미음			브로콜리미음	

3주차	3일차	1일차	2일차	3일차	1일차	2일차	3일차
	브로콜리미음	배미음			고구마미음		

4주차	1일차	2일차	3일차	1일차	2일차	3일차	1일차
	청경채미음			오이미음			단호박미음

5주차	2일차	3일차	1일차	2일차	3일차	1일차	2일차
	단호박미음		소고기미음			소고기 · 애호박미음	

6주차	3일차	1일차	2일차	3일차	1일차	2일차	3일차
	소고기 · 애호박미음	소고기 · 시금치미음			닭고기미음		

7주차	1일차	2일차	3일차	1일차	2일차	3일차	1일차
	소고기 · 양배추 · 당근미음			닭고기 · 청경채미음			닭고기 · 고구마 · 브로콜리미음

8주차	2일차	3일차	1일차	2일차	3일차	1일차	2일차
	닭고기 · 고구마 · 브로콜리미음		소고기 · 애호박 · 비타민미음			닭고기 · 청경채 · 단호박미음	

9주차	3일차	1일차	2일차	3일차
	닭고기 · 청경채 · 단호박미음	소고기 · 콜리플라워 · 사과미음		

이유식 1일 횟수	1~2회
이유식 1회 분량	30~80㎖
1일 수유량	800~1000㎖
초기 이유식 Point	• 2~3일간 같은 메뉴를 먹여 알레르기 반응을 체크하는 시기예요. • 삼키는 연습을 하는 시기로, 아직은 수유가 주식이에요. • 초기2단계 이유식부터는 철분이 부족하지 않도록 매일 소고기를 먹여주세요.

중기이유식

다음 이유식 식단표는 참고용으로 활용해주세요. 중기 이유식은 소고기, 닭고기 등 다양한 육수를 활용해 완성하기 때문에 감칠맛이 살아나는 시기예요. 이유식을 만든 후 냉장, 냉동 보관 후 2~3일 정도 같은 메뉴를 먹여주세요.

1일차	2일차	3일차	1일차	2일차	3일차	1일차
소고기 · 단호박 · 양배추죽			대구살 · 청경채 · 완두콩죽			대구살 · 감자 · 당근 · 치즈죽
닭안심 · 당근 · 청경채죽			소고기 · 표고버섯 · 양배추 · 애호박죽			소고기 · 양배추 · 아욱 · 표고버섯죽

2일차	3일차	1일차	2일차	3일차	1일차	2일차
대구살 · 감자 · 당근 · 치즈죽		대구살 · 애호박 · 시금치 · 새송이버섯죽			호박고구마 · 연두부죽	
소고기 · 양배추 · 아욱 · 표고버섯죽		닭고기 · 청경채 · 부추 · 애호박 · 감자죽			대구살 · 당근 · 양배추 · 애호박죽	

3일차	1일차	2일차	3일차	1일차	2일차	3일차
호박고구마 · 연두부죽	소고기 · 미역 · 단호박 · 표고버섯죽			소고기 · 단호박 · 당근 · 청경채죽		
대구살 · 당근 · 양배추 · 애호박죽	닭고기 · 찹쌀 · 양배추 · 브로콜리죽			대구살 · 애호박 · 알배추 · 새송이버섯죽		

1일차	2일차	3일차	1일차	2일차	3일차	1일차
닭고기 · 당근 · 감자 · 완두콩 · 새송이버섯죽			찹쌀 · 닭고기 · 애호박 · 청경채 · 콜리플라워죽			닭고기 · 비트 · 새송이버섯 · 감자 · 콜리플라워죽
소고기 · 양파 · 양송이버섯 · 양배추죽			소고기 · 달걀 노른자 · 알배추 · 브로콜리죽			아귀살 · 무우 · 콩나물 · 부추죽

2일차	3일차
닭고기 · 비트 · 새송이버섯 · 감자 · 콜리플라워죽	
아귀살 · 무우 · 콩나물 · 부추죽	

★ 하루 한 끼는 소고기가 들어갈 수 있도록 식단표를 구성했습니다.

이유식 1일 횟수	2회
이유식 1회 분량	60~120㎖
1일 수유량	700~800㎖
중기 이유식 Point	• 생수 대신 육수를 사용하는 시기(소고기, 닭고기, 채소, 다시마 육수)예요. • 이유식 후 수유를 붙여주면 한 번에 먹을 수 있는 양이 늘어요. • 1회 정도 간식을 주어도 좋아요.

후기이유식

다음 이유식 식단표는 참고용으로 활용해주세요. 다양한 반찬을 활용해도 좋은 시기예요. 아이가 음식에 흥미를 느낄 수 있도록 식재료를 다양한 방법으로 만들어주세요. 이유식을 만든 후 냉장, 냉동 보관 후 2~3일 정도 같은 메뉴를 먹여주세요.

1일차	2일차	3일차	1일차	2일차	3일차	1일차
소고기 · 당근 · 시금치 · 애호박 무른밥			대구살 · 매생이 · 애호박 · 콩나물 무른밥			관자살 · 미역 · 양파 · 당근 · 양배추 무른밥
닭고기 · 단호박 · 아욱 · 순두부 무른밥			닭고기 · 아스파라거스 · 케일 · 치즈 · 감자 무른밥			찹쌀 · 닭고기 · 당근 · 애호박 · 양파 · 부추 무른밥
닭고기 · 아보카도 · 양파 · 브로콜리 무른밥			소고기 · 감자 · 비트 · 알배추 무른밥			소고기 · 사과 · 양파 · 케일 · 적채 무른밥

2일차	3일차	1일차	2일차	3일차	1일차	2일차
관자살 · 미역 · 양파 · 당근 · 양배추 무른밥		닭고기 · 시금치 · 청경채 · 표고버섯 무른밥			소고기 · 새우살 · 단호박 · 청경채 무른밥	
찹쌀 · 닭고기 · 당근 · 애호박 · 양파 · 부추 무른밥		대구살 · 시금치 · 당근 · 팽이버섯 무른밥			새우살 · 잔멸치 · 파래 · 양파 무른밥	
소고기 · 사과 · 양파 · 케일 · 적채 무른밥		소고기 · 브로콜리 · 단호박 · 양송이버섯 무른밥			대구살 · 표고버섯 · 부추 · 양배추 · 바지락 무른밥	

3일차	1일차	2일차	3일차	1일차	2일차	3일차
소고기 · 새우살 · 단호박 · 청경채 무른밥	닭고기 · 새우살 · 옥수수 · 감자 · 양파 무른밥			소고기 새우 리조또		
새우살 · 잔멸치 · 파래 · 양파 무른밥	연어 · 새우살 · 아보카도 · 청경채 · 양파 무른밥			전복 채소죽		
대구살 · 표고버섯 · 부추 · 양배추 · 바지락 무른밥	닭고기 · 밤 · 잣 · 대추 무른밥			닭고기 · 단호박 · 아욱 · 순두부 무른밥		

1일차	2일차	3일차	1일차	2일차	3일차	1일차
소고기 · 당근 · 시금치 · 애호박 무른밥			새우살 · 잔멸치 · 파래 · 양파 무른밥			닭고기 · 밤 · 잣 · 대추 무른밥
닭고기 · 아스파라거스 · 케일 · 치즈 · 감자 무른밥			닭고기 · 시금치 · 청경채 · 표고버섯 무른밥			소고기 · 사과 · 양파 · 케일 · 적채 무른밥
연어 · 새우살 · 아보카도 · 청경채 · 양파 무른밥			소고기 · 사과 · 양파 · 케일 · 적채 무른밥			대구살 · 표고버섯 · 부추 · 양배추 · 바지락 무른밥

2일차	3일차
닭고기 · 밤 · 잣 · 대추 무른밥	
소고기 · 사과 · 양파 · 케일 · 적채 무른밥	
대구살 · 표고버섯 · 부추 · 양배추 · 바지락 무른밥	

★ 하루 한 끼는 소고기가 들어갈 수 있도록 식단표를 구성했습니다.

이유식 1일 횟수	3회
이유식 1회 분량	100~150㎖
1일 수유량	600~700㎖
후기 이유식 Point	• 간을 하지 않고 육수만으로 감칠맛을 낼 수 있어요. • 1~2회 정도 간식을 주어도 좋아요. • 엄마, 아빠의 식사 시간에 함께 먹는 것이 좋아요.

완료기이유식

이유식 1일 횟수	3회
이유식 1회 분량	120~180㎖
1일 수유량	400~600㎖
후기 이유식 Point	• 천연 조미료를 만들어 사용하면 간을 하지 않아도 충분히 감칠맛을 낼 수 있어요. • 간을 해야 한다면 아기용 간장, 소금 등을 활용하여 최소한만 해주세요. • 아이의 음식을 만들 때 조금만 변형하여 엄마, 아빠 음식을 함께 만들 수 있어요. 남는 식재료를 활용할 수 있어 경제적이에요. • 완료기 이유식에 소개된 메뉴는 유아식에도 활용할 수 있어요. • 핑거푸드를 만들어줘 먹는 즐거움을 느낄 수 있도록 해주세요.